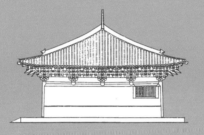

中国建筑常识

林徽因 梁思成 著

典藏本

人民文学出版社

图书在版编目（CIP）数据

中国建筑常识：典藏本／林徽因，梁思成著 .－－北京：人民文学出
版社，2024（2024.12 重印）
ISBN 978-7-02-018412-5

Ⅰ.①中… Ⅱ.①林… ②梁… Ⅲ.①建筑艺术－中国－普及读物
Ⅳ.① TU-862

中国国家版本馆 CIP 数据核字（2024）第 003510 号

责任编辑　付如初
装帧设计　刘　远
责任印制　张　娜

出版发行　人民文学出版社
社　　址　北京市朝内大街166号
邮政编码　100705

印　　刷　河北新华第一印刷有限责任公司
经　　销　全国新华书店等

字　　数　231千字
开　　本　880毫米×1230毫米　1/32
印　　张　14.5　插页3
印　　数　5001—8000
版　　次　2024年4月北京第1版
印　　次　2024年12月第2次印刷

书　　号　978-7-02-018412-5
定　　价　69.00元

如有印装质量问题，请与本社图书销售中心调换。电话：010-65233595

本书手绘图均为梁思成等人绘制

单檐悬山顶

单檐硬山顶

单檐庑殿顶

单檐歇山顶

单檐攒尖顶

单檐歇山顶

重檐攒尖顶

重檐歇山顶

重檐庑殿顶

屋顶的类型

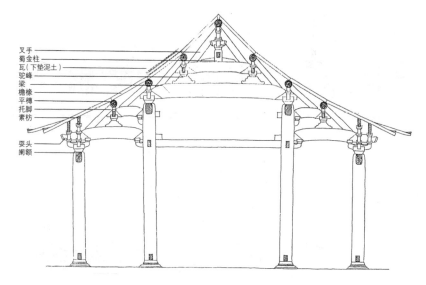

叉手
蜀金柱
瓦(下垫泥土)
驼峰
梁
檐椽
平榑
托脚
素枋

耍头
阑额

断面图，表现出灵活的梁柱框架支承着曲面屋顶

斗
华栱
与墙平行
的横向栱
栌斗

基本的托架装置

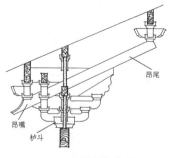

昂尾

昂嘴
栌斗

三角形托架和昂

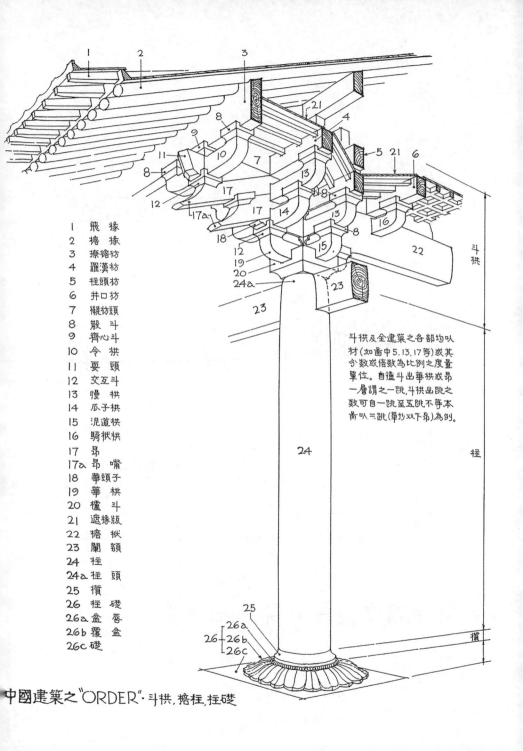

1	飛　椽
2	檐　椽
3	撩檐枋
4	羅漢枋
5	柱頭枋
6	井口枋
7	襯枋頭
8	散　斗
9	齊心斗
10	令　拱
11	耍　頭
12	交互斗
13	慢　拱
14	瓜子拱
15	泥道拱
16	騎栿拱
17	昂
17a	昂　嘴
18	華頭子
19	華　拱
20	櫨　斗
21	遮椽版
22	檐　栿
23	闌　額
24	柱
24a	柱　頭
25	櫍
26	柱　礎
26a	盆　唇
26b	覆　盆
26c	礎

斗拱及全建築之各部均以材(如圖中5.13.17等)或其分数或倍数為比例之度量單位。自櫨斗出華拱或昂一層謂之一跳,斗拱出跳之数可自一跳至五跳不等本高以三跳(單抄双下昂)為例。

斗拱

柱

櫍

中國建築之"ORDER"·斗拱,檐柱,柱礎

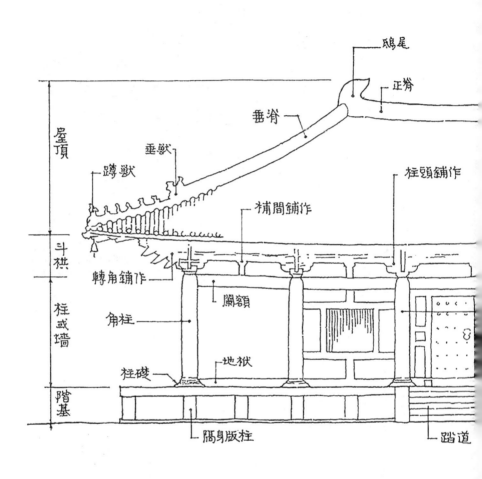

鴟尾

正脊

垂脊

柱頭鋪作

垂獸

補間鋪作

蹲獸

屋頂

斗栱

轉角鋪作

闌額

柱或墻

角柱

地栿

柱礎

階基

隔身版柱

踏道

中國建築主要部份名稱圖

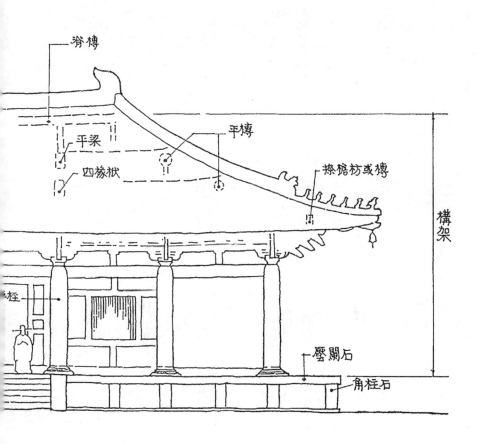

脊慱

平梁

四椽栿

平慱

撩簷枋或慱

構架

柱

礕閞石

角柱石

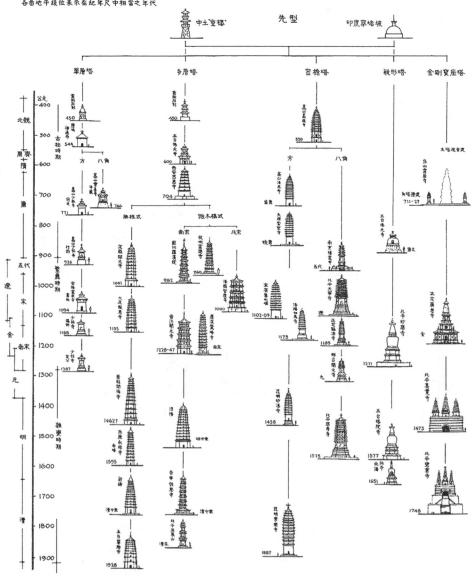

歷代佛塔型類演變圖

各圖非用同一縮尺
附圖人像以示塔約略大小
各塔當地平級位表示在紀年尺中相當之年代

歷代木構殿堂外觀演變圖

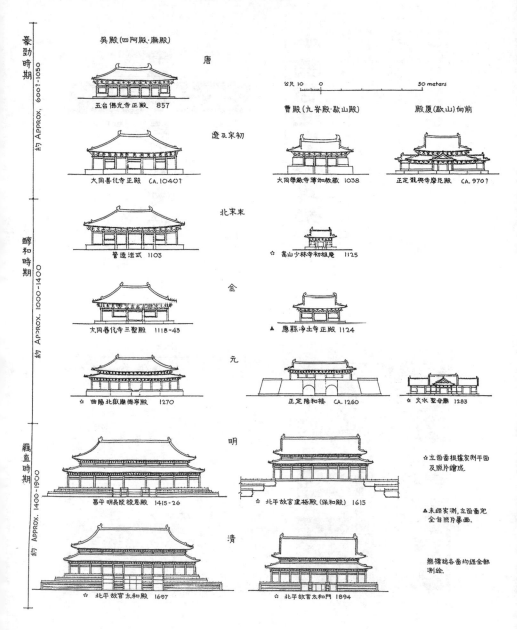

吳殿(四阿殿·廡殿)

唐

五台佛光寺正殿　857

公尺 10　0　　　　50 meters

豪勁時期　約 APPROX. 600?-1050

曹殿(九脊殿·歇山殿)

遼及宋初

大同善化寺正殿　CA.1040?

大同華嚴寺薄伽教藏　1038

殿廈(歇山)向前

正定龍興寺摩尼殿　CA.970?

北宋末

營造法式　1103

☆ 嵩山少林寺初祖庵　1125

醇和時期　約 APPROX. 1000-1400

金

大同善化寺三聖殿　1118-43

▲ 應縣淨土寺正殿　1124

元

☆ 曲陽北嶽廟德寧殿　1270

正定陽和樓　CA.1260

☆ 文水聖母廟　1283

明

昌平明長陵祾恩殿　1415-26

☆ 北平故宮皇極殿(保和殿)　1615

☆立面畫根據實測平面
及照片繪成.

羈直時期　約 APPROX. 1400-1900

清

☆ 北平故宮太和殿　1697

☆ 北平故宮太和門　1894

▲未經實測,立面畫定
全自照片暴畫.

無標誌各畫均經全部
測繪.

中國營造學社彙刊
第七卷　第一期

目錄

編輯兼發行者：四川南溪縣李莊　中國營造學社
民國三十三年十月出版　每期實價二百五十元　國內郵費在內

記五臺山佛光寺建築

梁思成

一、記遊

二、佛光寺概畧　現狀與寺史

三、佛殿建築分析　立面、平面、橫斷面、縱斷面、月梁、平闇、柱及礎、門與窗屋頂舉折係舉折角梁乃及它節

四、佛殿斗拱之分析　七種斗拱對照

五、佛殿附屬藝術　塑像、石像、壁畫題字

六、經幢　唐大中十一年幢唐乾符四年幢

七、文殊殿　平面、斗栱、柱及礎、梁架、門窗、瓦係

八、祖師塔及其他墓塔

論中國建築之幾個特徵

林徽音

中國建築為東方最顯著的獨立系統；淵源深遠，而演進程序簡純，歷代嬗承，線索不紊。而基本結構上又絕未因受外來影響致激起複雜變化者。不止在東方三大系建築之中，較其他系——印度及亞拉伯〔回敎建築〕——享壽特長，通行地面特廣，而藝術又獨臻於最高成熟點。即在世界東西各建築派系中，相較起來，也是個擁有特殊的直貫系統。

大凡一系建築，或循其歷史，或循地理推廣遷移，因致漸改變制，頓易材料外觀，又復遲遲蛻變之時間，長而又緩；獨有中國建築歷經長久之時間，流佈甚廣大的地面，而在其最盛期中或在其後代的繁衍期中，諸重要建築物，均始終不脫其原始胎面，保存其固有主要結構部分，及佈置規模，雖則同時在藝術工程方面，歷史卻亦不簡單，又似無可置議的進化至極高程度。更可異的是：產生這種規模，創造這種樣式的民族的歷史卻並亦不曾發生多次與強烈的異族或在思想上和平的接觸（如印度佛敎之傳入），或在實際利害關係上發生衝突戰鬥，而這結構簡單、佈置平整的中國建築「初形」，會如此的泰然，享受幾千年繁衍的直系子

記五台山佛光寺的建築

——薈萃在一寺的魏、齊、唐、宋的四個孤例；薈萃在一殿的唐代四種藝術！

梁思成

【編者按】人民政府、中央文化部為了堅決執行保護古文物建築政策，幾年來，曾陸續同各地方的古建築進行勘察，並有計劃的對其有重大價值的古建築進行逐步地加以勘察。

山西五台山佛光寺大殿是唐代的、已經調查過的唯一唐代木構建築。解放後，人民政府對它的現存狀況極為關心，曾派人前往檢視維修。

山西五台山佛光寺大殿為唐代遺物，即今有一〇九十餘的歷史，它先國內僅存的古建築遺物。遠在一九三七年為梁思成先生等所發現，關於寺的狀況、歷史與其建築經過，

一九五〇年七月，中央文化部文物局（現改為「社會文化事業管理局」）組織的華北文物考察團，曾對佛光寺即作校訂補綴的調查，並已在去年六月號發表，關於寺的狀況、歷史與其建築藝術，曾擬文登載「中國營造學社彙刊」第七卷第一、二期。因該期現已不易得到，為了供給各地文物工作者研究古建築的參考，本刊特請梁先生將原文加以修改，再在本刊發表。

目 录

引　言

《霍光传》不可不读

人都是依据常识而生活的，包括文化常识。

"观乎人文，以化成天下。"文化常识是社会交往的共识，在人际交流中传递和流行。它看上去没有那么重要，多一点少一点似乎也不影响生活。但是看过张岱讲过的这个故事，大家可能就不会这么想了。

一个僧人和一个文士在夜航船中相遇。甫一登船，文士就开始高谈阔论，包括僧人在内的乘客都肃然起敬，僧人更是蜷足侧卧，不敢伸脚，害怕不小心挤到了这位学问了得的才子。不过，他听文士侃侃而谈了一阵子，插话问道："澹台灭明是一个人还是两个人？"

文士回答："两个人。"

僧人又问："尧舜是一个人还是两个人？"

　　文士回答："当然是一个人了。"

　　僧人笑了，说："那还是让小僧伸伸脚吧。"

　　尧舜是上古两位圣明君主唐尧和虞舜的并称，"孟子道性善，言必称尧舜"，可见尧舜是读书人极熟悉的典型；澹台灭明是孔子的一位著名弟子，复姓澹台，名灭明，字子羽。"以貌取人，失之子羽"，说的就是他。身为一名文士，居然不知道这些本应耳熟能详的家门常识，难怪会被人嘲笑了。

　　文化常识不仅是夜航船上的谈资，更是人们互动和交流的共识和准则，是社会文化习俗的一部分。有人比喻说：这类常识犹如眼镜，没有它，一片模糊；透过它，世界才变得清晰。平时我们不会去关注自己所戴的眼镜，而只聚焦于眼镜中所呈现的事实，殊不知，事实之所以成为事实，离不开作为眼镜的常识所构成的判断。就如瓦托夫斯基所说，它是"一种文化的共同财产，是有关每个人在日常生活的一般基本活动方面应当懂得的事情的一套可靠的指望"[1]。

　　在今天这个理论泛滥的时代，理论和范式层出不穷，信息传播的便利（或者说多样化），更加使那些没有太大价值但却能迎合

1　［美］瓦托夫斯基：《科学思想的概念基础 —— 科学哲学导论》，范岱年等译，北京：求实出版社，1982年，第85页。

大众的新花样，获得空前的欢迎和普及。

然而正因如此，常识才更突显出它的重要性。只有常识，才能让我们辨别出哪些是迎合某种潮流而吹出的大泡泡，哪些是被现代名词精心包装出来的旧调调。没有一种真正有价值的理论不是根植于常识之中，并以常识为发展或质疑的基本材料。正如陈嘉映先生所说："理论所依的道理从哪里来？从常识来。除了包含在常识里的道理，还能从哪里找到道理？理论家在成为理论家之前先得是个常人，先得有常识，就像他在学会理论语言之前先得学会自然语言。"

人缺乏常识，哪怕是特定领域中的理论常识，他所谓的思考都不过是重新整理自己的偏见，都有可能陷入自我夸张和自我膨胀的幻觉，动辄宣称自己发现了终极真理，或者幻想自己是前无古人后无来者的先知或大师。他们不仅不知道自己缺乏常识，甚至还认为自己无所不知。这即使称不上是哈耶克（Hayek）所说的"致命的自负"（The fatal conceit），但哪怕是"非致命自负"，对其本人的影响已经是一场灾难。编者不幸认识这样一位"女学者"，放下其理论的原创性和文笔暂且不提，一开口就说自己是某学说的当代领军人物，不仅因妄自尊大而贻笑大方，更暴露出因缺乏常识而造成的病态幻觉之严重。

寇准当了宰相以后，曾经问大臣张咏："您有没有什么要指点我一下的？"张咏沉默半天说："《霍光传》不可不读也！"寇准听了丈二和尚摸不着头脑，回家找出《汉书》翻读《霍光传》，读到"然光不学无术，暗于大理"，苦笑说："这就是张先生要批评我的啊。"

可惜，张咏这样耿直的朋友可遇不可求，那位"女学者"没有寇准这样的好运气，恐怕要一直活在自娱自乐的幻觉中，直至伏惟尚飨了。

不知则为病矣

在上网极其便利和搜索引擎极其发达的今天，夜航船上的故事也许不会以那么可笑的形式重演。要了解澹台灭明或者尧舜，那还不简单？只要拿出手机轻轻点几下或者说出这几个字，尽管搜出来的词条可能粗制滥造，但至少应该不会再闹出把尧舜当一个人的笑话。如今的互联网，又有什么常识是搜索不到的呢？

从纯实用的角度来说，这话也不算错。不过，网络可以给你一个词条或者答案，却没办法让你的内心世界丰富和成熟起来，也没办法让你的情感和能力立体起来。在日常生活中，这些常识太过平凡，扪之而无形，扣之而无声，以至我们既不会拍案惊奇，也不会感激有加，但是它却如春风化雨，渗透、沉淀和内化到一个人最深沉的精神情意之中，对他的生活特别是精神生活产生巨大的影响。

奥地利小说家茨威格曾经描写过一个不识字的小伙子，用来形容其不幸的怜悯笔调，恰恰可以借用来表达缺乏常识者的可悲：

> 跟他提起歌德呀，但丁呀，雪莱呀，这些神圣的名字不会告诉他任何东西，只是些没有生气的音节，没有意义的声音，轻飘飘的。对一开卷顿时就会有扑面而来的无穷欢畅，像银色的月光透出死气沉沉的层云，这个精神穷人是根本想象不出来的。

即便不能说所有，多数的文化常识不仅是人交流的共识基础，不仅是迅速理解别人或者默契于心的钥匙，更是使人的精神生活更为富足的硬通货。先不说箪食瓢饮而不改的孔颜之乐，就是随时随地听到李白、苏东坡的名字，联想起来"疑是银河落九天"或"大江东去浪淘尽"，以及同时跳出来的种种故事，不是已经足以令你会心一笑了吗？步入洛阳的关林，看到那把大刀的时候，你所想到的恐怕也就不仅是试试它的重量，还有关羽温酒斩华雄以及大战吕布的生动画面，以及随之切入进来的桃园三结义、大意失荆州吧？

离开了附丽其上的诗词、画面和故事，李白、苏轼的名字或者关林这个地方，又能带给你什么乐趣呢？你跑到庐山看瀑布或者跑到赤壁看长江，也无非只会惊叹一句："好多的水！"

200亿人生活过或生活着的中国，有那么多的秦砖汉瓦、唐矢宋镞，但更有价值的是秦汉唐宋而不是砖瓦矢镞，秦汉唐宋并不属于看到砖瓦矢镞的人，而只会在掌握了文化常识的人眼前活跃起来、鲜明起来。站在某片园林里的古建筑前，或者里里外外地走上几圈，有人看到砖瓦，有人看到花纹和架构，有人看到树木苍翠，有人看到松柏下的碑刻；有人听到流水溅溅，有人却如闻管弦，这都是不同的角度。文化常识可以帮一些人脑补出绿野风烟、平泉草木或东山歌酒，想象出千百年前某人如何把这儿变成了一个有故事的地方。这些人在旅程中的收获，似乎应该比只看到砖瓦山林者多上那么一点儿。

只有掌握了文化常识，人才能视野开阔且联想丰富地去看、去听、去体验，才能保有"内心移民"的一片净土，也才能与天地精神往来而不傲睨于万物。没有文化常识的生活，被茨威格无比犀利地形容为"穴居人不见天日的生活"。

很多人对文化常识态度漠然，觉得就像一支铅笔、一张纸或者什么随手得到而又可以随手丢下的东西一样。但有见识的人从来不会这样认为。

梁启超一生著述1400多万字，融汇中西，出入经史，显示了"百科全书"式的渊博。然而他对于常识的重视却出人意料："盖今日所谓常识者，大率皆由中外古今无量数伟人哲士几经研究、几经阅历、几经失败，乃始发明此至简易、至确实之原理原则以贻我后人。""如中国历史、中国地理之稍涉详密者，其在外国人，实为专治支那学者之专门学识；在吾国人，则实为常识，不知则为病矣！”[1]

这几句话，他并非随口一说，而是有切实的思考和实践。近代以来，在推广常识教育方面最不遗余力的也正是他。从1910年2月创办《国风报》开始，“常识”即成为梁启超关注的一个中心议题。他在该报第二期刊载的《说常识》一文中，对自己的理念做了详细阐发，并构想组建“国民常识学会”来实施自己的设想，其于1916年编撰出版的《常识文范》也影响深远。中华书局创办人陆费逵先生在1915年《大中华》创刊号上说：“梁任公先生学术文章，海内自有定评。窃谓吾国中上流人，稍有常识，固先生之功居多，而青年学子，作应用文字，其得力于先生者尤众。”[2]此言可谓为梁启超一生致力于培养“国民常识”的功绩盖棺论定。

从文化大师对于传统文化常识身体力行的重视，我们应可认识到其对我们每一个中国人的重要性。如梁启超所言，“不知则为病矣”。

专精同涉猎，两不可少

知识的学习有两种，一种为“任凭弱水三千，吾只取一瓢饮”，通过学习某种专业知识，获得相关文凭、职业资格证书；如果有进

1　沧江:《说常识》,《国风报》1910年第二期，1910年3月。
2　陆费逵:《宣言书》,《大中华》第一卷第一期，1915年1月。

一步研究的兴趣，则继续深造以求"登堂入室，窥其堂奥"。这属于专业学习。

但除此之外，我们还需要人格养成、独立思考，还需要有参与社会的能力，更需要传承历史文化。这些都是专业学习力所不能及的，只有对蕴含和继承了中国优秀思想文化的基本常识及文献典籍的学习和阅读，才能担当此任务。

梁启超指出："有了专门训练，还要讲点普通常识；单有常识，没有专长，不能深入显出；单有专长，常识不足，不能触类旁通。读书一事先辈最讲专精同涉猎，两不可少。有一专长，又有充分常识，最佳。"[1]

与专业学习促进学术发展和科技进步的追求相比，常识的学习不致力于培养专业技术人才，更无意于打造螺丝钉式的现代"工具"，而是着眼于立人，培养有胸怀气度及眼光识见的君子，也就是有独立思考能力和道德判断的人，营造普遍的人文氛围和社会公共生活，抵御知识的异化、人的异化和社会的异化，促进人的全面发展。

从形式上，专业化学习往往不满足于赐墙及肩，而致力于知识的精深；常识学习更着眼于知识的基本、根本与全面，不追求培养古代所谓的"通书千篇以上，万卷以下"的通儒硕学，而是允许

1　梁任公讲授、周传儒笔记：《历史研究法》（后改题《中国历史研究法补编》），《清华周刊》第385期，1926年10月。

曾经沧海式的学习，更追求对重要的基本常识的了解，尤其是涉及精神生活和公共生活的最基本相关常识的掌握。

现代社会的追求是日新月异地建设一个新世界，需要各种各样的专业人才，看似深奥宏大的理论层出不穷，对包含诸多常识在内的传统文化却越来越凉薄。然而，正如雅斯贝尔斯在《时代的精神状况》中所说：

> 个体自我的每一次伟大的提高，都源于同古典界的重新接触。当这个世界被遗忘的时候，野蛮状态总是重现。正像一艘船，一旦割去其系泊的缆绳就会在风浪中无目标地漂荡一样，我们一旦失去同古代的联系，情形也是如此。我们的原初基础尽管是可能发生变化的，但总是这个古典界……

一个人、一个社会、一个国家，文化常识的有无以及人文素养的高低，直接影响着其生活面貌，决定着其是否会在风浪中无所底止地漂荡。今天，传统文化所特有的丰富和细腻消散在碎银几两的忙碌中，特有的色泽也在声色摇曳的照射下黯淡，越是在这样的时候，绝大多数人就越需要从传统文化中汲取力量，解决形形色色的问题。然而典籍早已经被年轻人视若畏途，退而求其次的弥补，只能依靠文化常识的学习了。朱子在《近思录》的序中也提到这个问题，并介绍了自己的尝试。他说：

淳熙乙未（1175年）之夏，东莱吕伯恭（吕祖谦）来自东阳，过予寒泉精舍。留止旬日，相与读周子、程子、张子之书，叹其广大闳博，若无津涯，而惧夫初学者不知所入也，因共掇取其关于大体而切于日用者，以为此编。

直白地说就是：典籍广大闳博，浩如烟海，我和伯恭先生担心初学者不得其门而入，就一起缩编了这本既能反映典籍概要同时又能切近日用的通俗读本。作为一位博学多识的大学问家，朱子对初学者循循善诱的一片苦心，于此可见一斑。他所强调和为之努力的，实际上也是一种文化常识的学习。我们也相信，在今天这个内外剧变的时代，常识教育能够让读者更有力量。

站在巨人的肩膀上

常识类读本是传承文化的重要载体，可谓普通读者认知传统文化的一扇窗，它对于建构系统的知识体系，进而养成开放的胸怀以及多元的思考能力，加深对传统文化的理解，是一个很好的阿基米德支点。

本丛书是一套名家编著的经典读本，能够充分体现传统文化精华。吴晗、胡适、郑振铎、梁思成、林徽因等读书破万卷的"通儒"，在继承和思考历史文化精粹的基础上，合零为整、苦心孤诣地归纳整理而成是编。这既属于他们个人创造，更是一个时代对传统文化的继承。

历史分册的主编吴晗以明史研究的卓越成就而享誉学林。20世纪50年代以后，他以一个"横通"和"直通"兼而有之的历史学家身份，全身心投入历史常识普及工作中，形成了一套关于历史通俗化和普及的理论与方法，成为普及历史知识的积极倡导者。他对学习和普及历史知识的重要性有深刻的认识：

（历史学）在提高的指导下普及，在普及的基础上提高，两者不可偏废的，必须两条腿走路。单有提高，没有普及，只是少数人提高了，大多数人还是一清二白，这是不符合现实要求的……

"中国历史小丛书"、"语文小丛书"、《中国历史常识》等几部大型通俗性书籍，发起者和主编就是吴晗。他凡事躬亲，一丝不苟。在《中国历史常识》编辑过程中，无论是编辑方案的制订、初稿的审阅和讨论还是编辑加工稿的审订等，他都一一过问和参加。在吴晗的精心布置和领导下，丛书取得了极大成功，发行量之高，读者面之广，罕有与之相媲美者。

哲学分册的作者胡适，与蔡元培、陈独秀都属兔，有北大"老兔、中兔、小兔"之雅称。他以一篇《文学改良刍议》高揭白话文的旗帜，成为新文化运动的主将之一，更以一部被蔡元培誉为"截断众流"的《中国哲学史大纲》奠定了在学术界的地位。本书从《胡适全集》中撷取了部分篇章，与其任教北大时出版的《中国哲学史大纲》合编为一册，弥补了胡著只有半卷的学术缺憾。由上古而中古，而近世，为读者提供一种研究中国哲学史的完整门径。

在胡适以前，研究普及中国哲学的人不计其数，其中不乏钱穆和冯友兰这样的大家，但胡适的不同之处是，他开创性地运用西方的治学方法和话语，来研究和解读中国哲学，这就不能不让人耳目一新。正因如此，蔡元培曾赞扬胡适《中国哲学史大纲》的长处是证明的方法、扼要的手段、平等的眼光及系统的研究，是一部新的哲学史。而同样出版过《中国哲学史》的冯友兰则多次表示，在中国哲学史研究的近代化工作中，胡适创始之功，不可埋没。此外，胡适为文通俗易懂，简洁平实，一点也没有晦涩难懂的感觉。比如当他提到庄子的"达观"思想时，这样解释：

> 有两个人争论，一个人说我比你高半寸，另一个人反过来说自己比对方高半寸，这时庄子走过来说：你们两位不用争了，我刚才从埃菲尔铁塔上看下来，觉得你们两位的高低实在没有分别。

譬喻之精准巧妙，语言之幽默诙谐，都让人不由得会心一笑。

文学分册的作者郑振铎，是中国现代杰出的文学家和翻译家，新文化和新文学运动的倡导者。在他眼中，文学乃是"最伟大的人类精神的花"。虽然他日后亦涉猎史学、艺术等领域，而文学研究实为其一生之志，"毕生精力所在"。

20世纪20年代起，他的研究重点逐渐地转到中国文学上来，陆续出版了《文学大纲》《插图本中国文学史》。他自觉地引入了西方的文学观念和治学理念，把中国文学放到世界文学的参照系中进行研究，不仅把小说、戏曲这类在传统上被视为不入流的文体纳入了叙述范围，还风趣地对比指出："《诗经》在孔子、孟子时代的前后，对于一般政治家、文人等等，即已有如《旧约》《新约》及荷马的两大史诗之对于基督教徒与希腊作家一样的莫大的威权。"

建筑分册的作者是梁思成和林徽因伉俪。梁思成是梁启超先生的长子，中国古代建筑学科的开拓者和奠基者；以作家和诗人名世的林徽因，也堪称中国第一位女建筑师。1932年至1937年7月，中国营造学社在梁思成、林徽因等人的主持下，于兵荒马乱中先后到沈阳、北平以及河北、山西、浙江、江苏、山东、河南、陕西等地的近40个县考察，对中国古建筑进行开创性的调查研究。很多古建筑如赵州石桥、应县木塔、五台山佛光寺东大殿等，通过他们的考察得到了全国以及国际的认识，从此得到保护。

1934年，他们编著《清式营造则例》一书，第一次将繁杂的中国古建筑构造和形制做了科学的整理和分析，用近代的建筑投影图绘制出清式建筑构架、门窗、装饰和彩画的详图。直至今天，这部著作仍然是初学中国古建筑的必读教材。1937年，他们批注

《大唐西域记》中数百处唐代建筑及地名，引起了世人对中国古建筑的关注。所著《中国建筑史》更使中国古建筑这一瑰宝拂去尘埃，重放异彩于世界文化之林。

他们在跋山涉水考察测绘古建筑和奔走呼号不让"古都坍塌"的同时，还用自己的健笔传播建筑文化，先后发表《论中国建筑之几个特征》《平郊建筑杂录》《中国建筑发展的历史阶段》《中国建筑与中国建筑师》《晋汾古建筑预查纪略》等，热情地介绍中国建筑传统。林徽因应《新观察》杂志之约，撰写了《中山堂》《北海公园》《天坛》《颐和园》《雍和宫》《故宫》等一组介绍中国古建筑的文章。梁思成在《人民日报》上开辟《拙匠随笔》专栏，写出了《建筑⊂（社会科学∪技术科学∪美术）》《建筑师是怎样工作的？》《千篇一律与千变万化》《从"燕用"——不祥的谶语说起》《从拖泥带水到干净利索》，对建筑知识和建筑文化进行公众普及。所有这些，都是梁林伉俪留下的重要建筑文化遗产。

本丛书注重完整的编排体系，前后知识相互联系、相互补充，进而不断深化。从中国的哲学、文学、历史、建筑等四个方面，对传统文化以及承载传统文化内涵的象征性符号、典型建筑等进行系统梳理，由浅入深，循序渐进地展开内容。为了更好地启发思考，我们通过相关内容延展串联相关知识网络，纲举目张地启发读者从不同的角度、不同的方面了解同一主题。

同时，由于文字的抽象性高，而图片可以更直观和形象地呈现内容，提高读者的阅读体验，本丛书紧密配合历史场景、人物形象、建筑结构、事物联系等内容，按照一定比例配备了相应图片，或对文字内容进行解释，或对文字内容进行补充。图片和内容相辅相成、相得益彰。

　　只有站在巨人的肩膀上，才能看得更远。而这个丛书，恰恰可以为大家更经济且更有效率地学习提供助力。当然，如果大家在读了这套常识丛书以后，能进一步打开并沉潜到各位作者的原典著作中，从容求索，深入体味，收获一定会更大。如果仅只满足于了解一些常识，得少为足，相信也是有违这套书的作者们的初衷的。

　　　　　　　　　　　　　　　　　　开明书店编辑部

序：谈中国建筑 *

建筑是"衣食住"中的第三项，是一个民族在整个地理、地质、气候、政治、社会、宗教，和一切问题影响下的产品。人类在物质或思想上有任何的变迁，建筑便极忠实地反映出来，所以欧洲的史家称建筑为"历史之镜"是一点不错的。

中国的建筑是世界上历史最长，生命最久，散布区域最广的一系建筑。欧洲的建筑，在各个区域里随着他们各期各地的民族文化兴盛衰亡，而中国建筑却自有史以来是永久赓续的。虽然中华民族在思想上受过外来宗教的影响，在政治上受过异族的统治，但中华民族却仍保持其数千年的特征，自成一个伟大的民族。以整个的中国建筑讲，它所反映的正是这个民族的伟大的性格。

"上古穴居而野处"，是伟大的黄土地带居民得天独厚之处，到如今晋、陕、豫一带，"土窑"还是一种冬暖夏凉最舒适的住宅。"后世圣人易之以宫室，上栋下宇，以蔽风雨"，中国的木构建筑便开始了灿烂的伟业。

---

* 本篇原发表于《北晨画刊》第十一卷 6 期，1937 年 2 月 7 日。是梁思成先生为 1937 年万国美术会举办的展览会介绍中国建筑展品所写的前言。

秦汉统一天下，遂有"阿房""未央"，为分裂的诸侯所不能，建筑于是反映了政治。佛教传入而有敦煌、云冈、龙门等石窟，和以后六朝、隋、唐、宋、辽、金、元的佛寺。道教的教义有许多是采自佛典的，所以道观的建筑乃至天师像的布置，也是模仿佛教。

清代宫殿、苑囿之盛，一则反映清初承平时代丰富的国力；一则表示清代所承受自前代遗产之厚。残毁的圆明园所记录的是帝国主义的蹄痕，而颐和园却是大清帝国海军的变相。

清末民初的大理院和许多上安"狮子滚绣球"的"洋式"建筑，一方面反映西化东渐，审美标准（乃至一切标准）之混乱；一方面表示社会经济之衰落，用不起真材实料，而代之以水泥假石。无论从哪方面着眼，建筑都是时代的反映，一部忠实的史录。

在结构方面，中国建筑所用的木构架法。先立柱，次安梁、檩，然后砌墙加门、窗。檐下用斗栱为立柱与横梁间集中荷载的过渡部分。斗栱随着时代而异其形制，古者大而简，迟者小而密，是鉴别建筑物年代最明显的标帜，为中国系建筑独有的特征。

这次假万国美术会开这小小的展览会，是想在营造学社所曾研究过的建筑物中，用极少数的照片、绘画和模型，表示中国建筑 —— 至少为结构和形式方面 —— 演变之大略。并且把我们祖先所传下来的许多宝贝，为一般人所不甚注意者，介绍给大家。

民国二十六年二月七日

梁思成

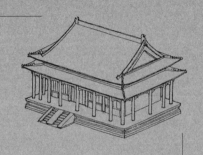

古建序论

梁思成讲　林徽因整理

古建序论[1]主要的内容是"为什么和如何为广大的劳动人民保护祖国伟大灿烂的建筑遗产"。

我们人民的中国三年来的伟大成就,使资本主义国家已惊异不已,我们建设的力量是他们所不能想象的。有一次印度文化访问团的一位考古学家曾问我:"目前中国的考古人员大概没有什么事情可做吧?"我回答他说:"恰恰相反,现在我们正在各处建设,进行庞大的工程,如修铁路和兴水利工程,发现古坟古物的报告不断地来到,正急待政府派专人去保管与整理,考古人员供不应求。从前的考古工作者孤独地在象牙塔里钻牛角尖,无人过问,也无人关心,现在的考古人员的工作是配合着全国人民文化的需要而推进着,并且迅速发展着。"这样事实的回答,使他恍然有所觉悟。毛主席早曾说过:"随同经济建设的高潮,必将同时出现一个文化建设的高潮。"文化建设是紧追着经济建设而来的,如影随

<hr />

1　本篇原发表于《文物参考数据》1953年第3期。原文有副标题《在考古工作人员训练班讲演记录》并"编者按",是梁思成先生的演讲稿,经林徽因先生整理发表。

形。整理民族古代文化遗产是发展新文化的必要条件，在文化建设的前夕而急需考古人员，正说明这一点。考古工作本身就是文化建设的一部分。经济建设正在蓬勃发展的时候，文化建设不可能不也欣欣向荣，有了新生命。今天我们这样迫切地需要这方面的大量技术人员，已开始举办考古工作人员训练班，就证明我们文化的新生命的到来，这意义是非常重大的。

有一次，来北京的英国访问团中有一位建筑师，他就告诉我：他一到了北京，就看到天安门、端门、午门等文物建筑正在大事修理，这就使他具体地了解到中国人民政权的方向和力量。在英国他所听到的都是说中国共产党要摒弃本国的一切旧文化，到了中国他才知道事实正和这种宣传相反；在中国一切都在原有的基础上发展起来，中国人民珍视他们祖先的丰富的遗产。你们看！我们的初步的文化工作就在国际上起极大的作用，使全世界知道我们是爱好和平，并有高度文化的民族。就能证明我们新制度不但是符合于本国人民的利益，并且是符合全世界的和平人民的利益的；因为给人类带来幸福的就是和平与文化。

在讲为什么我们要保存过去时代里所创造的一些建筑物之前，先要明了：建筑是什么？

最简单地说，建筑就是人类盖的房子，为了解决他们生活上"住"的问题。那就是：解决他们安全食宿的地方，生产工作的地方，和娱乐休息的地方。"衣、食、住"自古是相提并论的，因为它们都是人类生活最基本的需要。为了这需要，人类才不断和自然作斗争。自古以来，为了安定的起居，为了便利的生产，在劳动创造中人们就也创造了房子。在文化高度发展的时代，要进行大规模的经济建设和文化建设，或加强国防，我们仍然都要先建筑很多为那些建设使用的房屋，然后才能进行其他工作。我们今天称它为"基本建设"，这个名称就恰当地表示房屋的性质是一切建设的最基本的部分。

人类在劳动中不断创造新的经验、新的成果，由文明曙光时代开始在建筑方面的努力和其他生产的技术的发展总是平行并进的，和互相影响的。人们积累了数千年建造的经验，不断地在实践中，把建筑的技能和艺术提高，例如：了解木材的性能，泥土沙石在化学方面的变化，在思想方面的丰富，和对造形艺术方面的熟练，因而形成一种最高度综合性的创造。古文献记载："上古穴居野处，后世圣人易之以宫室，上栋下宇以蔽风雨"。从穴居到木构的建筑就是经过长期的努力，增加了经验，丰富了知识而来。所以：

（1）建筑是人类在生产活动中克服自然，改变自然的斗争的记录。这个建筑活动就必定包括人类掌握自然规律，发展自然科学的过程。在建造各种类型的房屋的实践中，人类认识了各种木材、石头、泥沙的性能，那就是这些材料在一定的结构情形下的物理规律，这样就掌握了最原始的材料力学。知道在什么位置上使用多大或多小的材料，怎样去处理它们间的互相联系，就掌握了最简单的土木工程学。其次，人们又发现了某一些天然材料——特别是泥土与石沙等——在一定的条件下的化学规律，如经过水搅、火烧等，因此很早就发明了最基本的人工的建筑材料，如砖，如石灰，如灰浆等。发展到了近代，便包括了今天的玻璃、五金、洋灰、钢筋和人造木等等，发展了化工的建筑材料工业。所以建筑工程学也就是自然科学的一个部门。

（2）建筑又是艺术创造。人类对他们所使用的生产工具、衣服、器皿、武器等，从石器时代的遗物中我们就可看出，在这些实用器物的实用要求之外，总要有某种加工，以满足美的要求，也就是文化的要求，在住屋也是一样。从古至今，人类在住屋上总是或多或少地下过功夫，以求造型上的美观。例如：自有史以来无数的民族，在不同的地方，不同的时代，同时在建筑艺术上，是继续不断地各自努力，从没有停止过的。

（3）建筑活动也反映当时的社会生活和当时的政治经济制度。如宫殿、庙宇、民居、仓库、城墙、堡垒、作坊、农舍，有的是直接为生产服务，有的是被统治阶级利用以巩固政权，有的被他们独占享受。如古代的奴隶主可以奴役数万人为他建筑高大的建筑物，以显示他的威权，坚固的防御建筑，以保护他的财产。古代的高坛、大台、陵墓都属于这种性质。在早期封建社会时代，如：吴王夫差"高其台榭以鸣得意"，或晋平公"铜鞮之宫数里"，汉初刘邦做了皇帝，萧何营未央宫，就明明白白地说："天子以四海为家，非令壮丽无以重威"，从这些例子就可以反映出当时的封建霸主剥削人民的财富，奴役人民的劳力，以增加他的威风的情形。在封建时代建筑的精华是集中在宫殿建筑和宗教建筑等等上，它是为统治阶级所利用以作为压迫人民的工具的；而在新民主主义和社会主义的人民政权时代，建筑就是为维护广大人民群众的利益和美好的生活而服务了。

（4）不同的民族的衣食、工具、器物、家具，都有不同的民族性格或民族特征。数千年来，每一民族，每一时代，在一定的自然环境和社会环境中，积累了世代的经验，都创造出自己的形式，各有其特征，建筑也是一样的。在器物等等方面，人们在科学方面采用了他们当时当地认为最方便最合用的材料，根据他们所能掌握的方法加以合理的处理成为习惯的手法，同时又在艺术方面加工做出他们认为最美观的纹样、体形和颜色，因而形成了普遍于一个地区一个民族的典型的范例，就成了那民族在工艺上的特征，成为那民族的民族形式。建筑也是一样。每个民族虽然在各个不同的时代里，所创造出的器物和建筑都不一样，但在同一个民族里，每个时代的特征总是一部分继续着前个时代的特征，另一部分发展着新生的方向，虽有变化而总是继承许多传统的特质，所以无论是哪一种工艺，包括建筑，不论属于什么时代，总是有它的一贯的民族精神的。

（5）建筑是人类一切造形创造中最庞大、最复杂，也最耐久的一类，所以它所代表的民族思想和艺术，更显著、更多面，也更重要。

从体积上看，人类创造的东西没有比建筑在体积上更大的了。古代的大工程如秦始皇时所建的阿房宫，"前殿阿房，东西五百步，南北五十丈，上可以坐万人，下可以建五丈旗"。记载数字虽不完全可靠，体积的庞大必无可疑。又如埃及金字塔高四百八十九英尺，屹立沙漠中遥远可见。我们祖国的万里长城绵亘二千三百余公里，在地球上大约是一件最显著的东西。

从数量上说，有人的地方就必会有建筑物。人类聚居密度愈大的地方，建筑就愈多，它的类型也愈多变化，合起来就成为城市。世界上没有其他东西改变自然的面貌如建筑这么厉害。在这大数量的建筑物上所表现的历史艺术意义方面最多也就最为丰富。

从耐久性上说，建筑因是建造在土地上的，体积大，要承托很大的重量，建造起来不是易事，能将它建造起来总是要付出很大的劳动力和物资财力的。所以一旦建筑成功，人们就不愿轻易移动或拆除它，因此被使用的期限总是尽可能地延长。能抵御自然侵蚀，又不受人为破坏的建筑物，便能长久地被保存下来，成为罕贵的历史文物，成为各时代劳动人民创造力量、创造技术的真实证据。

（6）从建筑上可以反映建造它的时代和地方的多方面的生活状况，政治和经济制度，在文化方面，建筑也有最高度的代表性。例如封建时期各国巍峨的宫殿，坚强的堡垒，不同程度的资本主义社会里的拥挤的工业区和紊乱的商业街市。中国过去半殖民地半封建时期的通商口岸，充满西式的租界街市，和半西不中的中国买办势力地区内的各种建筑，都反映着当时的经济政治情况，也是显示帝国主义文化入侵中国的最真切的证据。

以上六点，不但说明建筑是什么，同时也说明了它是各民族文化的一种重要的代表。从考古方面考虑各时代建筑这问题时，实物得到保存，就是各时代所产生过的文化证据之得到保存。

可是我们的考古工作者不能不认识各种建筑的特征，尤其是中国建筑的特征。因为我们今天的考古还是为创造服务的，苏联建筑专家说：没有历史就没有理论，没有理论我们无法指导我们的新创造。中国建筑的特征是什么？ 中国建筑体系是中华民族数千年来世代经验的累积所创造的，这个体系分布到很广大的地区，西起葱岭，东至日本、朝鲜，南至越南、缅甸，北至黑龙江，包括蒙古人民共和国的区域在内。这些地区内的建筑和中国中心内的建筑，或是同属于一个体系，或是稍有变异如弟兄之同属于一家的关系。

至迟在公元前一千四百年左右，中国建筑体系就已经肯定地形成了，它的基本特征一直保留到了最近代。那就是：

（1）每一座个别的中国房屋都有三个主要部分：底下的砖造石造的台基，中间木构为主的房身，和两坡或四坡很舒展的屋顶，由多座这种的房屋围绕起来成一庭院，由很简单的农民住宅到极大的皇宫寺庙，都是如此。

（2）这个体系始终是以木材结构为主。房身这部分是以木材做立柱和横梁，成一副梁架，每一副梁架有两立柱和两层以上的横梁，每两副梁架之间用所谓"枋"和"桁"（héng，或称檩子）的横木把它们互相牵联就成了一"间"房子的主要构架。

两柱间如用墙壁并不负重，也只是像"帏幕"一样用以隔断内外，或分划内部空间而已。所留门窗位置极为自由，由全部用墙壁，至全部用门窗都不妨碍负重问题；而房顶的重量总是全由立柱承担。

（3）在一副梁架上，在立柱和横梁的交叉处，在柱头上，加上一层层逐渐挑出称作"栱"的短木料，中间用称作"斗"的小木块垫着，柱头上这样的一种结构称作"斗栱"，它是用以减少立柱和横梁交接处的"剪力"，减轻梁折断的可能。同时这种斗栱可以由柱头虚挑出去承托上面其他的结构，最显著的如屋子外面的前檐，上层楼外的廊子，屋子内部的楼井栏杆等。

（4）梁架上的梁是多层的，上一层总比下一层短，两层中间小立柱总是逐层加高的，这称作"举架"。外面屋瓦的坡度就随着这举架由下部的平舒到近屋脊处的陡斜，成了和缓的曲线面。

（5）大胆地用朱红作为大建筑物立柱的主要颜色，并用彩色绘画图案来装饰木构架的上部结构，如：额枋、柱头和斗栱，不限内外都如此。

（6）所有结构部分的交接之处，大半露出，在它外表的形状上稍稍加工，成为建筑本身的装饰部分。如：梁头之成为蚂蚱头、麻叶头等和雀替之种种式样，或如屋脊、脊吻，或整组斗栱本身和窗门上的刻花图案都属于这一类。它们都是结构部分，而有极高的装饰效果的。

（7）建筑材料中的有色琉璃的砖瓦，除木上刻花和石面作浮雕之外，还在清水砖上加雕刻，也都是中国体系建筑的特征。

这一切特点我们可以叫它作建筑的"文法"。建筑和语言文字一样，一个民族总创造出他们所沿用的惯例成了法则。中国建筑如何组织木材成了梁架，成了斗栱，成了一个"开间"，成了一座独立建筑物的构架，如何用举架的比例求得屋顶的曲线轮廓，如何结束瓦顶，如何切削生硬的部分使成柔和的、曲面的、图案型的装饰物，都是我们建筑上一千几百年沿用下来的惯例原则，无论每种具体的实物怎样地千变万化，它们都遵循那种法则的范畴，有一定的方法和相互的关系，所以我们说它是一种建筑上的文法。至于梁、柱、枋、檩、门、窗、墙、瓦、槛、阶、栏杆、隔扇、斗栱、瓦饰、正房、厢廊、庭院、夹道，那就都是我们建筑上的"词汇"，是构成一组中国建筑的不可少的细部和因素。这种文法是从累积的实践的经验中，总结出来的，提炼出来的，有一定的拘束性，但在其范围中又有极大的运用的自由。也如同做文章可有许多体裁，如诗、词、歌、赋、散文、小说等等。建筑上也可有"小品"，如亭榭、小园，也可以有大文章，如宫殿、庙宇。但只要它们是中国的建筑，它们就必是遵守着一定的中国建筑文法的。运用这方法的规则，为了极不相同的需要表现绝不相同的体形和情感，也解决不相同的问题。这种文法是劳动人民在长期经验中产生出来而普遍遵守的法则和惯例，它是智慧的结晶和胜利果实的总结。它不是一时一人的创造，它是民族与地方的物质和精神条件下的产物。

其次，我们要了解中国建筑有哪一些类型。

（1）民居和象征政权的大建筑群，如衙署、府第、宫殿，这些基本上是同一类型，只有大小繁简之分。应该注意的是它们历史和艺术的价值，绝不在其大小繁简，而是在它们的年代、材料和做法上。

（2）宗教建筑。本来佛教初来的时候，隋、唐都有"舍宅为寺"的风气，各种寺院和衙署、府第没有大分别，但积渐有了宗教上的需要，和僧侣生活上的需要，而产生各种佛教寺院内的部署和体型，内中以佛塔为最突出。其他如道观，回教的清真寺和基督教的礼拜堂等，都各有它们的典型特征和个别变化，不但反映历史上种种事实应予以注意，且有高度艺术上成就，有永久保存的价值。例如：各处充满雕刻和壁画的石窟寺，就有极高的艺术价值，又如前据报告，中国仅存的一个景教的景堂，就有极高的历史价值。此外中国无数的宝塔都是我们艺术的珍物。

（3）园林及其中附属建筑。园林的布局曲折上下，有山有水，衬以适当的怡神养性，感召精神的美丽建筑，是中国劳动人民所创造的辉煌艺术之一。北京城内的北海，城郊的颐和园、玉泉山、香山等原来的宫苑，和长江以南苏州、无锡、杭州各地过去的私家园林，都是艺术杰作，有无比的历史和艺术价值。

（4）桥梁和水利工程。我国过去的劳动人民有极丰富的造桥经验，著名的赵州大石桥和卢沟桥等是人人都知道的伟大工程，而且也是艺术杰作。西南诸省有许多铁索桥，还有竹索桥，此外全国各地布满了大大小小的木桥和石桥，建造方法各各不同。在水利工程方面，如四川灌县的都江堰，云南昆明的松花坝，都是令人叹服的古代工程。在桥和坝两方面，国内的实物就有很多是表现出我国劳动人民伟大的智慧，有极高的文物价值的。

（5）陵墓。历代封建帝王和贵族所建造的坟墓都是规模宏大，内中用很坚固的工程和很丰富的装饰的。它们也反映出那时代的工艺美术和工程技术的种种方面，所以也是重要的历史文物和艺术特征的参考数据。墓外前面大多有附属的点缀如华表、祭堂、小祠、石阙等。著名的如山东嘉祥的武梁石祠，四川渠县和绵阳，河南嵩山，西康雅安[1]等地方都有不少石阙，寻常称"汉阙"，是在建筑上有高度艺术性的石造建筑物。并且上面还包含一些浮雕石刻，是当时的重要艺术表现。四川有许多地方有汉代遗留下来的崖墓，立在崖边，墓口如石窟寺的洞口，内部有些石刻的建筑部分，如有斗栱的石柱等，也是研究古代建筑的难得资料。

（6）防御工程。防御工程的目的在于防御，所以工程非常硕大坚固，自成一种类型，有它的特殊的雄劲的风格。如我们的万里长城，高低起伏地延伸到二千三百余公里，它绝不是一堆无意

1　西康为旧行政区，1939年设省，1955年撤销。原西康属地，分别划入西藏与四川，其中雅安归属四川。

义的砖石，而是过去人类一种伟大的创作，有高度的工程造诣，有它的特殊严肃的艺术性的，无论近代的什么人见到它，都不可能不肃然起敬，就证明这一点了。如北京、西安的城，都有重大历史意义，也都是伟大的艺术创作。在它们淳朴雄厚的城墙之上，巍然高峙的宏大城楼，它们是全城风光所系的突出点，在它们近处望它能引起无限美感，使人们发生对过去劳动人民的热爱和景仰，产生极大的精神作用。

（7）市街点缀。中国的城市的街道上有许多美化那个地区的装饰性的建筑物，如钟楼、鼓楼，各种牌坊、街楼，大建筑物前面的辕门和影壁等。这些建筑物本来都是朴实的有用的类型，但却被封建时代的意识所采用：为迷信的因素服务，也为反动的道德标准如贞节观念、光荣门第等观念服务，但在原来用途上，如牌坊就本是各民坊入口的标识，辕门也是一个区域的界限，钟楼、鼓楼虽为了警告时间，但常常是市中心标识，所以都是需要艺术的塑型的。在中国各城市中这些建筑物多半发展出高度艺术性的形象，成了街市中美丽的点缀，为了它们的艺术价值，这些建筑物是应保存与慎重处理的。

（8）建筑的附属艺术，如壁画、彩画、雕刻、华表、狮子、石碑、宗教道具等等，往往是和建筑分不开的。在记录或保管某个建筑物时，都要适当地注意到它的周围这些附属艺术品的地位和价值。有时它们只是历史资料，但很多例子中它们本身都是艺术精品。

（9）城市的总体形和总布局。中国城市常是极有计划的城市，按照地形和历史的条件灵活地处理。街道的分布，大建筑物的耸立与衬托，市楼、公共场所、桥头、市中心和湖沼、堤岸等等，常常是雄伟壮丽富于艺术性的安排，所做成的景物气氛给人以难忘的印象。与注意建筑文物的同时，也应该注意到有计划或有意识的，城市布局的方面，摄影、测绘以示它的特点的。尤其是今天中国的城市都在发展中，以原有的优良秩序基础做成某一城某一市特殊风格的，都应特别重视，以配合新的发展方向。

单单认识祖国各种建筑的类型，每种或每个地去欣赏它的艺术，估计它的历史价值，是不够的。考古工作者既有保管和研究文物建筑的任务，他们就必须先有一个建筑发展史的最低限度的知识。中国体系的建筑是怎样发展起来的呢？它是随着中国社会的发展而发展的。它是以各时代的一定的社会经济做基础的，既和当时的社会的生产力和生产关系分不开，也和当时占统治地位的世界观，也就是当时的人所接受所承认的思想意识分不开的。

试由中国历史的几个主要阶段和它当时的建筑提出来讲讲。例如：（一）商殷周到春秋战国；（二）秦汉到三国；（三）晋魏六朝；（四）隋唐到五代、辽；（五）宋到金、元；（六）明清两朝。

第一阶段：商殷周春秋战国。商殷是奴隶社会时代，周初到春秋战国虽然已经有封建社会制度的特征，但基本上奴隶制度仍然存在，农奴和俘房仍然是封建主的奴隶。奴隶主和封建初期的王侯，都拥有一切财富；他们的财产包括为他们劳动的人民 ——
奴隶和俘虏。什么帝，什么王都迫使这些人民为他们建造他们所
需要的建筑物。他们所需要的建筑是怎样的呢？ 多半是利用很多
奴隶的劳动力筑起有庞大体积的建筑物。例如：因为他们要利用
鬼神来迷惑为他们服劳役的人民，所以就要筑起祭祀用的神坛；
因为他们时常出去狩猎，就要筑起登高远望的高台。他们生前要
给自己特别尊贵高大的房子，所谓"治宫室"以显示他们的统治地
位，死后一定要极为奢侈坚固的地窖，所谓"造陵墓"，好保存他
们的尸体，并且把生前的许多财物也陪葬在里面，满足他们死后
仍能占有财产的观念。他们需要防御和他们敌对的民族或部落，
他们就需要防御的堡垒、城垣和烽火台。虽然在殷的时代宫殿的
结构还是很简单的，但比起更简单而原始的穴居时代和初有木构
的时代，当然已有了极大的进步。到了周初，建筑工程的技术又
进了一步。《诗经》上推写周初召来"司空""司徒"，证明也有了
管工程的人，有了某种工程上的组织来进行建筑活动，所谓"营
国筑室"也就是有计划地来建造一种城市。所谓"作庙翼翼"，立
"皋门""应门"等等，显然是对建筑物的结构、形状、类型和位置，
都作了艺术性的处理。

　　到了春秋和战国时期，不但生产力提高，同时生产关系又有
了若干转变。那时已有小农商贾，从事工艺的匠人也不全是以奴
隶身份来工作的，一部分人民都从事各种手工业生产，墨子就是
一个。又如记载上说"公输子之巧"，传说鲁班是木工中最巧的匠

人，还可以证明当时个别熟练匠人虽仍是被剥削的劳动人民，但却因为他的"巧"而被一般人民重视。在建筑上，七国中燕、赵、楚、秦的封建主都是很奢侈的。所谓"高台榭""美宫室"的作风都很盛。依据记载，有人看见秦的宫室之后说："使鬼为之，则劳神矣，使人为之，亦苦民矣。"这样的话，我们可以推断当时建筑技术必是比以前更进步的，同时仍然是要用许多人工的。

第二阶段：秦汉到三国。秦统一中国，秦始皇的建筑活动常见于记载，是很突出的，并且规模都极大，如：筑长城，铺驰道等。他还模仿各处不同的宫殿，造在咸阳北陂上，先有宫室一百多处，还嫌不足，又建有名的阿房宫。宫的前殿据说是"东西五百步，南北五十丈，上可坐万人，下可立五丈旗"，当然规模宏大。秦始皇还使工匠们造他的庞大而复杂的坟墓。在工程和建筑艺术方面，人民为了这些建筑物发挥智慧，必定又创造了许多新的经验。但统治者的剥削享乐和豪强兼并，土地集中在少数人手中，引起农民大反抗。秦末汉初，农民纷纷起义，项羽打到咸阳时，就放火烧掉秦宫殿，火三月不灭。在建筑上，人民的财富和技术的精华常常被认为是代表统治者的贪心和残酷的东西，在斗争中被毁灭了去，项羽烧秦宫室便是个最早、最典型的例子。

汉初，刘邦取得胜利又统一了中国之后，仍然用封建制度，自居于统治地位。他的子孙一代代由西汉到东汉又都是很奢侈的帝王，不断为自己建造宫殿和离宫别馆。据汉史记载：汉都长安城中的大宫，就有有名的未央宫、长乐宫、建章宫、北宫、桂宫和明光宫等，都是庞大无比的建造。在两汉文学作品中更有许多关于建筑的描写，歌颂当时的建筑上的艺术和它们华丽丰富的形象的。例如：有名的《鲁灵光殿赋》、《两都赋》、《二京赋》等等。在实物上，今天还存在着汉墓前面的所谓"石阙""石祠"，在祠坛上有石刻壁画（在四川、山东和河南省都有），还有在悬立的石崖上凿出的"崖基"。此外还有殉葬用的"明器"（它们中很多是陶制的各种房屋模型），和墓中有花纹图案的大空心砖块和砖柱。所以对于汉代建筑的真实形象和细部手法，我们在今天还可以看出一个梗概来。汉代的工商业兴盛，人口增加，又开拓疆土，向外贸易，发展了灿烂的早期封建文化；大都市布满全国，只是因为皇帝、贵族、官僚、地主、商人和豪强都一齐向农民和手工业工人进行剥削和超经济的暴力压榨。汉末，经过长时期的破坏，饥民起义和军阀割据的互相残杀到了可怕的程度，最富庶的地方，都遭到剧烈的破坏，两京周围几百里彻底被毁灭了，黄河人口集中的地区竟是"千里无人烟"或到了"人相食"的地步。汉建筑的精华和全面的形象所达到的水平，绝不是今天这一点剩余的实物所能够代表的。我们所了解的汉代建筑，仍然是极少的。

由三国或晋初的遗物上看来，汉末已成熟的文化艺术，虽经浩劫，一些主要传统和特征仍然延续留传下来。所谓三国，在地区上除却魏在华北外，中国文化中心已分布在东南沿长江的吴，和在西南四川山岳地带盆地中的蜀，汉代建筑和各种工艺是在很不同的情形下得到保存或发展的。长安、洛阳两都的原有精华，却是被破坏无遗。但在战争中人民虽已穷困，统治者匆匆忙忙地却还不时兴工建造一些台榭取乐，曹操的铜雀台，就是有名的例子。在艺术上，三国时代基本上还是汉风的尾声。

第三阶段：晋魏六朝。汉的文化艺术经过大劫延续到了晋初，因为逐渐有由西域进入的外来影响，艺术作风上产生了很多新的因素。在成熟的汉代手法上，发生了比较和缓而极丰富的变化。但是到了北魏，经过中间五胡乱华的一个大混乱时期，北方外来民族侵入中国，占据统治地位，并且带来大量的和中国文化不同体系的艺术影响，中国的工艺和建筑活动，便突然起了更大的变化。石虎和赫连勃勃两个胡族的统治者进入中国之后，都大建宫殿，这些建筑，只见于文献记载，没有实物作证，形式手法到底如何，不得而知。我们可以推想木构的建筑，变化很小，当时的技术工人基本是汉族人民，但用石料刻莲花建浴室等，有很多是外来影响。北魏的统治者是鲜卑族，建都在大同时凿了云冈的大石窟寺，最初式样曾倚赖西域僧人，所以由刻像到花纹都带着浓重的西域和印度的手法情调。迁都到了洛阳之后，又造龙门石窟。时中国匠人对于雕刻佛像和佛教故事已很熟练，艺术风格就是在中国的原有艺术上吸取了外来影响，尝试了自己的创造。虽然题材仍然是外来的佛教，但在表现手法上却有强烈的中国传统艺术的气息和作风。建筑活动到了这时期，除却帝王的宫殿之外，最主要的主题是宗教建筑物。如：寺院、庙宇、石窟寺或摩崖造像、木塔、砖塔、石塔等等，都有许多杰出的新创造。希腊、波斯艺术在印度所产生的影响，又由佛教传到中国来。在木构建筑物方面，外国影响始终不大，只在原有结构上或平面布局上加以某些变革来解决佛教所需要的内容。最显明的例子就是塔。当时的塔基本上是汉代的"重屋"，也就是多层的小楼阁，上面加了佛教的象征物，如塔顶上的"覆钵"和"相轮"（这个部分在塔尖上称作"刹"，就是个缩小的印度的墓塔，中国译音的名称是"窣堵坡"或"塔婆"）除了塔之外，当时的寺院根本和其他非宗教的中国院落或殿堂建筑没有分别，只是内部的作用改变了性质，因是为佛教服务的，所以凡是艺术、装饰和壁画等，主要都是传达宗教思想的题材。那时劳动人民渗入自己虔诚的宗教热情，创造了活跃而辉煌的艺术。这时期里，比木构耐久的石造和砖造的建筑与雕刻，保存到今天的还很多，都是今天国内最可贵的文物，它们主要代表雕刻，但附带也有表现当时建筑的。如：敦煌、云冈、龙门、南北响堂山、天龙山等著名的石窟，和与它们同时的个别小型的"造像石"。还有独立的建筑物，如：嵩山嵩岳寺砖塔和山东济南郊外的四门塔。当时的木构建筑，因种种不利的条件，没有保存到现在的。南朝佛教的精华，大多数是木构的，但现时也没有一个存在的实物，现时所见只有陵墓前的石刻华表和狮子等。南北朝时期中木构建筑只有一座木塔，在文献中描写得极为仔细，那就是著名的北魏洛阳"胡太后木塔"。这篇写实的记载给了我们很多可贵的很具体的资料，供我们参考，且可以和隋唐以后的木构及塔型作比较的。

第四阶段：隋唐五代、辽。在南北朝割据的局势不断的战争之后，隋又统一中国，土地的重新分配提高了生产力，所以在唐中叶之前，称为太平盛世。当时统治阶级充分利用宗教力量来帮助他们统治人民，所以极力提倡佛教，而人民在痛苦之中，依赖佛教超度来生的幻想来排除痛苦，也极需要宗教的安慰，所以佛教愈盛行，则愈建寺造塔，到处是宗教建筑的活动。同时，为统治阶级所喜欢的道教势力，也因为得到封建主的支持而活跃起来。金碧辉煌的佛堂和道观布满了中国，当时的工匠都将热情和力量投入许多艺术创造中，如：绘画、雕刻、丝织品、金银器物等等。建筑艺术在那时是达到高度的完美。由于文化的兴盛，又由于宗教建筑物普遍于各地，熟练工匠的数目增加，传播给徒弟的机会也多起来。建筑上各部做法和所累积和修正的经验，积渐总结，成为制度，凝固下来。唐代建筑物在塑型上，在细部的处理上，在装饰纹样上，在木刻石刻的手法上，在取得外轮线的柔和或稳定的效果上，都已有极谨严、极美妙的方法，成为那时代的特征。五代和辽的实物基本上是承继唐代所凝固的风格及做法，宋初的大建筑和唐末的作风也仍然非常接近。毫无疑问，唐中叶以前，中国建筑艺术达到了一个高峰，在以后的宋、元、明、清，几次的封建文化高潮时期，都没有能再和它相比的。追求起来，最大原因是当时来自人民的宗教艺术多样性的创造正发扬到灿烂的顶点，封建统治阶级只是夺取这些艺术活力为他们的政权和宫廷享乐生活服务，用庞大的政治经济实力支持它，庞大宫殿、苑囿、离宫、别馆都是劳动人民所创造。一直到了人民又被压榨得饥寒交迫、穷困不堪，而统治者腐化昏庸、贪欲无穷，经济军事实力已不能维持自己政权。边区的其他政权和外族侵略威胁愈来愈厉害的时期，农民的起义和反抗愈剧烈，劳动人民对于建筑艺术才绝无创造的兴趣。这样时期，对统治者的建造都只是被迫着供驱役、赖着熟练技术工人维持着传统手法而已。政权中心的都城长安城中，繁荣和破坏力量，恰是两个极端。但一直到唐末，全国各处对于宗教建筑的态度，却始终不同。人民被宗教的幻想幸福所欺骗，仍然不失掉自己的热心，艺术的精心作品，仍时常在寺院、佛塔、佛像、雕刻上表现出来。

第五阶段：宋、金、元。宋初的建筑也是五代唐末的格式，同辽的建筑也无大区别。但到了公元一〇〇〇年（宋真宗）前后，因为在运河经疏浚后和江南通航，工商业大大发展，宋都汴梁（今开封），公私建造都极旺盛，建筑匠人的创造力又发挥起来，手法开始倾向细致柔美，对于建筑物每单位的塑型更敏感、更注意了。各种的阁，各种的楼都极窈窕多姿，作为北宋首都和文化中心的汴梁，是介于南北两种不同建筑倾向的中间，同时受到南方的秀丽和北方的壮硕风格的影响。这时期宋都的建筑式样，可以说或多或少的是南北作风的结合，并且也起了为南北两系做媒介的作用。汴京当时多用重楼飞阁一类的组合，如：《东京梦华录》中所描写的樊楼等。宫中游宴的后苑中，藏书楼阁每代都有建造，寺观中华美的楼阁也占极重要的位置，它们大略的风格和姿态，我们还能从许多宋画中见到,最写实的,有:《黄鹤楼图》、《滕王阁图》、《金明池图》等等。日本的镰仓时期的建筑,也很受我们宋代这时期建筑的影响。有一主要特征,就是歇山山花间前的抱厦,这格式宋以后除了金、元有几个例子外,几乎不见了,当时却是普遍的作风。今天北京故宫紫禁城的角楼,就是这种式样的遗风。北宋之后,文化中心南移,南京的建筑,一方面受到北宋官式制度的影响,一方面又有南方自然环境材料的因素和手法与传统的一定条件,所发展出的建筑,又另有它的特征,和北宋的建筑不很相同了。在气魄方面失去唐全盛时的雄伟,但在绮丽和美好的加工方面,宋代有极大贡献。

金元都是外族入侵而在中国统治中国人民的时代,因为金的女真族和元的蒙古族,当时都是比中国文化落后许多的游牧民族,对于中国人民是以俘虏和奴隶来对待的。就是对于技术匠人的重视,也是以掠夺来的战利品看待他们,驱役他们给统治者工作。并且金元的建设都是在经过一个破坏时期之后,在那情形下,工艺水平降低很多,始终不能恢复到宋全盛时期的水平。金的建筑在外表形式上或仿汴梁宫殿,或仿南宋纤细作风,不一定尊重传统,常常篡改结构上的组合,反而放弃宋代原来较简单合理和优美的做法,而增加繁琐无用的部分。我们可以由金代的殿堂实物上看出它们许多不如宋代的地方。据南宋人记录,金中都的宫殿是"穷极工巧",但"制度不经",意思就是说金的统治者在建造上是尽量浪费奢侈,但制度形式不遵循传统,相当混乱。但金人自己没有高度文化传统，一切接受汉族制度，当时金的"中都"规模就是模仿北宋汴梁，因此保存了宋的宫城布局的许多特点。这种格式可由元代承继下来传到明清，一直保存到今天。

　　元的统治时期，中国版图空前扩大，跨着欧亚两洲，大陆上的交通，使中国和欧洲有若干文化上的交流。但是蒙古的统治者剥削人民财富，征税极为苛刻，对汉族又特别压迫和奴役，经济力是衰疲的，只有江浙的工商业情形稍好。人民虽然困苦不堪，宫殿建筑和宗教建筑（当时以喇嘛教为主）仍然很侈大。当时陆路和海路常有外族的人才来到中国，在建筑上也曾有一些阿拉伯、波斯或西藏等族的影响，如在忽必烈的宫中引水作喷泉，又在砖造的建筑上用彩色的琉璃砖瓦等。在元代的遗物中，最辉煌的实例，就是北京内城有计划的布局规模，它是总结了历代都城的优良传统，参考了中国古代帝都规模，又按照北京的特殊地形、水利的实际情况而设计的。今天它已是祖国最可骄傲的一个美丽壮伟的城市格局。元的木构建筑，经过明清两代建设之后，实物保存到今天的，国内还有若干处，但北京城内只有可怀疑的与已毁坏而无条件重修的一两处，所以元代原物已是很可贵的研究资料。从我们所见到的几座实物看来，它们在手法上还有许多是宋代遗制，经过金朝的变革的具体例子。如工字殿和山花向前的作风等。

　　第六阶段：明、清。明代推翻元的统治政权，是民族复兴的强烈力量。最初朱元璋首都设在南京，派人将北京元故宫毁去，元代建筑的精华因此损失殆尽。在南京征发全国工匠二十余万人建造宫殿，规模很宏壮，并且特别强调中国原有的宗教礼节，如天子的郊祀（祭天地和五谷的神），所以对坛庙制度很认真。四十年后，朱棣（明永乐）迁回北京建都，又在元大都城的基础上重新建设。今天北京的故宫大体是明初的建设。虽然绝大部分的个别殿堂都由清代重建了，明原物还剩了几个完整的组群和个别的大殿几座。社稷坛、太庙（即现在的中山公园、劳动人民文化宫）和天坛，都是明代首创的宏丽的大建筑组群，尤其是天坛的规模和体形是个杰作。明初民气旺盛，是封建经济复兴时期，汉族匠工由半奴隶的情况下改善了，成为手工业技术匠师，工人的创造力大大提高，工商业的进步超越过去任何时期。在建筑上，表现在气魄庄严的大建筑组群上。应用壮硕的好木料，和认真的工程手艺。工艺的精确端整是明的特征。明代墙垣都用临清砖，重要建筑都用楠木柱子，木工石刻都精确不苟，结构都交代得完整妥帖，外表造形朴实壮大而较清代的柔和。梁架用料比宋式规定大得多，瓦坡比宋斜陡，但宋代以来，缓和弧线有一些仍被采用在个别建筑上，如角柱升高一点使瓦檐四角微微翘起，或如柱头的"卷杀"，使柱子轮廓柔和许多等等的造法和处理。但在金以后，最显著的一个转变就是除在结构方面有承托负重的作用外，还强调斗栱在装饰方面的作用，在前檐两柱之间把它们增多，每个斗栱同建筑物的比例也缩小了，成为前檐一横列的装饰物。明、清的斗栱都是密集的小型，不像辽金宋的那样疏朗而硕大的。

明初洪武和永乐的建设规模都宏大。永乐以后太监当权，政治腐败，封建主昏庸无力，知识分子的宰臣都是没有气魄远见、只争小事的。明代文人所领导的艺术的表现，都远不如唐宋的精神。但明代的工业非常发达，建筑一方面由老匠师掌握，一方面由政府官僚监督，按官式规制建造，没有蓬勃的创造性，只是在工艺上非常工整。明中叶以后，寺庙很多是为贪污的阉官祝福而建的，如魏忠贤的生祠等。像这种建筑，匠师多墨守成规，推敲细节，没有气魄的表现。而在全国各地的手工业作坊和城市的民房倒有很多是达到高度水平的老实工程。全部砖造的建筑和以高度技巧使用琉璃瓦的建筑物也逐渐发展。技术方面有很多的进展。明代的建筑实物到今天已是三五百年的结构，大部分都是可宝贵的，有一部分尤其是极值得研究的艺术。

明清两代的建筑形制非常近似。清初入关以后，在玄烨（康熙）、胤禛（雍正）的年代里由统治阶级指定修造的建筑物都是体形健壮、气魄宏大的，小部留有明代一些手法上的特征，如北京郑王府之类，但大半都较明代建筑生硬笨重，尤其是柁梁用料过于侈大，在比例上不合理，在结构上是浪费的。到了弘历（乾隆），他聚敛了大量人民的财富，尽情享受，并且因宫廷趣味处在领导地位，自从他到了江南以后，喜爱南方的风景和建筑，故意要工匠仿南式风格和手法，采用许多曲折布置和纤巧图案，产生所谓"苏式"的彩画等等。因为工匠迎合统治阶级的趣味，所以在这时期以后的许多建筑造法和清初的区别，正和北宋末崇宁间刊行《营造法式》时期和北宋初期建筑一样，多半是细节加工，在着重巧制花纹的方面用功夫，因而产生了许多玲珑小巧、萎靡繁琐的作风。这种偏向多出现在小型建筑或庭园建筑上。由圆明园的亭台楼阁开始，普遍地发展到府第店楼，影响了清末一切建筑。但清宫苑中的许多庭园建筑，却又有很多恰好是庄严平稳的宫廷建筑物，采取了江南建筑和自然风景配合的灵活布局的优良例子，如颐和园的谐趣园整个组群、北海琼华岛北面游廊和静心斋等。

在这个时期，中国建筑忽然来了一种模仿西洋的趋势，这也是开始于宫廷猎取新奇的心理，由圆明园建造的"西洋楼"开端。当时所谓西洋影响，主要是模仿意大利文艺复兴的古典楼面，圆头发券（xuàn）窗子，柱头雕花的罗马柱子，彩色的玻璃，蚌壳卷草的雕刻和西式石柱、栏杆、花盆、墩子、狮子、圆球等各种缀饰。这些东西，最初在圆明园所用的，虽曾用琉璃瓦特别烧制，由意大利人郎世宁监造；但一般这种格式花纹多用砖刻出，如恭王府花园和三海中的一些建筑物。北京西郊公园的大门也是一个典型例子，其他则在各城市的店楼门面上最易见到。颐和园中的石舫就是这种风格的代表。中国建筑在体形上到此已开始呈现庞杂混乱的现象，且已是崇外思想在建筑上表现出来的先声。当时宫廷是由猎奇而爱慕西方商品货物，对西方文化并无认识。到了鸦片战争以后，帝国主义武力侵略各口岸城市，产生买办阶级的媚外崇洋思想和民族自卑心理的时期，英美各国是以蛮横的态度，在我们祖国土地上建造适于他们的生活习惯的和殖民地化我们的房屋的。由广州城外的"十三行"和澳门葡萄牙商人所建造的房屋开始，形形色色的洋房洋楼便大量建造起来。祖国的建筑传统、艺术传统，以及城市的和谐一致的面貌，从此才大量被破坏了。近三十年来中国的建筑设计转到知识分子手里，他们都是或留学欧美，或间接学欧美的建筑的。他们将各国各时代建筑原封不动地搬到中国城市中来，并且竟鄙视自己的文化，自己固有的建筑和艺术传统，又在思想上做了西洋资本主义国家近代各流派建筑理论的俘虏，解放后经过爱国主义的学习才逐渐认识到祖国传统的伟大。祖国的建筑是祖国过去的劳动人民在长期劳动中智慧的结晶，是我们一份极可骄傲的、辉煌的艺术遗产。这个认识及时地纠正了前一些年代里许多人对祖国建筑遗物的轻视和破坏，但是保护建筑文物的工作不过刚刚开始，摆在我们面前的任务是很多很艰巨的。

最后让我再严重地指出爱护古建筑的意义，千万不要忘记毛主席在《新民主主义论》中所说的："中国的长期封建社会中，创造了灿烂的古代文化。因此清理古代文化的发展过程，剔除其封建性的糟粕，吸收其民主性的精华，是发展民族新文化提高民族自信心的必要条件。"这是毛主席交给我们考古工作者的任务。这个任务之完成是多方面的。首先我们要为发展新建筑创造条件。毛主席告诉我们："中国现时的新文化也是从古代的旧文化发展而来"的，因此，中国现时的新建筑也必是从古代的旧建筑发展而来的。因此，建筑师们必须认识和掌握旧建筑的特征和规律，然后才能进行自由创造，所以他们需要考古人员的说明。因此我们要搜集古建筑实物，研究它们，把我们研究的结果供给建筑师们，这是为创造新中国建筑的设计建筑师们服务的。

其次是在今后所有城市的发展改建中，我们必然要遭到旧的和新的之间，现在和将来之间的矛盾的问题。具有重要历史艺术价值的文物必须保存，但是有些价值较差的，或是可能妨碍发展的旧建筑是可能被拆除的，因此这也是一种"清理、剔除、吸收"的工作，必须慎重从事。在这工作中，我们要注重历史价值和艺术价值。富有代表性和说明性的文物就是富有历史价值的。有许多建筑曾为封建帝王或官僚地主所有，但它的本身却是劳动人民劳动的果实。我们也要重视文物本身的艺术价值。例如北京的天安门、故宫、太庙（劳动人民文化宫），它们的艺术价值是全世界公认的。它们过去是封建主所有的，今天已都是人民自己的珍宝了。对于建筑的评价，在改建城市的工作中是极重要的，评价的任务往往须由我们考古工作者担负起来。因此我们必须认清造成某一建筑物的时代背景和历史条件，认识它的艺术价值，不能凭主观出发。近代的高大的建筑不一定比某些古代的小建筑有价值；石头的不一定就比砖木的好。我们不应该以现代的尺度去衡量古代建筑的价值，正如李四光先生所说："难道我们要以建造埃菲尔铁塔的方式来研究万里长城吗？"一座文物建筑一旦被盲目拆毁，我们是永远不能把它偿还给我们的子孙的。但是我们绝不应将一切古建筑"生吞活剥的毫无批判的吸收"，也"不是颂古非今，不是赞扬任何封建的毒素"，而是"给历史以一定的科学的地位，是尊重历史的辩证法的发展"，"主要的不是要引导他们 —— 人民群众 —— 向后看，而是要引导他们向前看"。在一座城市的发展和改建工作中，考古工作者对于过去要负责，对于将来更要负责。

这个任务的另一方面是文物建筑的修缮问题。我们要避免不知道古建筑的结构而修理古建筑。我希望同志们多做历史研究工作，从形式上、结构上、材料上、雕饰上、总的部署上去认识时代的和地方的特征，做各种各样多方面的比较研究。千万不要一番好意去修缮古文物建筑，因为这方面知识不够，反而损害了它。

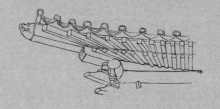

论中国建筑之几个特征

林徽因

中国建筑为东方最显著的独立系统[1]，渊源深远，而演进程序简纯，历代继承，线索不紊，而基本结构上又绝未因受外来影响致激起复杂变化者。不止在东方三大系建筑之中，较其他两系——印度及阿拉伯（回教建筑）——享寿特长，通行地面特广，而艺术又独臻于最高成熟点。即在世界东西各建筑派系中，相较起来，也是个极特殊的直贯系统。大凡一系建筑，经过悠长的历史，多掺杂外来影响，而在结构、布置乃至外观上，常发生根本变化，或循地理推广迁移，因致渐改旧制，顿易材料外观，待达到全盛时期，则多已脱离原始胎形，另具格式。独有中国建筑经历极长久之时间，流布甚广大的地面，而在其最盛期中或在其后代繁衍期中，诸重要建筑物，均始终不脱其原始面目，保存其固有主要结构部分及布置规模，虽则同时在艺术工程方面，又皆无可置疑地进化至极高程度。更可异的是：产生这建筑的民族的历史却并不简单，且并不缺乏种种宗教上、思想上、政治组织上的

1　本篇原发表于《中国营造学社汇刊》第三卷1期，1932年3月。

迭出变化；更曾经多次与强盛的外族或在思想上和平地接触（如印度佛教之传入），或在实际利害关系上发生冲突战斗。

这结构简单、布置平整的中国建筑初形，会如此地泰然，享受几千年繁衍的直系子嗣，自成一个最特殊、最体面的建筑大族，实是一桩极值得研究的现象。

虽然，因为后代的中国建筑，即达到结构和艺术上极复杂精美的程度，外表上却仍呈现出一种单纯简朴的气象，一般人常误会中国建筑根本简陋无甚发展，较诸别系建筑低劣幼稚。

这种错误观念最初自然是起于西人对东方文化的粗忽观察，常作浮躁轻率的结论，以致影响到中国人自己对本国艺术发生极过当的怀疑乃至于鄙薄。好在近来欧美迭出深刻的学者对于东方文化慎重研究，细心体会之后，见解已迥异于从前，积渐彻底会悟中国美术之地位及其价值。但研究中国艺术尤其是对于建筑，比较是一种新近的趋势。外人论著关于中国建筑的，尚极少好的贡献，许多地方尚待我们建筑家今后急起直追，搜寻材料考据，做有价值的研究探讨，更正外人的许多隔膜和谬解处。

在原则上，一种好建筑必含有以下三要点：实用、坚固、美观。实用者：切合于当时当地人民生活习惯，适合于当地地理环境。坚固者：不违背其主要材料之合理的结构原则，在寻常环境之下，含有相当永久性的。美观者：具有合理的权衡（不是上重下轻巍然欲倾，上大下小势不能支；或孤耸高峙或细长突出等违背自然律的状态），要呈现稳重、舒适、自然的外表，更要诚实地呈露全部及部分的功用，不事掩饰，不矫揉造作，勉强堆砌。美观，也可以说，即是综合实用、坚稳，两点之自然结果。中国建筑，不容疑义的，曾经包含过以上三种要素。所谓曾经，是因为在实用和坚固方面，因时代之变迁已有疑问。近代中国与欧西文化接触日深，生活习惯已完全与旧时不同，旧有建筑当然有许多跟着不适用了。在坚稳方面，因科学发达结果，关于非永久的木料，已有更满意的代替，对于构造亦有更经济精审的方法。

已往建筑因人类生活状态时刻推移，致实用方面发生问题以后，仍然保留着它的纯粹美术的价值，是个不可否认的事实。和埃及的金字塔、希腊的巴瑟农庙（Parthenon，今一般译为巴特农神庙）一样，北京的坛、庙、宫、殿，是会永远继续着享受荣誉的，虽然它们本来实际的功用已经完全失掉。纯粹美术价值，虽然可以脱离实用方面而存在，它却绝对不能脱离坚稳合理的结构原则而独立。因为美的权衡比例，美观上的多少特征，全是人的理智技巧，在物理的限制之下，合理地解决了结构上所发生的种种问题的自然结果。人工创造和天然趋势调和至某程度，便是美术的基本，设施雕饰于必需的结构部分，是锦上添花；勉强结构纯为装饰部分，是画蛇添足，足为美术之玷。

中国建筑的美观方面，现时可以说，已被一般人无条件地承认了。但是这建筑的优点，绝不是在那浅显的色彩和雕饰，或特殊之式样上面，却是深藏在那基本的，产生这美观的结构原则里，及中国人绝对了解控制雕饰的原理上。我们如果要赞扬我们本国光荣的建筑艺术，则应该就它的结构原则和基本技艺设施方面稍事探讨；不宜只是一味地，不负责任，用极抽象或肤浅的诗意美谀，披挂在任何外表形式上，学那英国绅士骆斯肯（Ruskin，今一般译为罗斯金）对高矗式（Gothic，今一般译为哥特式）建筑，起劲地唱些高调。

建筑艺术是个在极酷刻的物理限制之下，老实的创作。人类由使两根直柱架一根横楣，而能稳立在地平上起，至建成重楼层塔一类作品，其间辛苦艰难地展进，一部分是工程科学的进境，一部分是美术思想的活动和增富。这两方面是在建筑进步的一个总题之下同行并进的。虽然美术思想这边，常常背叛它们共同的目标——创造好建筑——脱逾常轨，尽它弄巧的能事，引诱工程方面牺牲结构上诚实原则，来将就外表取巧的地方。在这种情形之下，建筑本身常被连累，损伤了真正的价值。在中国各代建筑之中，也有许多这样的证例，所以在中国一系建筑之中的精品，也是极罕有难得的。

大凡一派美术都分有创造、试验、成熟、抄袭、繁衍、堕落诸期，建筑也是一样。初期作品创造力特强，含有试验性。至试验成功，成绩满意，达尽善尽美程度，则进到完全成熟期。成熟之后，必有相当时期因承相袭，不敢，也不能，逾越已有的则例；这期间常常是发生订定则例章程的时候。再来便是在琐节上增繁加复，以避免单调，冀求变换，这便是美术活动越出目标时。这时期始而繁衍，继则堕落，失掉原始骨干精神，变成无意义的形式。堕落之后，继起的新样便是第二潮流的革命元勋。第二潮流有鉴于已往作品的优劣，再研究探讨第一代的精华所在，便是考据学问之所以产生。

中国建筑的经过，用我们现有的、极有限的材料作参考，已经可以略略看出各时期的起落兴衰。我们现在也已走到应做考察研究的时代了。在这有限的各朝代建筑遗物里，很可以观察，探讨其结构和式样的特征，来标证那时代建筑的精神和技艺，是兴废还是优劣。但此节非等将中国建筑基本原则分析以后，是不能有所讨论的。

在分析结构之前，先要明了的是主要建筑材料，因为材料要根本影响其结构法的。中国主要建筑材料为木，次加砖石瓦之混用。外表上一座中国式建筑物，可明显地分作三大部：台基部分、柱梁部分、屋顶部分。台基是砖石混用。由柱脚至梁上结构部分，直接承托屋顶者则全是木造。屋顶除少数用茅茨、竹片、泥砖之外自然全是用瓦。而这三部——台基、柱梁、屋顶——可以说是我们建筑最初胎形的基本要素。

《易经》里"上古穴居而野处，后世圣人易之以宫室，上栋下宇以待风雨"。还有《史记》里"尧之有天下也，堂高三尺……"可见这"栋""宇"及"堂"（基）在最古建筑里便占定了它们的部位势力。自然最后经过繁重发达的是"栋"——那木造的全部，所以我们也要特别注意。

木造结构，我们所用的原则是"架构制"（Framing System）。

在四根垂直柱的上端，用两横梁两横枋周围牵制成一"间架"（梁与枋根本为同样材料，梁较枋可略壮大。在"间"之左右称柁或梁，在间之前后称枋）。再在两梁之上筑起层叠的梁架以支横桁，桁通一"间"之左右两端，从梁架顶上"脊瓜柱"上次第降下至前枋上为止。桁上钉椽，并排桷篦，以承瓦板，这是"架构制"骨干最简单的说法。

总之"架构制"之最负责要素是：

（一）那几根支重的垂直立柱；（二）使这些立柱互相发生联络关系的梁与枋；（三）横梁以上的构造：梁架、横桁、木椽，及其他附属木造，完全用以支承屋顶的部分。

"间"在平面上是一个建筑的最低单位。普通建筑全是多间的且为单数。有"中间"或"明间""次间""稍间""套间"等称。

中国"架构制"与别种制度（如高矗式之"砌栱制"，或西欧最普通之古典派"垒石"建筑）之最大分别：（一）在支重部分之完全倚赖立柱，使墙的部分不负结构上重责，只同门窗隔屏等尽相似的义务——间隔房间，分划内外而已。（二）立柱始终保守木质，不似古希腊之迅速代之以垒石柱，且增加负重墙（Bearing Wall），致脱离"架构"而成"垒石"制。

这架构制的特征，影响至其外表式样的，有以下最明显的几点：（一）高度无形的受限制，绝不出木材可能的范围。（二）极庄严的建筑，也是呈现绝对玲珑的外表。结构上既绝不需要坚厚的负重墙，除非故意为表现雄伟的时候，酌量增用外（如城楼等建筑），任何大建，均不需墙壁堵塞部分。（三）门窗部分可以不受限制，柱与柱之间可以完全安装透光线的细木作——门屏窗牖之类。实际方面，即在玻璃未发明以前，室内已有极充分光线。北方因气候关系，墙多于窗，南方则反之，可伸缩自如。

这不过是这结构的基本方面，自然的特征。还有许多完全是经过特别的美术活动而成功的超等特色，使中国建筑占极高的美术位置的，而同时也是中国建筑之精神所在。这些特色最主要的便是屋顶、台基、斗栱、色彩和匀称的平面布置。

屋顶本是建筑上最实际必需的部分，中国则自古不惮烦难地使之尽善尽美。使切合于实际需求之外，又特具一种美术风格。屋顶最初即不止为屋之顶，因雨水和日光的切要实题，早就扩张出檐的部分。使檐突出并非难事，但是檐深则低，低则阻碍光线，且雨水顺势急流，檐下溅水问题因之发生。为解决这个问题，我们发明飞檐，用双层瓦椽，使檐沿稍翻上去，微成曲线。又因美观关系，使屋角之檐加甚其仰翻曲度。这种前边成曲线，四角翘起的"飞檐"，在结构上有极自然又合理的布置，几乎可以说它便是结构法所促成的。

如何是结构法所促成的呢？简单说：例如"庑殿"式的屋瓦，共有四坡五脊。正脊寻常称房脊，它的骨架是脊桁。那四根斜脊，称"垂脊"，它们的骨架是从脊桁斜角，下伸至檐桁上的部分，称由戗（qiàng）及角梁。桁上所钉并排的椽子虽像全是平行的，但因偏左右的几根又要同这"角梁平行"，所以椽的部位，乃由真平行而渐斜，像裙裾的开展，如图一。

　　角梁是方的，椽为圆径（有双层时上层便是方的，角梁双层时则仍全是方的）。角梁的木材大小几乎倍于椽子，到椽与角梁并排时，两个的高下不同，以致不能在它们上面铺钉平板，故此必须将椽依次地抬高，令其上皮同角梁上皮平。在抬高的几根椽子底下填补一片三角形的木板，称"枕头木"，如图二。

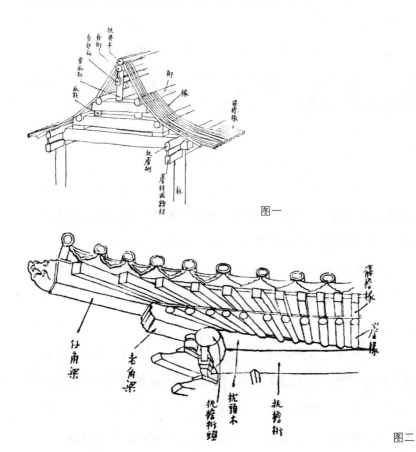

图一

图二

这个曲线在结构上几乎不可信地简单和自然，而同时在美观方面不知增加多少神韵。飞檐的美，绝用不着考据家来指点的。不过注意那过当和极端的倾向常将本来自然合理的结构变成取巧和复杂。

这过当的倾向，外表上自然也呈出脆弱、虚张的弱点，不为审美者所取，但一般人常以为愈巧愈繁必是愈美，无形中多鼓励这种倾向。

南方手艺灵活的地方，过甚的飞檐便是这种证例。外观上虽是浪漫的姿态，容易引诱赞美，但到底不及北方的庄重恰当，合于审美的最真纯条件。

屋顶曲线不止限于挑檐，即瓦坡的全部也不是一片直坡倾斜下来，屋顶坡的斜度是越往上越增加，如图三。

这斜度之由来是依着梁架叠层的加高，这制度称作"举架法"。这举架的原则极其明显，举架的定例也极其简单，只是迭次将梁架上的瓜柱增高，尤其是要脊瓜柱特别高。

使檐沿作仰翻曲度的方法，在增加第二层檐椽。这层檐甚短，只驮在头檐椽上面，再出挑一节。这样则檐的出挑虽加远，而不低下阻蔽光线。

总说起来，历来被视为极特异神秘之屋顶曲线，并没有什么超出结构原则和不自然造作之处，同时在美观实用方面均是非常的成功。这屋顶坡的全部曲线，上部巍然高举，檐部如翼轻展，使本来极无趣、极笨拙的屋顶部，一跃而成为整个建筑的美丽冠冕。

在《周礼》里发现有"上欲尊而宇欲卑；上尊而宇卑，则吐水疾而溜（liù）远"之句。这句可谓明晰地写出了实际方面之功效。

既讲到屋顶，我们当然还要注意到屋瓦上的种种装饰物。上面已说过，雕饰必是设施于结构部分才有价值，那么我们屋瓦上的脊瓦吻兽又是如何？

脊瓦可以说是两坡相联处的脊缝上一种镶边的办法，当然也有过当复杂的，但是诚实地来装饰一个结构部分，而不肯勉强地来掩饰一个结构枢纽或关节，是中国建筑最长之处。

瓦上的脊吻和走兽，无疑的，本来也是结构上的部分。现时的龙头形"正吻"古称"鸱（chī）尾"，最初必是总管"扶脊木"和脊桁等部分的一块木质关键。这木质关键突出脊上，略作鸟形，后来略加点缀竟然刻成鸱鸟之尾，也是很自然的变化。其所以为鸱尾者还带有一点象征意义，因有传说鸱鸟能吐水，拿它放在瓦脊上可遏制火灾。

走兽最初必为一种大木钉，通过垂脊之瓦，至"由戗"及"角梁"上，以防止斜脊上面瓦片的溜下，唐时已变成两座"宝珠"在今之"戗兽"及"仙人"地位上。后代鸱尾变成"龙吻"，宝珠变成"戗兽"及"仙人"，尚加增"戗兽""仙人"之间一列"走兽"，也不过是雕饰上变化而已。

并且垂脊上戗兽较大，结束"由戗"一段，底下一列走兽装饰在角梁上面，显露基本结构上的节段，亦甚自然合理。

南方屋瓦上多加增极复杂的花样，完全脱离结构上任务纯粹的显示技巧，甚属无聊，不足称扬。

外国人因为中国人屋顶之特殊形式，迥异于欧西各系，早多注意及之，论说纷纷，妙想天开。有说中国屋顶乃根据游牧时代帐幕者，有说象形蔽天之松枝者，有目中国飞檐为怪诞者，有谓中国建筑类儿戏者，有的全由走兽龙头方面，无谓的探讨意义，几乎不值得在此费时反证。总之这种曲线屋顶已经从结构上分析了，又从雕饰设施原则上审察了，而其美观实用方面又显著明晰，不容否认。我们的结论实可以简单地承认它艺术上的大成功。

中国建筑的第二个显著特征，并且与屋顶有密切关系的，便是"斗栱"部分。最初檐承于椽，椽承于檐桁，桁则架于梁端。此梁端即是由梁架延长，伸出柱的外边。但高大的建筑物出檐既深，单指梁端支持，势必不胜，结果必产生重叠的木"翘"支于梁端之下。但单借木翘不够担全檐沿的重量，尤其是建筑物愈大，两柱间之距离愈远，所以又生左右岔出的横"栱"来接受"檐桁"。这前后的木翘，左右的横栱，结合而成的"斗栱"全部（在栱或翘昂的两端和相交处，介于上下两层栱或翘之间的斗形木块称"枓"）。"昂"最初为又一种之翘，后部斜伸出斗栱后用以支"金桁"，如图四。

斗栱是柱与屋顶的过渡部分，使支出的房檐的重量渐次集中下来直到柱的上面。斗栱的演化，每是技巧上的进步，但是后代斗栱（约略从宋元以后），便变化到非常复杂，在结构上已有过当的部分，部位上也有改变。本来斗栱只限于柱的上面（今称柱头斗），后来为外观关系，又增加一攒所谓"平身科"者，在柱与柱之间。明清建筑上平身科加增到六七攒，排成一列，完全成为装饰品，失去本来的功用。"昂"之后部功用亦废除，只余前部形式而已。

不过当复杂的斗栱，的确是柱与檐之间最恰当的关节，集中横展的屋檐重量，到垂直的立柱上面，同时变成檐下的一种点缀，可作结构本身变成装饰部分的最好条例。可惜后代的建筑多减轻斗栱的结构上重要，使之几乎纯为奢侈的装饰品，令中国建筑失却一个优越的中坚要素。

斗栱的演进式样和结构，限于篇幅不能再仔细述说，只能就它的极基本原则上在此指出它的重要及优点。

斗栱以下的最重要部分，自然是柱，及柱与柱之间的细巧的

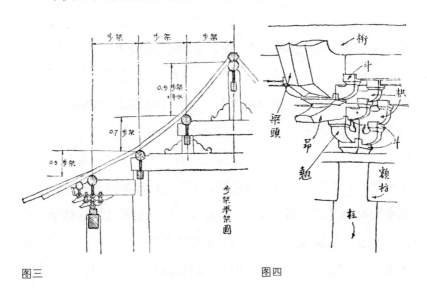

图三   图四

木作。魁伟的圆柱和细致的木刻门窗对照，又是一种艺术上满意之点。不止如此，因为木料不能经久的原始缘故，中国建筑又发生了色彩的特征。涂漆在木料的结构上为的是：（一）保存木质抵制风日雨水；（二）可牢结各处接合关节；（三）加增色彩的特征。这又是兼收美观实际上的好处，不能单以色彩作奇特繁华之表现。彩绘的设施在中国建筑上非常之慎重，部位多限于檐下结构部分，在阴影掩映之中。主要彩色亦为"冷色"如青蓝碧绿，有时略加金点。其他檐以下的大部分颜色则纯为赤红，与檐下彩绘正成反照。中国人操纵色彩可谓轻重得当。设使滥用彩色于建筑全部，使上下耀目辉煌，必成野蛮现象，失掉所有庄严和调谐。别系建筑颇有犯此忌者，更可见中国人有超等美术见解。

至彩色琉璃瓦产生之后，连黯淡无光的青瓦，都成为片片堂皇的黄金碧玉，这又是中国建筑的大光荣，不过滥用杂色瓦，也是一种危险，幸免这种引诱，也是我们可骄傲之处。

还有一个最基本结构部分——台基——虽然没有特别可议论称扬之处，不过在全个建筑上看来，有如许壮伟巍峨的屋顶如果没有特别舒展或多层的基座托衬，必显出上重下轻之势，所以既有那特种的屋顶，则必须有这相当的基座。架构建筑本身轻于垒砌建筑，中国又少有多层楼阁，基础结构颇为简陋。大建筑的基座加有相当的石刻花纹，这种花纹的分配似乎是根据原始木质台基而成，积渐施之于石。与台基连带的有石栏、石阶、辇道的附属部分，都各有各的功用而同时又都是极美的点缀品。

最后的一点关于中国建筑特征的，自然是它的特种的平面布置。平面布置上最特殊处是绝对本均衡相称的原则，左右均分的对峙。这种分配倒并不是由于结构，主要原因是起于原始的宗教思想和形式、社会组织制度、人民习俗，后来又因喜欢守旧仿古，多承袭传统的惯例。结果均衡相称的原则变成中国特有的一个固执嗜好。

例外于均衡布置建筑，也有许多。因庄严沉闷的布置，致激起故意浪漫的变化；此类若园庭、别墅、宫苑楼阁者是，平面上极其曲折变幻，与对称的布置性质正相反。中国建筑有此两种极端相反布置，这两种庄严和浪漫平面之间，也颇有混合变化的实例，供给许多有趣的研究，可以打消西人浮躁的结论，谓中国建筑布置上是完全的单调而且缺乏趣味。但是画廊亭阁的曲折纤巧，也得有相当的限制。过于勉强取巧的人工虽可令寻常人惊叹观止，却是审美者所最鄙薄的。

在这里我们要提出中国建筑上的几个弱点。

（一）中国的匠师对木料，尤其是梁，往往用得太费。他们显然不明了横梁载重的力量只与梁高成正比例，而与梁宽的关系较小。所以梁的宽度，由近代的工程眼光看来，往往嫌其太过。同时匠师对于梁的尺寸，因没有计算木力的方法，不得不尽量地放大，用极大的 Factor of Safety，以保安全。结果是材料的大靡费。

（二）他们虽知道三角形是惟一不变动的几何形，但对于这原则极少应用。所以中国的屋架，经过不十分长久的岁月，便有倾斜的危险。我们在北平街上，到处可以看见这种倾斜而用砖墙或木柱支撑的房子。不惟如此，这三角形原则之不应用，也是屋梁费料的一个大原因，因为若能应用此原则，梁就可用较小的木料。

（三）地基太浅是中国建筑的大病。普通则例规定是台明高之一半，下面再垫上几步灰土。这种做法很不彻底，尤其是在北方，地基若不刨到结冰线（Frost Line）以下，建筑物的坚实方面，因地的冻冰，一定要发生问题。好在这几个缺点，在新建筑师的手里，并不成难题。我们只怕不了解，了解之后，要去避免或纠正是很容易的。

结构上细部枢纽，在西洋诸系中，时常成为被憎恶部分。建筑家不惜费尽心思来掩蔽它们。大者如屋顶用女儿墙来遮掩，如梁架内部结构，全部藏入顶篷之内；小者如钉、如合叶，莫不全是要掩藏的细部。独有中国建筑敢袒露所有结构部分，毫无畏缩遮掩的习惯，大者如梁，如椽，如梁头，如屋脊；小者如钉，如合叶，如箍头，莫不全数呈露外部，或略加雕饰，或布置成纹，使转成一种点缀。几乎全部结构各成美术上的贡献。这个特征在历史上，除西方高矗式建筑外，惟有中国建筑有此优点。

现在我们方在起始研究，将来若能将中国建筑的源流变化悉数考察无遗，那时优劣诸点，极明了地陈列出来，当更可以慎重讨论，作将来中国建筑趋途的指导。省得一般建筑家，不是完全遗弃这已往的制度，则是追随西人之后，盲目抄袭中国宫殿，做无意义的尝试。

关于中国建筑之将来，更有特别可注意的一点：我们架构制的原则适巧和现代"洋灰铁筋架"或"钢架"建筑同一道理，以立柱横梁牵制成架为基本。现代欧洲建筑为现代生活所驱，已断然取革命态度，尽量利用近代科学材料，另具方法形式，而迎合近代生活之需求。若工厂、学校、医院及其他公共建筑等为需要日光便利，已不能仿取古典派之垒砌制，致多墙壁而少窗牖。

中国架构制既与现代方法恰巧同一原则，将来只需变更建筑材料，主要结构部分则均可不有过激变动，而同时因材料之可能，更作新的发展，必有极满意的新建筑产生。

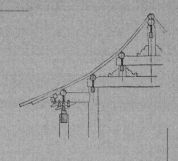

中国建筑发展的历史阶段

梁思成、林徽因、莫宗江

建筑是随着整个社会的发展而发展的[1]。它和社会的经济结构、政治制度、思想意识与习俗风尚的发展有着密不可分的联系。经济的繁荣或衰落，对外战争或文化交流和敌人入侵等都会给当时建筑留下痕迹。因此我们不能脱离这一切，孤立地去研究建筑本身的发展演化，那样我们将无法了解建筑发展的真实内容，不能得出任何正确的结论。

　　中国建筑也是如此。它随着各个时代政治、经济的发展，也就是随着不同时代的生产力和生产关系，产生了不同的特点，但是同时还反映出这些特点所产生的当时的社会思想意识，占统治地位的世界观。生产力的发展直接影响到建筑的工程技术，但建筑艺术却是直接受到当时思想意识的影响，只是间接地受到生产力和生产关系的影响。

　　现在我们试将中国四千年历史中建筑的发展分成为若干主要阶段，将各个阶段中最有代表性的现存实物和文史资料中的重要

1　本篇原发表于《建筑学报》第2期，1954年12月。

建筑与建筑活动的叙述加以分析，说明它们的特点，并从它们和整个社会发展状况相联系的观点上来了解观察这些特点：看它们是怎样被各个不同时代的劳动人民创造出来，解决了当时实际生活所提出来的什么样的复杂问题；在满足当时使用者的物质的和精神的许多不同要求时，曾经创造过什么进步传统，累积了些什么样的工程技术方面的经验，和取得了什么样的造形艺术方面的成就。

这些阶段彼此并不是没有联系的。相反，它们都是互相衔接不可分割的。虽是许多环节，却组成了一根整的链条。每一时代新的发展都离不开以前时期建筑技术和材料使用方面积累的经验，逃不掉传统艺术风格的影响。而这些经验和传统乃是新技术、新风格产生的必要基础。

各时代因生产力的发展，影响到社会生活的变化，而这些变化又都一定要向建筑提出一些新的问题、新的要求。这些社会生活的变化，一大部分是属于上层建筑的意识形态的。因此这些新问题、新要求也有一大部分是属于思想意识的，不完全属于物质基础的。为了解决这些新问题，满足这些新要求，便必须尝试某些新的表现方法，渗入到原来已习惯的方法中，创造出某些新的艺术体形、新的艺术内容，产生出新的艺术风格；并且同时还不得不扬弃某些不再合用的作风和技术。这样，在前一时期原是十分普遍的建筑特点，在内容和形式上便都有了或多或少的改变，后一时期的建筑特点就开始萌芽。这就是建筑的传统与革新的必定的过程。

在相当一个时期之内，最普遍的、已发展成熟且代表着数量较大、为当时主要类型的建筑物的风格特征的，我们把它们概括地归纳在一个历史阶段之内。因此这个阶段中，前后期的实物必然是承上启下，有独特变化的一些范例。我们现在很不成熟地暂将几千年的中国建筑大略分成如下七个阶段，为的是能和大家将来做更细致的商榷和研究。

第一阶段 —— 从远古到殷

（公元前1122年以前）

考古学家在河北省房山县周口店（今属北京市房山区）龙骨山发现的"北京人"遗址供给我们中国建筑史上最早的实物资料。它说明四五十万年前，华北平原上使用极粗的石器，已知用火的猿人解决居住问题的"建筑"是天然石灰岩洞穴。

在周口店猿人洞的山顶上又发现有约十万年前的人骨化石、石器和骨器。考古家称这时期的文化为"山顶洞文化"。这时遗留的兽骨、鱼骨，证明这时的人过的是渔猎生活。遗物中有骨针，证明他们已有简单的缝纫；人骨化石旁散有染红的石珠，显然他们已有爱美装饰的观念。

天然洞穴之外，还有人工挖掘的窖穴，许多是上小下大的"袋形穴"。这些大约是公元前三千年的遗迹。在华北黄土区削壁上也有掘进土壁的水平的洞。

中国境内一向居住着文化系统不同、祖先世系不同的各种族。他们各在所居住的土地上和自然界作斗争，发展自己的文化，也互相冲突、互相影响，以至于融合。在地下遗物中留着不少痕迹。在河南渑池县仰韶村发现有较细的石器、石制农具、石制纺轮、石镞和彩色陶器等遗物的遗址。这些遗物证明居住在这里的人的生活情况是畜牧业和最原始的农业逐渐代替了渔猎，因而开始定居，并有了手工业。和它同系的文化散布在广大的中国西北地区，总称作"仰韶文化"。当时的人居住过的遗址多半在河谷里，大约为了取水方便，又可以利用岸边高地掘洞穴。在山西夏县遗址中所见，他们的住处是挖一长方形土坑，四面有壁，像小屋，屋屋相连，很像村落。仰韶文化是中国先民所创造的重要文化之一，考古家推断为黄帝族的文化，比羌、夷、苗、黎等族有更高的成就，距今约有四五千年。这时期不但有较细致的石制骨制器物，而且纹饰复杂，色彩美丽，有犬、羊和人的形纹画在陶器上。遗迹中有许多地穴，虽然推测穴上也可能有树枝茅草构成的覆盖部分，但因木质实物丝毫无存，无法断定。

古代文献给我们最早的记录数据是春秋时人提到的尧、舜时期的房子：尧的"堂高三尺，茅茨土阶"。现在我们所得到最早的建筑实物是河南安阳殷时代的宫殿或家庙遗址，底下有高出地面的一个土台，上有排列的石础和烧剩木柱的残炭。大体上它们是符合"堂高三尺"的说法的。但由于殷墟遗址上地穴仍然很多，一般人民居住采用的主要仍是穴居和半穴居方法，有茅茨和高出地面的土台的，可能是阶级社会开始时的产物，在尧时还没有出现。殷墟夯土台以下所发现比殷文化更早的穴居，是两两相套的圆形穴，状如葫芦，也像古代象形字里的"🅂"（宫）字，穴内墙面已用白灰涂抹。

阶级社会开始于夏。夏的第一代禹是原始灌溉的发明者，又因同黎族、苗族战争胜利，把俘虏做奴隶用于生产，是生产力大大跃进的时代。

生产力的提高开始影响到生产关系。禹的儿子启承继父亲做酋长，开始了世袭制度。历史上称这一世系的统治者为夏朝，是中国历史上第一个朝代。由这个时期起才开始破坏了原始公社制度，产生了阶级社会；社会中贵与贱，贫与富逐渐分化，向着奴隶制度国家发展。

夏的文化就是考古学家所称的黑陶或龙山文化，分布地区很广（河南、山东和江南都有遗物发现），农业知识和手工艺的水平高于仰韶文化。但夏时常迁都，主要遗址尚待发掘。传说夏有城郭叫作"邑"。财产私有才有了保卫的必要，有了奴隶的劳动，城池一类的大土方建筑也成了可能。在山东龙山镇城子崖发现一处有版筑城墙的遗址，墙高约6公尺[1]，厚约10公尺，南北长450公尺，东西宽390公尺，工程坚固，但是否是夏的实例，我们还不能得出结论。夏启袭位以后，召集各部落首长在"钧台"大会，宣告自

1　公制长度单位，1公尺为1米。后文还有公分，1公分为1厘米。

己继位。因为夷族不满意，启迁到汾浍流域的大夏，建都称作"安邑"。这两个作为地名的"台"和"邑"，和这类型的建筑物可能是有关系的。高出地面的和围起来的建筑物似乎都是在阶级社会形成的初期出现的。

夏启传到著名暴君桀是四百多年的时间，纺织业和陶器物都很发达，已用骨占卜，后半期也有铜的遗物。文化又有若干进展。奴隶主的残酷统治招致了灭亡。夏桀是被殷的祖先商汤所灭。

商是在东方的部落，在灭夏以前已有十几代，文化已有相当发展，农业知识比夏更高，手工业也更进步，并且已利用奴隶生产，增加货物的制造。和建筑技术有密切关系的造车技术传说也是汤的祖先相土和王亥等所发明的。尤其是王亥曾驾着牛车在部落间做买卖交易货物，这个事实和后代的殷民驾车经营商业的习惯有关。

商汤传了十代，迁都五次，到盘庚才迁移到现在河南安阳县的小屯村。这地方就是考古学家曾作科学发掘研究的殷墟遗址所在，内中有供我们参考的中国最早的地面建筑物的基址残迹。盘庚以后传到被周武王灭掉的纣，商朝文化又经过六百余年的发展。

在阶级剥削的基础上，商朝的文化比夏朝更有显著的进步。中国古代文化，包括文学、音乐、艺术、医药、天文、历法、历史等科学，在商朝都奠定了初基，建筑也不例外。

殷墟遗址的发掘给了我们一些关于殷代建筑的知识。遗址是一些土台，大致按东西和南北的方向排列着，每单位是长方形的，长面向前。发掘所见有夯土台基，柱下有础石，且用铜榰（zhì）垫在柱下，间架分明，和后代建筑相同。因有东西向的和南北向的基址，可见平面上已有"院"的雏型。大建筑物之前还有距离相等的三座作为大门的建筑。韩非子所说的尧"堂高三尺，茅茨土阶"倒很像是描写殷代的宫殿或家庙的建筑。至于《史记》所说"南距朝歌，北据邯郸及沙丘，皆为离宫别馆"，形状如何，已不可见。殷亡后，封在朝鲜的殷贵族箕子来朝周王，路过殷墟，有"感宫室毁坏生禾黍"的话。我们知道这些建筑在周灭殷时就全部被焚毁了。考古学家断定殷墟所发掘的基址是"家庙"。这些基址的周围有许多坑穴，埋着大量的兽骨——祭祀时所杀的祭牛，乃至象、鹿等骨骼，也有埋着人骨的。另外经过发掘的是一些大型墓葬，内部用巨木横叠结构作墓室，规模庞大，不但殉葬器物数量大，珍品多，还杀了大量俘虏殉葬。这些数据所反映的情况是殷统治者残酷地对待奴隶，迷信鬼神，隆重地祭祀祖先，积聚珍品器物，驱使有专门技术的工奴为统治者制造铜器、玉器、陶器、骨器、纺织品等和进行房屋建造。遗址中还有制造各种器物的工场。

第二阶段 —— 西周到春秋、战国

（公元前 1122 年至前 247 年）

周是注重农业生产而兴旺起来的小部落，对耕作的奴隶比较仁慈。周文王的祖父太王的时代，被戎狄所迫，不愿战争，率领一批人民迁到岐山下（陕西岐山县），许多其他地方的人民来依附他，人口增多。太王在周原上筑城郭家屋，让人居住，分给小块土地去开垦，和耕种者之间建立了一种新的关系。从此就开始了封建制度的萌芽，也成立了粗具规模的小国。

在我国最古的文学作品《诗经》里有一篇关于周初建筑的歌颂和描写，使我们知道，周初开始的新政治制度的建筑和殷末遗址中迷信鬼神，残酷对待奴隶的建筑，内容上是极不相同的。诗里先提到的是生活更美好，人民对这次建造有很高的情绪，例如说周祖先过去都是穴居的，"未有家室"，而迁到岐下时便先量了田亩，划出区域，找来管工程的"司空"和管理工役的"司徒"，带了木板、绳子和版筑用的工具来建造房子。他们打着鼓，兴奋地筑起许多堵用土夯筑的墙壁。接着又说先建了顶部舒展如翼的宗庙，"作庙翼翼"，然后又立起很高的"皋门"，和整齐的"应门"，然后筑集会用的"大社"的土台或广场。虽然当时的具体形象我们不得而知，可注意的是这时建筑已不是单纯解决实用的，而是有代表政治制度思想内容的作用的。并且在写这章诗的年代，已意识到人们对自己所创造的建筑物的艺术形象所起的效果是感觉愉快而骄傲的。

周文王反对殷统治的残暴、贪财、侈奢、酗酒和嬉游无度，荒废耕地。他自己所行的是裕民政策，他的制度建立在首领奉行"代天保民"，后代称为行"仁政"的思想上。事实上，这就是征收较有节制的租税，不强迫残暴的劳役，让农家有些积蓄，发生力耕的兴趣，提高生产。关于这种政治情况的时代的建筑物，一定还很简单朴实，如《诗经》所载周文王著名的灵囿，囿中有灵台和灵沼。古代的囿是保留着飞禽走兽供君王游猎的树林区；内中的台和沼，就是供狩猎时瞭望的建筑，和养禽鸟的池沼。这种供古代统治者以射猎集会、聚众游宴的台，或开始于更远古利用天然的土丘而发展的。到了春秋战国，诸侯强盛的时候，才成为和宫室同样重要的台榭建筑。再发展而成为秦汉皇宫苑囿中的一种主要建筑物，侈丽崇峻的台殿楼观，积渐成为中国建筑中"亭台楼阁"的传统。

《诗经》中有一篇以文王灵台为题材，描写人民为他筑台时的踊跃情形以反映政治良好的气象的诗，足见封建初期征用劳动力还有限，劳动人民和统治者在利益上，还没有大的矛盾，对于大建筑物的兴建，人民是有一定的热情和兴趣的。这正是周制度比商进步的证据。但是无可疑问的，这时周的工艺还简陋，远不如代代有专门技术奴隶进行制造奢侈器物的商和殷。殷统治下的氏族百工，分工很细，有大量奴隶。周公灭殷时，分殷民六族给鲁，七族给卫，内中就有九种专工。殷的铜器和刻玉，不但在技术上达到高度发展，在艺术造形和纹样图案方面也到了精致无比的程度。周占有了殷的百工后，文化艺术才飞跃地向前发展了。

西周之初，曾建造过三次城，一次比一次规模大，反映出它的发展，且每次内容也都反映出当时政治经济情况的特点。第一次是他们农业发展到渭水流域，在沣水西边，文王建丰邑。第二次是武王建镐京，不但在沣水东边，而且由称"邑"到称"京"，在规模上必然是有区别的。第三次是周公在洛阳建王城，后来称东京。这次的营建是政治军事的措施。周灭东边的强国殷，俘虏了殷的贵族（大小奴隶主们），降为庶民。他们不服，周称他们作"顽民"，成了周政治上的一个问题。为了防止叛乱，能控制这些"顽民"，周公选了洛阳，筑了成周，把他们迁到那里生产，并驻兵以便镇压。因此在成周之西三十余里，建造了中国最古老有规划的极方正的王城。这种王城的规模制度，便成了中国历代封建都市的范本。

一向威胁西周安全的是戎狄，反映在建筑上就有烽火台这种军事建筑物，它是战国时各国长城的先声。

到现在为止，我们对遗址从未作过科学发掘的西周建筑，没有一点具体实物资料。号称周文王陵的大坟墓也有待于考古家发掘证实；过去有所谓文王丰宫的瓦当是极可怀疑的遗物。

周的政治制度，虽说是封建制度的萌芽，但是在建筑物上显然表现出当时是利用大量奴隶俘虏进行建造的，如高台、土城、陵墓都是需要大量劳动力的、有大量土方的工程，而主要的劳动力来源是俘虏的奴隶。

西周被戎狄攻入，迁到洛阳称东周以后到春秋战国，王室衰微，诸侯各在自己势力范围内有最大权威，成立独立的大小国家。他们不严格遵守领主所有制：原来领主封得的土地可以自由买卖，产生了新兴的地主阶级。又因开始使用铁器，不但农业生产提高，并且大大影响到手工业和商业的发展。诸侯国的商业比周王国更发达。各处出现了大小都邑，如齐的临淄，赵的邯郸，郑的郑邑，卫的卫邑和晋的绛，后来还有秦的咸阳和楚的寿春等等。这些城邑，都是人口增多，成了大商业中心。临淄的人口增到了七万户。手工业者身份由奴隶转变为自由职业的匠人，还有自己的"肆"，坐在肆中生产并营业。巧匠是很被推崇的人物，尤其是木匠和造车的，都留下闻名到后代的匠师，如鲁的公输班和轮匠扁这样的人物。

春秋战国时代，不但生产力和生产关系都起了变化，各国文化也因同非华族的民族不断战争和合并，推动了很蓬勃的发展。东方齐、鲁、卫早在商殷的基础上加了夷族的贡献，发展了华夏文化，最先使用铁器的就是夷族。南方又有楚越开发长江流域的文化，吸收苗蛮的成就，如蚕业和漆器的卓越成就，不可能没有苗民的贡献。西方的秦在戎狄中称霸，开国千里，又经营巴蜀，一跃而成为诸侯国中最先进的国家。晋楚中间的小国郑，商业极端发达，用自己的经济特点维持在大国间自己一定的势力。近来新郑出土的铜器证明它的手工业也有自己极优秀的创造。这时北方的燕开始壮大，筑长城防东胡，发展中国北面的文化。韩、赵、魏三家分晋，各自独立发展，仍然都是强国。这样分布在全中国多民族的文化发展，后来归并成了七国，是统一中国的秦汉的雄厚基础，其中秦楚的贡献最大。

在建筑上，这时期最重要的是为农业所最需要的"邑"的组织形式，如有"十室之邑"和"千室之邑"等这种不同的单位。大都邑有时也称国，国有城池之设，外有乡民所需要的"郭"；内有商业所需要的"市"；卿士们所住的"里"；手工业生产者所需要的"肆"；诸侯的宫室、宗庙、路寝；招待各国使者的"馆"；王侯宴会作乐的"台榭陂池"，以及统治者的陵墓。人民所创造的财富愈大，技术愈精，艺术愈高，统治者愈会设法占有一切最高成就为他们的权力，乃至于不合理的享乐服务。宫室和台榭等在这个时代，很自然地开始有雕琢加工的处理出现。晋灵公"厚敛以雕墙，从台上弹人，而观其避丸"，文献就给了我们这样一个例子。

今天我们所能见的建筑实物只有基址坟墓。大陵也还没有系统地发掘，小墓过于简单，绝不能代表当时地面建筑所达到的造型或技艺的水平。从墓中出土的文物来看，战国时工艺实达到惊人的程度。东周诸侯各国器物都精工细作，造形变化生动活泼，如金银镶错的器物，工料和技艺都可称绝品。新郑的铜器，飞禽立雕手法鲜明；楚文物中木雕刻、漆器、琉璃珠等都是工艺中登峰造极的。当时有多少这样的工艺用到建筑上，我们无法推测。它们之间必然有一定程度的联系则可以断言。

文献上"美宫室，高台榭"的记载很多。鲁庄公"丹桓宫之楹而刻其桷"；赵文子自营居室，"斫其椽而砻之"，是建筑上加工的证据。晋平公"铜鞮之宫数里"。吴王夫差的宫里"次有台榭陂池"，建筑规模是很大的。由余见了秦穆公的"宫室积聚"，曾说

"使鬼为之则劳神矣！使人为之亦苦民矣！"这两句话正说出了工程技巧令人吃惊，而归根到底一切是人民血汗和智慧的意思。我们可以推测当时建筑规模、艺术加工，绝不会和当时其他手工艺完全不相称。

在发掘方面，我们只有邯郸赵丛台和易县燕下都的不完整基址。这些基址证明当时诸侯确是纷纷"高台榭以明得志"。最具体的形象仅有战国猎壶上浮雕的一座建筑物。建筑物约略形状已近似汉画中所常见的。虽然表现技术是古拙的，所表现的结构部分却很明确，显然是写实的。根据它，我们确能知道战国寻常木结构房屋的大体。

没有西周到春秋战国这样一个多民族发展时期蓬勃的创造为基础，两汉灿烂的文化是不可能的。

第三阶段 —— 秦、汉、三国

（公元前247年至246年）

秦逐渐吞并六国，建立空前的封建极权皇朝，建筑也相应地发展到空前的规模。

秦的都城咸阳原是战国时七国之一的王城规模。秦每攻灭一个国家，就在咸阳的北面仿建这个国家的宫室。到秦统一六国，战国时期各国建筑方面的创造经验也就都随而集中到咸阳。战国以来各国高台榭、美宫室的各种风格在秦统一全国的过程中，发展出集珍式的咸阳宫室。这些宫殿又被"复道"和"周阁"连接起来，组合成复杂连续的组群，在总的数量以及艺术的内容上是远超出六国宫室之上的。

公元前221年，全国统一之后，形成了新的政治经济形势。咸阳从前秦所建的王宫已经不能适应新情况的要求，到公元前212年开始兴建历史上著名的"阿房宫"。这座空前宏伟的宫是以全国统一政治中心的规模建造的，位置在咸阳南面的渭水南岸。主要的"前殿"建在雄伟的高台上；根据记载是东西五百步，南北五十丈，上面可以坐万人，台下可以竖立高五丈的大旗；周回都有阁道；殿前有"驰道"，直达南山，并加筑南山的山顶，作为殿前的门阙；殿后加"复道"，跨过渭水与咸阳相连。这种带山跨河，长到几十里的布置手法以及咸阳附近二百里内建造了二百七十多处宫观和大量连属的复道的纪录，可以看到秦代建筑惊人的规模。

极其夸张的宫室建筑之外，秦代建筑雄大的规模也表现在世界驰名的长城上。秦代的长城是西起临洮，东到辽东，藉战国各国旧有的长城为基础，用三十万士兵囚犯筑成的跨山越野蜿蜒数千里的军事工程。与长城相当的还兴筑了贯通全国重要城市的军用"驰道"，也是非常惊人的措施。

这些完全不顾民力的庞大建设工程，一方面表现了秦代残酷的军事统治，另一方面也说明了战国以来生产力的发展，在得到统一之后发挥出的力量；整个秦代的建筑在新的经济基础上的发展是远超越了以前各时代，开创了新的统一的封建王朝的规模。

秦代的宏伟建筑仍是以木材结构配合极大的夯土高台建成的。这些庞大的工役一部分由内战时代的俘虏担任，另一部分是征召来的人民在暴力强迫下进行的。秦以胜利者的淫威，在不顾民力的大兴工役中，横征暴敛，使人民流离死亡，更加深了阶级矛盾，促成了中国第一次大规模的农民起义。人民血汗和智慧所创造的咸阳壮丽的宫室只被人民认作残暴统治的象征。项羽领兵纵火全部烧毁它们以泄愤是可以理解的。但从此每次在易朝换代的争夺中，人民的艺术财富，累积在统治者的宫中纪念性建筑组群里的，都不能避免遭到残酷的破坏。

秦代的建筑现在仅能从阿房宫遗址和骊山秦始皇陵庞大的土方工程上看到当时的规模。秦始皇陵内部原有豪华的建筑和陈设也遭到项羽入关时的劫掠破坏。但这部分秦代人民的创造残余部分，无疑还埋藏在地下，等待考古科学家加以发掘整理。

西汉是秦末的农民斗争产生的封建统一王朝。这次起义所表现人民的力量，使汉初的统治者采用简化刑法和减轻剥削的政策，使人民得到休息，恢复了生产。

汉初的建筑是在战争没有结束时进行的。重要的建筑是在咸阳附近利用秦的离宫故基为基础修建的长乐宫。这座宫周围二十里，是一座具有高台大殿和许多附属殿屋的宫城。

接着建造的未央宫是西汉首创的一座宫。它的周围是二十八里，主持规划的是萧何，技术方面负责的是军匠出身的阳城延。

刘邦曾因见到这座建筑的奢侈华丽而发怒。萧何说他主张建造未央宫的理由是"天子以四海为家，非壮丽无以重威"。这说明他认识到统治者可以使他的建筑作为巩固他的政权的一种工具；认识到建筑艺术所可能有的政治作用。这个看法对以后历代每次建立王朝时对于都城和宫室等艺术规模的重视起了很大的影响。

未央宫的前殿是以龙首山作殿基，使这座大殿不必使用大量的土方工程，就很自然地高耸出附近的建筑之上。这是高台建筑创造性的处理，目的在避免秦代那样使用大量人力进行土方工程的经验。

长乐、未央两宫都在秦咸阳附近，都是独立完整成组的规模。后建的未央宫是据龙首山决定的位置，两宫东西之间虽距离很近，但不是很整齐并列的。到公元前187年筑长安城时，南面包括两宫在内，北面发展到渭水岸边，因此汉长安城的平面图形南北都不是整齐的直线。但这座壮丽大城的城内是规划成方正整齐的坊里，贯以平直宽阔的街道组成的，它的规模也发展到周围六十五里。

汉初的政策使农业得到急速的发展，到武帝时七十年间的和平时期，国家积累了大量的财富。随着经济的繁荣，西汉这时的国力和文化都超出附近国家。当时北方游牧的匈奴是最强悍的敌对民族，屡次侵入北方边境；中国甘肃以西的少数民族分成三十六国，都附属于匈奴。汉武帝想削弱匈奴，派张骞出使西域了解各国情况，并企图掌握与西方商业交通的干路。汉代因向西的发展而与优秀的古代小亚细亚和印度的文化接触，随着疆域的扩张和民族斗争的胜利，突破了以前局限的世界地理知识，形成大国的气派和自信。汉武帝时是早期封建社会的高峰，这时期的建筑，除增建已有的宫室之外，又新建了许多豪侈的建筑，其中如长安的建章宫和云阳的甘泉宫都是极其宏阔壮丽的庞大建筑群。

建章宫在长安城西附廓，前殿更高于未央，宫内的建筑被称为"千门万户"，所连属的圃范围数十里；宫内开掘人工的太液池，并垒土作山，池中的渐台高二十余丈。高建筑如神明台、井干楼各高五十丈。神明台上有九室，又立起承露盘高二十丈，直径大有七围。井干楼是积叠横木构成的复杂木构建筑。中国最早的高层建筑在这时候产生了。

长安东南的上林苑周围三百余里，其中离宫七十多座，能容千骑万乘。

西汉的宫室园圃很多是就秦代所筑的高基崇台作基础的，一般建筑规模并不小于秦代。由于生产关系比秦代进步，整个国家在蓬勃发展中，因此许多游乐性质的建筑在工料上又超过了秦代。这个时期的建筑，随着整个社会的发展而又向前迈进了一步。

西汉农业的发展走向自由兼并。随着土地集中，阶级分化，到西汉末的农民起义，又再次在混战中焚毁了长安的宫室。

东汉是倚靠地主阶级的官僚政权统治人民的，国家的财力比较分散，都城洛阳的宫室规模不及长安，但在规划上更发展了整齐的坊里制度，都城的部署比长安更整齐了。

这时期的建筑，是王侯、外戚、宦官的宅第非常兴盛，如桓帝时大将军梁冀大建宅第，其妻孙盛也对街兴建，互相争胜。建筑是连房洞户，台阁相通，互相临望。柱壁雕镂，窗用绮疏青琐，木料加以铜和漆，图画仙灵云气；又广开苑囿，垒土筑山；飞梁石蹬，凌跨水道，布置成自然形势的深林绝涧。豪侈的建筑之外，宅第中的园林建筑也非常讲究。这些宅第的建筑记载超过了宫室，正反映着东汉社会的具体情况。

东汉洛阳的建筑也在末年的军阀战争中被董卓焚毁了。

这时期中可能是由于与西方交通的影响，用石材建造坟墓前纪念性建筑的风气逐渐兴盛。现在还留下少数坟墓前的石阙和石祠，其中如西康雅安的高颐阙，山东嘉祥的武氏石阙和石室都是比较著名的遗物。在雅安的高颐阙选用的式样和浮刻上是充分地应用了当时的木建筑形式。在这些比例谨严的石刻遗物上可以看到一些具体的汉代建筑艺术形象。

考古学家发现的明器中有许多陶制的建筑模型和画像砖，使我们具体地看到汉代建筑的形象，由殿宇、堂屋、楼阁、台榭、庭院、门阙、城楼、桥梁到仓廪、厕所等等。还有每次发掘所发现的汉代工艺美术品，其中如丝织、漆器、铜器之中，都有极其精美的作品，与汉代辉煌的物质文化发展情况相符合。而汉代建筑的精华则不是现存这些砖石坟墓的建筑或明器上所表现的所能代表的。在对大规模的遗址还没有作科学发掘工作的目前，我们仅能认识到汉代建筑的一些片断而已。

三国分裂的时期中，曹魏所据的中原地区有比较优越的人力和物质条件，建筑的规模也比较大。这时期中最突出的成就是曹操经营的邺城。从这座都城的文献记载上可以看到简单明确的分区规划和中轴对称的布局是发展到比东汉的洛阳更高的水平上。邺城的规划中如皇宫位置在城内中轴的北部，使皇宫面临城内纵横相交的主要干道；居民的坊里布置在城内南部；左右干道的交点布置成坊市的中心等先进的方式，都是隋唐长安的先型。

南方比较边远的地区，经吴和蜀两国的经营，经济文化都得到一定的发展。从考古学家发现的一些片断资料看到整个三国时期大致仍是汉代工程技术与艺术风格的继续，并没有显著的变化。

第四阶段 —— 晋、南北朝、隋

（公元265年至618年）

六朝的建筑是衔接中国历史上两个伟大文化时期 —— 汉代与唐代的桥梁，也是这两时期建筑不同风格急剧转变的关键。它是由汉以来旧的、原有的生活习惯、思想意识和新的社会因素，精神上和物质上剧烈的新要求由矛盾到统一过程中的产物。产生这新转变的社会背景主要有三个因素：一是北方鲜卑、羌等胡族占据中原。所谓"五胡乱华"在中国政治经济和文化上所引起的各种复杂的变化。二是汉族的统治阶级士族豪门带了大量有先进技术的劳动人民大举南渡，促进了南方经济和文化的发展。三是在晋以前就传入的佛教这时在中国普遍的传播和盛行，全国上下的宗教热忱成了建筑艺术的动力。新的民族的渗入，新的宗教思想上的要求，和随同佛教由西域进来的各种新的艺术影响，如中亚、北印度、波斯和希腊的各种艺术和各种作风，不但影响了当时中国艺术的风尚手法，并且还发展了许多新的，前所未有的建筑类型及其附属的工艺美术。刻佛像的摩崖石窟，有佛殿、经堂的寺院组群，多层的木造的和砖石造的佛塔，以及应用到世俗建筑上去的建筑雕刻，如陵墓前石柱与石兽和建筑上的装饰纹样等，就都是这时期创造性的发展。

寺院组群和高耸的塔在中国城市和山林胜景中的出现划时代地改变了中国地方的面貌。千余年来大小城市，名山胜景，其形象很少没有被一座寺院或一座塔的侧影所丰富了的。南北朝就是这种建筑物的创始时期。当时宗教艺术是带有很大群众性的。它们不同于宫廷艺术为少数人所独占，而是人人得以观赏的精神食粮，因此在人民中间推动了极大的创造性。

北魏统治者是鲜卑族，尊崇佛教的最早的表现方法之一是在有悬崖处开凿石窟寺。在第五世纪后半叶中，开凿了大同云冈大石窟寺。最初或有西域僧人参加，由刻像到花纹都带着浓重的西域或印度手法风格。但由石刻上看当时的建筑，显然完全是中国的结构体系，只是在装饰部分吸取了外来的新式样。北魏迁都到洛阳，又在洛阳开凿龙门石窟。龙门石窟中不但建筑是原来中国体系的，就是雕刻佛像等等，也有强烈的汉代传统风格，表现的手法很明显是在汉朝刻石的基础上发展起来的。在敦煌石窟壁画上所见也证明在木构建筑方面，当时澎湃的外来的艺术影响并没有改变中国原有的结构方法和分配的规律。佛教建筑只是将中国原有的结构加以创造性的应用和发展来解决新问题。最明显的例子就是塔和佛殿。

当时的塔基本上是汉代的"重楼"，也就是多层的小楼阁，顶上加以佛教的象征物，即有"覆钵"和"相轮"等称作"刹"的部分。这原是个缩小的印度墓塔〔中国译音称作"窣（sū）堵坡"或"塔婆"〕。当时匠人只将它和多层的小楼相结合，作为象征物放在顶部。至于寺院里的佛殿，和其他非宗教的中国庭院殿堂的构造根本就没有分别。为了内容的需要，革新的部分只在殿堂内部的布置和寺院组群上的分配。

这时期最富有创造性而杰出的建筑物应提到嵩山嵩岳寺砖塔。在造型上，它是中国建筑第一次，也是惟一一次试用十二角形的平面来代替印度"窣堵坡"的圆形平面，用高高的基座和一段塔身来代表"窣堵坡"的基座和"覆钵"（半球形的塔身），上面十五层密密的中国式出檐代表着"窣堵坡"顶上的"刹"。不但这是一个空前创作，而且在中国的建筑中，也是第一个砖造的高度达到近乎四十公尺的高层建筑，它标志着在砖石结构的工程技术上飞跃地向前跨进了一大步。

南北朝最通常的木塔现在国内已没有实物存在了。北魏杨衒之在《洛阳伽蓝记》中详尽地叙述了塔寺林立的洛阳城。一个坡中，竟有大小一千余个寺庙组群和几十座高耸的佛塔。那景象是我们今天难以想象的。木塔中最突出的是永宁寺的胡太后塔：四角九层，每层有绘彩的柱子，金色的斗栱，朱红金钉的门扇，刹上有"宝瓶"和三十层金盘。全塔架木为之，连刹高"一千尺"，在"百里之外"已可看见。它在城市的艺术造型上无疑是起着巨大作用的高耸建筑物。即使高度的数字是被夸大了或有错误，但它在木结构工程上的高度成就是无可置疑的。这种木塔的描写，和日本今天还保存着若干飞鸟时代（隋）的实物在许多地方极为相近。云冈石窟中雕刻的模板和这木构塔的描写基本上也是一致的。

当隋统一中国之前，南朝"金粉地"的建康，许多侈丽的宫殿，毁了又建，建了又毁，说明南朝更迭五个朝代，统治者内部政治局势的动荡不定。但统治阶级总是不断地驱使劳动人民为他们兴建豪华的宫殿。在艺术方面，虽在政治腐败的情况下，智慧的巧匠们仍获得了很大的成就。统治者还掠夺人民以自己的热情投在宗教建筑上的艺术作品去充实他们华丽的宫苑。齐的宫殿本来已到"穷极绮丽"的程度，如"遍饰以金壁，窗间尽画神仙，……椽桷之端悉垂铃佩，……又凿金为莲花以帖地"等等，他们还嫌不足，又"剔取诸寺佛刹殿藻井、仙人、骑兽以充足之"。从今天所仅存的建筑附属艺术实物看来，如南京齐、梁陵墓前面，劲强有力、富于创造性的石柱和百兽等，当时南朝在木构建筑上也不可能没有解决新问题的许多革新和创造。

到了隋统一全国后，宫廷就占有南北最优秀的工艺匠人。杨广（隋炀帝）的大兴土木，建东京洛阳，营西苑时期，就有迹象证明在建筑上模仿了南朝的一些宫苑布局，南方的艺匠在其中也起了很大作用。凿运河通江南，建造大量华丽有楼殿的大船时，更利用了江南木工，尤其是造船方面的一切成就。在此之前，杨坚（文帝）曾诏天下诸州各立舍利塔，这种塔大约都是木造的，今虽不存，但可想见这必然刺激了当时全国各地方普遍的创造。

在石造建筑方面，北魏、北周、北齐都有大胆的创造，最丰富的是各个著名石窟寺的附属部分。也就是在这时期，一位天才石匠李春给我们留下了可称世界性艺术工程遗产的河北赵县的大石桥。中国建筑艺术经过这样一段新鲜活泼的路程，便为历史上文艺最辉煌的唐代准备了优越的条件。

第五阶段 —— 唐、五代、辽

（公元618年至1125年）

这个阶段的建筑艺术是以南北朝在宗教建筑方面和统一全国的隋代在城市建设方面所取得的成就为基础的。初唐建设雄宏魁伟的气魄和中唐雅致成熟的时代风格，比南北朝或隋代的宗教艺术更向前迈进了一大步的。唐将外来许多新因素汉化了，将陌生的非中国的成分和典雅庄严对称的中国格局相结合，为中国的封建社会生活服务。如须弥座、莲瓣、柱础、砖塔、塔檐瓦饰、栏杆之类都改进成更接近于中国人民所习惯的风格。在砖塔式样上也经过一些成熟的变化，中国第一座八角塔就在这时期初次出现。唐建筑制度、技术手法和艺术作风的特点开始于初唐，盛于中唐前后，在中央政权削弱的晚唐和藩镇割据的五代时期仍在全国有经济条件的地区，风行颇长一个时期，而没有突出的改变。

唐政治经济的特点是唐初李渊父子统一了隋末暴政所引起的混战中的中国而保留了隋政治、经济、文物制度中的一些优点。在李世民在位的二十几年中，确使人民获得了休养生息的机会。当时政治良好，而同时对外战争胜利，鼓励胡族汉人杂居，不断和西域各民族有文化和商业的交流。农业生产提高，商业交通又特别发展，海路可直通波斯。社会经济从此一直向前发展了百余年。基础稳定的唐代中央专制集权的封建社会恢复了西汉的盛况，全国文学艺术便随之有了高度的发展。唐代在建筑上一切成就也就是中国封建社会的文学艺术到达一个特殊全盛时代的产物。唐中央政权的腐朽削弱开始于内部分裂，终于在和藩镇的矛盾和农民的反抗中灭亡。但是工商业在很大程度内未受中央政权强弱的影响。宗教建筑活动也普遍于民间，并不限于中央皇室的建造。

当隋初统一南北建国时期计划了后来成为唐长安的大兴城时，有意识地要表现"皇王之邑"，因此建造的是都城、皇城、宫城、正朝、府寺、百司、公卿邸第、民坊、街市等等——明明白白的是封建政权的秩序所需要的首都建设。它所反映的是统一封建专制国家机器的一个重要方面。也就是当时的统治阶级所制定的所谓文物制度的一种。唐初继承了这样一个首都，最主要的修建就是改大兴殿为太极殿。左右添了钟楼、鼓楼，使耸起的形象更能表现中央政权的庄严。再次就是另建一个雄伟的皇宫组群。新建的大明宫在一条南北中线上立了一系列的大殿，每殿是一组群，前面有门，最南面是丹凤门和含元殿。大殿就立在龙首山的东趾上，"殿陛高于平地四十余尺"，左右有"砌道盘上，谓之龙尾道"。殿左右有两阁，阁殿之间用"飞廊"相接。这样形象魁伟、气魄雄宏的规模，是过去汉未央宫开国气概的传统。不过在建造上显然是以汉兴以来八百年里所取得的一切更优秀的成就来完成的。但在宗教建筑方面，初唐承继了隋代的创建，并不鼓励新建造。这方面显然不是当时主要的活动。

代表初唐以后到中叶的建筑活动的有两个方面：宫廷权贵为了宴游享乐所建的侈丽宫苑建筑和邸第，和宗教建筑活动。在这两个方面高度艺术性的各种创造都是当时熟练的工匠和对宗教投以自己的幻想和热忱的劳动人民集体智慧的结晶。代表前一种的，可以举宫廷最优秀的艺匠为唐玄宗在骊山建筑的华清宫，这样著名的艺术组群，据记载是"骊山上下，益置汤井为池，台殿环列山谷"，并且一切是"制作宏丽"，"雕镂巧妙"，"殆非人功"的艺术创造。有名的长安风景区的曲江上宫苑也在这时期开始了建筑。至于当时权贵和公主们所竞起的宅第则是"以侈丽相高，拟于宫掖，而精巧过之"。这样的事实说明当时建筑工程技术和艺术上的最高成就已不被宫廷所独占，而是开始在有钱有势的阶层里普遍起来了。

唐代的皇室因为姓李，所以尊崇道教，因为道教奉李耳为始祖。然而佛教的势力毕竟深入到广大民间，今天存留的唐代建筑，除极少数摩崖造像外，全部都是佛教的。其中较早的，全是砖塔。

唐朝的砖塔大致可分为四个类型：

（一）"重楼式"塔，如西安慈恩寺的大雁塔和兴教寺的玄奘塔等。它们的形式像层层叠起的四方形重楼，外表用砖砌成木结构的柱、枋、斗栱等形象。这两座塔都建于七世纪后半和八世纪初年。它们是砖造佛塔中最早砌出木构形式的范例。

（二）"密檐式"塔，如西安荐福寺的小雁塔，河南嵩山永泰寺塔和云南大理崇圣寺的千寻塔等。这个类型都在较高的塔身上出十几层的密檐，一般没有木结构形式的表面处理。以上两个类型平面都是正方形的，全塔是一个封顶的"砖筒"，内部用木楼板和木楼梯。

（三）八角形单层塔，嵩山会善寺净藏禅师塔是这类型的孤例。它是五代以后最通常的八角塔的萌芽。

（四）群塔，山东历城九塔寺塔，在一个八角形塔座上建九个小塔，是明代以后常见的金刚宝座塔的先驱。自从嵩山嵩岳寺塔建成到玄奘塔出现的一百五十年间，没有任何其他砖塔存留到今天，更证明嵩岳寺塔是一次伟大的尝试。而唐代数量众多和类型丰富的砖塔则说明造砖和用砖的技术在唐代大大地发展了一步。

宗教建筑方面一次特殊的活动是武则天夺得政权后，在洛阳驱役数万人建造奇异的"明堂""天堂""天枢"等。这些建筑物不是属于佛教的，但是创造性地吸取了佛教艺术的手法，为这个特殊政权所要表现的宗教思想服务的。"明堂"称作"万象神宫"，内有"辟雍之像"，建筑物高到294尺，方300尺，一共三层。"下层法四时；中层法十二辰，上为圆盖，九龙捧之；最上层法二十四气，亦有圆盖。以木为瓦，夹纻漆之，上施铁凤高一丈，饰以黄金。"在结构方面是很大胆的，当中用巨木，"上下通贯，栭（ér）、栌、撑、橀，藉以为本"。"天堂"高五级，是比明堂更高的建筑，内放"夹纻"大像（夹纻是用麻布披泥胎上加漆，干了以后去掉泥胎成空心的器物的做法）。"天枢"是高百余尺的八角铜柱，径大十二尺，下为铁山，周七十尺，立在端门外。这些创造，虽然都是极特殊的，但显然有它们的技术基础和艺术上的良好条件的。佛教建造的有在龙门崖上凿造的巨大石像和窟外的奉先寺（寺的木构部分已不存，但这组巨像是唐代雕刻得以保存到今天的最可珍贵的实物之一）。

自七世纪末叶以后到八世纪中叶，建造寺院的风气才大盛。原因是当时社会的需要。八世纪中叶侈奢无度的中央政权遇到藩镇的叛变，长安被安禄山攻破，皇帝出走四川。唐中央政权从此盛极而衰，此后和地方长期战争，七八十年中，人民受尽内战的灾害搜括之苦，超度苦难的思想普遍起来。在宫廷方面，软弱的封建主，遇有变乱，也急求佛法保佑，建寺用费庞大，还拆了宫殿旧料来充数。宫廷特别纵容僧尼，京城内外良田多被僧寺占有。

在五台山造金阁寺，全用涂金的铜瓦，施工用料的程度也可见一斑。到了九世纪初叶，皇帝迎佛骨到京师，在宫中留三日，送各寺院里轮流供奉，王公士民敬礼布施，达到举国若狂的地步。宦官权臣和豪富施钱造寺院或佛殿、塔幢以求福的数目愈来愈多，为避重税求寺院庇荫的人民数目也愈来愈大。九世纪中叶宗教势力和政权间的矛盾便造成会昌五年（公元845）的"灭法"。当时下诏毁掉官立佛寺四千六百余区，私立寺院四万余区，归俗僧尼二十六万五百人，财货田产入官，取寺屋材料修葺公廨，铜像钟磬改铸钱币。这些事实说明人民的财富和心血，在封建社会的矛盾中，不是受到不合理的浪费，就是受到残酷的破坏，卓越的艺术遗产得以保存到今天的真是不到万一！

唐代有高度艺术的、崇峻而宏丽的宗教建筑大组群的完整面貌，今天已无法从实物上见到。对于建筑结构和装饰的形象，我们只有在敦煌石窟寺壁上，许多以很写实的殿宇楼阁为背景的佛教画里，可以得到较真实的印象。敦煌著名的壁画《五台山图》中描绘了九十座寺院组群的位置，其中之一"大佛光之寺"，就是今天还存在五台山豆村镇的大佛光寺。更可宝贵的事实是寺内大殿竟是幸存到今天的一座唐代原物。我们从这座在会昌灭法后又建造起来的实物上，可以具体地见到唐代建筑艺术风格手法，和它们所曾到达的多方面的成就。这座建筑遗产对于后代是有无法衡量的价值的。

总的说来，唐代在建筑方面的成就，首先是城市作有计划的布局，规模宏大，不但如长安、洛阳城，并且普遍及于全国的州县，是全世界历史上所未有的。其次就是个别建筑组群在造形上是以艺术形态来完成的整体，雄宏壮丽的形象与华美细致的细节、雕塑、绘画和自然环境都密切地有机地联系着。以世界各时代的建筑艺术所达到的程度来衡量，这时期的中国建筑也达到了艺术上卓越的水平。当然，无论是长安的宫廷建筑物还是各处名山胜地的宗教建筑物，还是一般城市中民用建筑物，都是和唐初期全国生产力的提高，和以后商业经济的繁荣、工艺技术的进步、西域文化的交流等等分不开的。但一个主要的方面还是当时宗教所促进的创造有全民性的意义。劳动人民投入自己的热情、理想和希望，在他们所创造的宗教艺术上：无论是雕刻、佛像或花纹；作大幅壁画，或装饰彩画；建造大寺、高塔或小龛，或是代表超度人类过苦海的桥，当时人民都发挥了他们最杰出、最蓬勃的创造力量。

中唐以后，中央政权和藩镇争夺的内战使黄河流域遭受破坏，经济中心转移到江淮流域。唐亡之后，统治中原的政权，在五十余年中，前后更换了五次，称作五代。其他藩镇各自成立了独立政权的称做十国。中原经济力衰弱，无法恢复。建筑发展没有可能。掌握政权者对于已破坏的长安完全放弃，修葺洛阳也缺乏力量。偶有兴建，匠人只是遵随唐木工规制，无所创造。山西平遥镇国寺大殿是五代木构建筑的罕贵的孤例。五代建筑在北方可说是唐的尾声。

十国在南方的情况则完全不同。个别政权不受战争拖累，又解除了对唐中央的负担，数十年中，经济得到新的发展而繁荣起来。建筑在吴越和南唐，就由于地理环境和新的社会因素，发展了自己的新风格。如南京栖霞寺塔以八角形平面出现，在造型方面和在雕刻装饰方面都有较唐朝更秀丽的新手法，在很大程度上是后来北宋建筑风格的先声。

辽是中国东北边境吸取并承继了唐文化的契丹族的政权。在关外发展成熟，进占关内河北和山西北部，所谓燕云十六州，包括幽州（今天的北京）在内。辽是一个独立的区域政权，不是一个朝代，在时间上大部虽和北宋同时，但在文化上是不折不扣的唐边疆文化。在进关以前，替辽建设城市和建筑寺庙的是唐代的汉族移民和汾、并、幽、蓟的熟练工匠。他们是以唐的规制手法为契丹族的特殊政权、宗教信仰和生活习惯服务的，结果在实践中创造了某一些属于辽的特殊风格和传统。后来这种风格又继续影响关内在辽境以内的建筑——北京天宁寺辽砖塔就是辽独创作风的典型例子，而木构建筑如著名的蓟县独乐寺观音阁和应县佛宫寺木塔却带着更多的唐风，而后者则是中国木造佛塔的最后一个实例。

基本上，唐、五代和辽的建筑是同属于一个风格的不同发展时期。关于这一阶段的中国建筑，更应该提到的是它对朝鲜、日本建筑重大的影响。研究日本和朝鲜建筑者不能不理解中国的隋唐建筑，就如同研究欧洲建筑者不能不理解古希腊和罗马建筑一样。不但如此，这时期的中国建筑也影响到越南、缅甸和新疆边境。并且唐和萨珊波斯的文化交流，并不亚于和印度及锡兰的。

唐朝是中国建筑最辉煌的一大阶段。

第六阶段 —— 两宋到金、元

（公元960年至1367年）

这个大阶段以五代末的北周以武力得到淮南江北的经济力量，在汴梁的建设为序幕。北宋统一南北是它的发展和全盛时期；南宋是北宋的成就脱离了原来政治经济基础，在江南的条件下的延续与转变；金和元都是在少数民族统治下宋的风格特点与北方和新的社会因素相结合的产物。

宋代建筑是在唐代已取得的辉煌成就的基础上发展起来的。但宋代建筑的特点与唐代有着极大区别。

要理解宋建筑类型、手法风格和思想内容，我们必须理解宋代政治经济情况的以下几个方面：

（一）赵匡胤没有经过战争便取得了政权。五代末朝后周在汴梁因疏浚了运河和江淮通航所发展的工商业继续发展；中原农业生产或得到恢复，或更为提高。居于水陆交通要道的汴梁人口密集，是当时的政治中心兼商业中心。赵炅（太宗）以占领江淮门户的优越条件，进而征服了五代末期南方经济繁荣的独立小政权如南唐、吴越、后蜀，统一了中国，不但在经济上得到生产力较高的南方的供应，在文化上也吸取了南方所发展的一切文学艺术的成就，内中也包括建筑上的成就。

（二）因内部矛盾，宋代军权集中于皇帝一人手中。无所事事，成为庞大消费阶层的军队全力防内，对外却软弱无能，在北方以屈辱性的条约和辽媾和，在西方则屡次受西夏侵扰。统治者抱有苟安思想，只顾眼前享乐生活。建设的规模，建筑物的性质、气魄，和唐代开国时期和晚唐信奉宗教的热烈情况都不相同。

（三）建立了庞大的官僚机构。这个巨大的寄生阶层，和大小地主商贾血肉相连，官僚们利用统治地位从事商业活动。在封建社会中滋长的"资本主义成分"的力量引起社会深刻的变化。全国中小消费阶层的扩大促进了这时期手工业生产的特殊繁荣。国内出现了手工艺市镇和较大的商业中心城市，特别突出的如京都汴梁、成都、兴元（汉中）和杭州等。城市中某些为工商业服务的新建筑类型，如密集的市楼、邸店、廊屋等的产生，都是这时期城市生活的要求所促成的。又因商业流动人口的需要，取消了都城"夜禁"的限制，在东京出现了夜市和各种公共娱乐场所，如看戏的瓦子和豪华的酒楼，以后很普遍。

（四）手工业的发展进入工厂的组织形式，内部很细的分工使产品的质量和工艺美术水平普遍地提高。宋代瓷器、织锦、印刷、制纸等工业都超过了过去时代的水平。这一切细致精巧的倾向也影响了当时的建筑材料和细致加工的风格。

宋建筑的整体风格，初期的河北正定龙兴寺大阁残部所表现，仍保持魁伟的唐风。但作为首都和文化中心的汴梁是介于南北两种不同建筑风格之间，很快地同时受到五代南方秀丽和唐代北方壮硕风格的影响，或多或少地已是南北作风的结合。山西太原晋祠圣母庙一组是这一作风的范例，虽然在地理上与汴梁有相当的距离。注重重楼飞阁较繁复的塑型，受到宫中不甚宽敞地址的限制，平面组合开始错落多变化；宫廷中藏书的秘阁就是这种创造性的新型楼阁。它的结构是由南方吴越来的杰出的木工喻皓所设计，更说明了它成就的来源。公元1000年（真宗）以后，宫廷不断建筑侈丽的道观楼阁，最著名的如玉清昭应宫，苏州人丁谓领导工役，夜以继日施工了七年建成。每日用工多到三四万人，所用材料是从全国汇集而来的名产。瓦用绿色琉璃，彩画用精制颜料绘成织锦图案，加金色装饰。这个建筑构图是按画家刘文通所作画稿布置的。其中七贤阁的设计也是在高台上更加"飞阁"，当时被认为是全国最壮观的建筑物。

汴梁宫廷建筑的华丽倾向和因宫中代代兴建，缺乏建筑地址，平面布置上不得不用更紧凑的四合围拢方式或两旁用侧翼的楼和主楼相连，或前后以柱廊相连的格式。这些显然普遍地影响了宋一代权贵私人第宅和富豪商贾城市中建筑的风格。

原来是商业城市改建为首都的汴梁，其规模和先有计划的"皇王之邑"的长安相去甚远，宫前既无宏大行政衙署区域，也无民坊门禁制度。除宫城外，前部中轴大路两旁，和横穿京城的汴河两岸，以及宫旁横街上，多半是商业性质建筑所组成的。人口密集之后，土地使用率加大，更促进了多层市楼的发展。因此豪华的店屋酒楼也常以重楼飞阁的姿态出现。例如《东京梦华录》中所描写的"三楼相高，五楼相向，各有飞阁栏槛，明暗相通"的酒店矾楼就最为典型。发展到了北宋末赵佶（徽宗）一代，连年奢侈营建，不但汴梁宫苑寺观"殿阁临水，云屋连梫（yǐ）"，层楼的组群占重要位置，它们还发展到全国繁华之地，有好风景的区域。虽然实物都不存在，今天我们还能从许多极写实的宋画中见到它们大略的风格形象。它们的主要特征是歇山顶也可以用在向前向后的部分，上面屋脊可以十字相交，原来屋顶侧面的山花现在也可以向前，因此楼阁嶙峋，在形象上丰富了许多。宋画中最重要的如《黄鹤楼图》《滕王阁图》及《清明上河图》等等，都是研究宋建筑的珍贵材料。日本镰仓时代的建筑受到我国这一时期建筑很大的影响，而它们实物保存得很好，也是极好的参考材料。总之，在城市经济繁荣的基础上所发展出来的，有高度实用价值，形象优美，立面有多样变化组合的楼阁是宋代在中国建筑发展中的一个重大贡献。

其次如建筑进一步分工，充分利用各种手工业生产的成就到建筑上，如砖石建筑上用标准化琉璃瓦和面砖，并用了陶瓷业模制压花技术的成就，到今天我们还可以从开封琉璃铁塔这样难得的实物上见到。木构建筑上出现了木雕装饰方面的雕作和旋作。彩画方面采用了纺织的成就，用华丽的绫锦纹图案。因为造纸业的发展，门窗上可大量糊纸，出现了可以开关的球文格子门和窗等等。这些细致的改进不但改变了当时的建筑面貌，且对于后代建筑有普遍影响。

因为宋代曾采用匠人《木经》编成中国惟一的一本建筑术书《营造法式》，记录了各种建筑构件相互间关系及比例，以及斗栱砍削加工做法和彩画的一般则例，对后代官匠在技术上和艺术上有一定的影响。

南宋退到江南，建都临安（杭州），把统治阶级的生活习惯、思想意识，都带到新的土壤上培植起来，建筑风格也不在例外。但是在严重地受着侵略威胁的局面下和萎缩的经济基础上，南宋的宫廷建筑的内容性质改变了，全国性规模的建筑更不可能了。南宋重修的城市寺观起初仍极为奢华，结构逐渐纤弱造作，手法也改变了。这时期的重要贡献是建筑和自然山水花木相结合的庭园建筑在艺术上的成就。宫廷在临安造园的风气影响到苏州和太湖区的私家花园，一直延续到后代明、清的名园。

金的统治阶级是文化落后于汉族的女真族。金的建设意识上反映着模仿北宋制度的企图。从事创造的是汉族人民，在工艺技术上是依据他们自己的传统的。而当时北方一部分却是辽区域作风占重要位置。因此宋辽混合掺杂的手法的发展是它的特点之一。有一些金的建筑实物在结构比例上完全和辽一致，常常使鉴别者误以为是辽的建筑。另有一些又较近宋代形制，如正定龙兴寺的摩尼殿和五台山佛光寺的文殊殿，一向都被认为是宋的遗物。第三种则是以不成熟的手法，有时形式地模仿北宋颓废的繁琐的形象，有时又作很大胆的新组合，前者如大同善化寺三圣殿，后者如正定广慧寺华塔，都是很突出的。像华塔那样的形式，可以说是一种紧凑的群塔，是一种富于想象力的创造。

金人改建了辽的南京（今天北京城西南广安门内外一带），扩大了城址，称作中都。这次的兴建是金海陵王特命工匠监官模仿北宋首都汴梁而布置的。因此中都吸取了宋城市宫城格局的一切成就，保存了北宋宫前广场部署的优良传统。中都宫前的御河石桥，两侧的千步廊也就是元大都的蓝本。明、清两代继续沿用这种布局。今天北京的天安门前和午门、端门前壮丽的广场，就是由这个传统发展而来的。

元代的蒙古游牧民族，用极强悍的骑兵侵入邻近的国家，在短短的几十年中，建立了横跨欧亚两洲历史上空前庞大的帝国。

在元代统治中国的九十多年中，蒙古族采用了残酷的武力镇压手段，破坏着中国原来的农业基础。在残酷的民族斗争中，全国的经济空前地衰落了。因此元代一般的地方建筑也是空前的粗糙简陋的。这时期统治阶级的建筑是劫掳各先进民族的工匠建造的，因此有一些部分带有其他民族的风格，大体是继承了金和南宋后期细致纤丽的风格。

元代的京城大都（现北京）是蒙古族摧毁了金的中都之后创建的。这座在宽阔的平原上新创的城市，在平面上表现着整齐的几何图形观念。城的平面接近正方形，以高大的鼓楼安置在全城的几何中点上。皇宫的位置是在城内南面的中轴线上。这是参照周礼"面朝背市，左祖右社"的思想，综合金代中都所沿袭的宋汴京的规划，依照当时蒙古族的需要而创建的。这种以高大的鼓楼作全城中心的方式，现在在北方的一些中小城市中仍可以看到它的影响。

元大都的宫殿建筑是以豪华精致的中国木构式样为主。一般宫殿建筑组群的主殿是采用工字形平面，前殿是集会和行政的殿堂，用廊连接的后部就是寝殿。殿内的布置，是用贵重的毛皮或丝织品作壁幛，完全掩蔽了内部的墙壁和木构。这种布置与汉族宫廷内分作前朝和后宫的方式不同，内部的处理仍旧保留着游牧民族毡帐生活的习惯。

元代宫殿的木构建筑方面进一步发展了琉璃，从宋代的褐、绿两种色彩发展成黄、绿、蓝、青、白各色，普遍地应用到宫殿和离宫上，更丰富了屋顶的色彩。

元代上都（内蒙古多伦附近）主要宫殿的遗址是砖石结构的建筑，这可能是西方工匠建造的。此外像大都宫中的"畏吾儿殿"应是维吾尔族的式样，还有相当多的"盝顶殿"和"棕毛殿"，也都是元以前中国传统所没有的其他民族风格。

元代的统治阶级以吐蕃（西藏）的喇嘛教作为国教，吐蕃的建筑和艺术在元代流传到华北一带，出现了很多西藏风格的喇嘛塔。矗立在北京的妙应寺白塔就是这时期最宏伟的遗物。从著名的居庸关过街塔残存的基座上和石雕刻纹样手法上也可以看到当时西藏艺术风格盛行的情况。

都城以外的建筑仍是汉族工匠建造的，继续保持着传统的风格。其中一种类型可能是地方的统治阶层兴建的，比较细致精巧，但带有显著的公式化倾向，工料也比较整齐，典型的代表例如正定的关帝庙、定兴的慈云阁。另一种是施工非常粗糙，木料贫乏到用天然的弯曲原木作主要的构架，其中的结构是煞费苦心拼凑成的。现在的这类建筑大多是当地人民信仰的祠庙或地方性的公共建筑。例如河北正定的阳和楼，曲阳北岳庙的德宁殿，安平的圣姑庙或山西赵城的广胜寺。这后一种在困难的物质条件限制下表现了比较多的设计意匠。它们正是这段艰苦的时期中人民生活的反映，鲜明地刻画出元代一般建筑艺术衰落的情况。

第七阶段 —— 明、清两朝（公元 1368 年至 1911 年）和民国时期（至 1949 年）

在这五百八十余年中，中国历史上发生了巨大的转变。

（一）在汉族农民起义，摧毁并驱逐了蒙古族统治阶级以后，朱元璋建立了明朝，恢复了汉族的统治，恢复了久经破坏的经济。但自朱棣以后，宦官掌握朝政二百余年，统治阶级昏庸腐朽达到了极点。

（二）满族兴起，入关灭明，统治中国二百六十余年。阶级压迫与民族压迫合而为一。

（三）西方新兴的资本主义的商人和传教士，由十六世纪末开始来到中国，逐步导致十九世纪中的鸦片战争和中国的半殖民地化。

（四）人民革命经过一百零九年的英勇斗争，推翻了满清皇朝，驱逐了帝国主义侵略者，肃清了封建统治阶级，建立了人民民主的中华人民共和国。

朱元璋以农民出身，看到异族压迫下农村破产的情形，亲身参加了民族解放战争，知道农业生产是恢复经济、巩固政权的基本所在，所以建立了均田、农贷等制度，解放了异族压迫，恢复了封建的生产关系，使经济很快恢复。在建国之初，他已占有江淮全国最富庶的地区，国库充实起来，使他得以建设他的首都南京，作为巩固政权的工具之一。

明朝建立以后不久，官式建筑很快就在布局、结构和造形上出现了与前一阶段区别显著的转变。在一切建置中都表现出了民族复兴和封建帝国中央集权的强烈力量。首都南京的营建，征发全国工匠二十余万人，其中许多是从蒙古半奴隶式的羁束下解放出来的北方世代的匠户。除了建造宫殿衙署之外，他特别强调恢复汉族文化和中国传统的礼仪：例如天子郊祀的坛庙和身后的陵寝，都以雄伟的气魄和庄严的姿态建置起来。

朱棣（成祖）迁都北京，在元大都城的基础上，重新建设宫殿、坛庙，都遵南京制度，而规模比南京更大。今天北京的故宫大体就是明初的建置。虽然大部分殿堂已是清代重建的，但明朝原物还保存若干完整的组群和个别的主要殿宇。社稷坛（今中山公园）、太庙（今劳动人民文化宫）和天坛，都是明代首创的宏丽的大组群；其中尤其是天坛在规模、气魄、总体布置和艺术造形上更是卓越的杰作。虽然祈年殿在光绪十五年曾被落雷焚毁，次年又照原样重修；皇穹宇一组则是明代最精美的原物，并且是明手法的典型。昌平天寿山麓的长陵（朱棣墓），以庙宇的组群同陵墓本身的地面建筑物结合，再在陵前布置长达8公里的神道，这一切又与天寿山的自然环境结合为一整体。气魄之大，意匠之高，全国其他建筑组群很少能和它相比。

明初两京的两次大建设将南北的高手匠工做了两次大规模调配，使南北方建筑和工艺的特长都得以发挥出来，汇合为一，创造出明代的特殊风格。西南的巨大楠木，大量在北京使用。这样的建筑所反映的正是民族复兴的统一封建大帝国的雄伟气概。

自从朱棣把宦官干涉朝政的传统培植起来以后，宦官成了明朝二百余年统治权的掌握者。在建筑方面，这事实反映在一切皇家的营建方面。每一座明朝"敕建"的庙宇，都有监修或重修的太监的碑志，不然就在梁下、匾上留名。至于明代宫中八次大火灾（小火灾不计），史家认为是宦官故意放火，以便重建时贪污中饱的。更不用说，宦官为了回避宦官禁置私产的法律规定，多借建庙的名义，修建寺院，附置庭园、"僧舍"，作为自己休养享乐之用。如北京的智化寺（王振建）、碧云寺（魏忠贤建），就是其中突出的例子。明末魏忠贤的生祠在全国竟达五六百所，更是宦官政治的具体的物质表现。

明代官匠制度增加了熟练技术工人，大大地促进手工艺技术的水平。明代建筑使用大量楠木和质地优良的砖，工精料美，丝毫不苟。在建筑工程方面，榫卯准确，基础坚实，彩画精美，也是它的特色。琉璃瓦和琉璃面砖到了明朝也得到了极大的发展。太庙内墙前的琉璃花门上细部如陶制彩画额枋就精美无比。除北京许多琉璃牌坊和琉璃花门外，许多地方还出现了琉璃宝塔，其中如南京的报国寺七宝琉璃塔（太平天国战争中毁）和山西赵城广胜寺飞虹塔，都说明了在这方面当时普遍的成就。

在明中叶的初期，由印度传入"金刚宝座式"塔，在一个大塔座上建造五座乃至七座的群塔。北京真觉寺（今五塔寺）塔是这类型的最卓越的典型。这个塔型之传入使中国建筑的类型更丰富起来。在清代，这类型又得到一定的发展。

在"党祸"的斗争中退隐的地主官僚和行商致富的大贾，则多在家乡营造家祠或私园以逃避现实世界。明末私家园林得到极大发展，今天江南许多精致幽静的私园，如苏州的拙政园，就是当时林园的卓越一例，也是当时社会情况下的产物。最近在安徽歙县发现许多私家的第宅，厅堂用巨大楠木柱，规模宏大。可见当时商业发展，民间的财富可观。

明中叶以后，一方面由于工艺发展，砖陶窑业取得了极大的进步，一方面由于国内农民起义和东北新兴的满洲族的军事威胁，许多府县都大量用砖瓷砌城堡。这方面最杰出的实例就是北京城和万里长城。这两个城虽然各在不同的地方和不同的地形上建造起来，但都以它们雄健简朴的庞大躯体各自表现了卓越的艺术效果。

明代砖陶业之进步所产生的另一类型就是砖造发券的殿堂，如各地的"无梁殿"，乃至北京的大明门（今中华门）[1]一类的砖券建筑就是其中的实例。这些建筑一般都用砖石琉璃做出木结构的样式。

明朝末年，随同欧洲资本家寻找东方市场，西洋传教士到了中国，带来了西洋的自然科学、各种艺术和建筑，这对于后来的中国建筑也有一定的影响。

满清以一个文化比较落后的民族入主中国。由于他们入关以前已有相当长的期间吸收汉族的先进文化，入关时又大量利用"汉奸"，战争不太猛烈，许多城市和建筑没有受到过甚的破坏。例如北京这样辉煌的首都和宫殿苑园，就是相当完整地被满洲统治者承继了的。故宫之中，主要建筑仅太和殿和武英殿一组受到破坏。清朝初期尚未完全征服全中国，所以像康熙年间重建太和殿，就放弃了官式用料的惯例，不用楠木而改用东北松木建造，在材料的使用上，反映了当时的军事政治局势，南方产木区还在不断反抗。

满清统治者承继了明朝统治者的全部财产，包括统治和压迫人民的整套"文物制度"。为了适应当时情况，康熙、雍正、乾隆三朝进行了各种制度和法律之制订。在这些制度之中也包括了《工部工程做法则例》七十二卷。这虽是一部约束性的书，将清代的

1　已于1954年拆除，原址在今毛主席纪念堂一带。

官造建筑在制度和样式上固定下来，但是它对于今天清代建筑的研究却是一部可贵的技术书。这书对于当时的匠师虽然有极大的约束性，但掌握在劳动人民手中的建筑技术和艺术的创造性是封建制度所约束不住的。在"工程做法"的限制下，劳动人民仍然取得无穷辉煌的变化。

史家认为满清皇朝闭关自守是封建经济停滞时代，一般地说，这也在建筑上反映出来。但在这整个停滞的时代里，它仍有它一定限度内经济比较发展的高峰和低潮。清朝建筑的高峰和一定的创造性主要表现在乾隆时代，那是满清二百六十余年间的"太平盛世"。弘历几度南巡，带来江南风格；大举营建圆明园、热河行宫，修清漪园（颐和园），在故宫内增建宁寿宫（"乾隆花园"），给许多艺匠名师以创造的机会。各园都有工艺精绝的建筑细部。尤其值得注意的是，这时代的宫廷大量吸收了江南的民间建筑风格来建造园苑。乾隆以后，清代的建筑就比较消沉下来。即使如清末重修颐和园，也只是高潮以后的一个波浪而已。

鸦片战争开始了中国的半殖民地化时代，赓续了一百零九年。在这一个世纪中，中国的经济完全依附于帝国主义资本主义，中国社会中产生了官僚资本家和买办阶级。帝国主义的外国资本家把欧洲资本主义城市的阶级对立和自由主义的混乱状态移植到中国城市中来，中国的官僚买办则大盖"洋房"，以表达他们的崇洋思想，更助长了这混乱状态。侵略者是无视被侵略者的民族和文化的，中国建筑和它的传统受到了鄙视和摧残。中国知识分子建筑师之出现，在初期更助长了这趋势。"五四"以后很短的一个时期曾做过恢复中国传统和新的工程技术相结合的尝试，但在反动政府的破碎支离殖民地性质的统治下和经济基础上没有得到，也不可能得到发展，反是宣传帝国主义的世界主义的各种建筑理论和流派逐渐盛行起来。以"革命"姿态出现于欧洲的这个反动的艺术理论猖狂地攻击欧洲古典建筑传统，在美国繁殖起来，迷惑了许许多多欧美建筑师，以"符合现代要求"为名，到处建造光秃秃的玻璃方盒子式建筑。中国历史中这一个波动剧烈的世纪，也反映在我们的建筑上。

总的说来，这个时期的洋房、玻璃方盒子似乎给我们带来新的工程技术，有许多房子是可以满足一定的物质需要的。但是，建筑是一个社会生活中最高度综合性的艺术。作为能满足物质和精神双重要求的建筑物来衡量这些洋式和半洋式建筑，它们是没有艺术上的价值的，而且应受到批判。无可讳言的，这一百年中蔑视祖国传统，割断历史，硬搬进来的西洋各国资本主义国家的建筑形式对于祖国建筑是摧残而不是发展。历史上封建的建筑物虽已不能适应我们今天生活的新要求，但它们的优良传统，艺术造形上的成就却仍是我们新创造的最可宝贵的源泉。而殖民地建筑在精神上则起过摧毁民族自信心的作用，阻碍了我们自己建筑的发展；在物质上曾是破坏摧毁我们可珍贵的建筑遗产的凶猛势力。它们仅有的一点实用性，在今天面向社会主义生活的面前，也已经很不够了。

结 论

　　回顾我们几千年来建筑的发展，我们看见了每一个大阶段在不同的政治、经济条件下，在新的技术、材料的进步和发明的条件下，历代的匠师都不断地有所发明，有所创造。肯定的是：各代的匠师都能运用自己的传统，加以革新，创造新的类型，来解决生活和思想意识中所提出的不相同的新问题。由于这种新的创造，每代都推动着中国的建筑不断地向前发展，取得光辉的成就。每当新的技术、新的材料出现时，古代匠师们也都能灵活自如地掌握这些新的技术和材料，使它们服从于艺术造型的要求，创造出革新的而又是从传统上发展出来的手法和风格。在这一点上，建筑历史上卓越的实例是值得我们学习的。

　　中国建筑的新阶段已经开始了。新的社会给新中国的建筑师提出了崭新的任务。我们新中国的建筑是为生产服务，为劳动人民服务的。建筑必须满足人民不断增长的物质和文化的需要。劳动人民得到了适用、愉快而合乎卫生的工作、居住和游息的环境，就可提高生产的量和质，就可帮助国家的社会主义改造。我们还要求新时代的建筑，作为一种艺术，必须发挥鼓舞人民前进的作用。建筑已成为全民的任务，成为国家总路线执行中的必要工具了。

过去的匠师在当时的社会、材料、技术的局限性下尚且能为自己时代社会的需要，灵活地运用遗产，解决各式各样的问题。今天的中国所给予建筑师的条件是远远超过过去任何一个时代的。我们有中国共产党和中央人民政府的英明正确的领导，有全国人民的支持，有马克思列宁主义、毛泽东思想的思想武器，有苏联社会主义建设的先进范本，有最现代化的技术科学和材料，有无比丰富的遗产和传统。在这样优越的条件下，我们有信心创造出超越过去任何时代的建筑。

附：作者校对后记

在编纂建筑史的学习过程中，我们不断地发现我们对伟大祖国建筑艺术遗产的研究还有待提高；由于受到理论水平的限制，距全面的、正确的认识总还有一段距离。例如对于我们所掌握的各历史时期的资料，还不能做出很好的分析，从科学的观点指出各时代劳动人民在创造上的成就。有时因为对当时的社会思想意识与它的物质基础之间的关系认识也比较模糊，没有能更好地举出反映当时的社会内容的典型性建筑物的艺术形象和它们的特征，更深刻地指出它们在祖国建筑发展中积极进步的意义方面和相反的消极保守，局限了创造和发明的方面等等。此稿付印以后，我们在继续学习中，经过多次讨论，觉得这稿子应加以提高的地方很多。但是已在排印中，已不可能做大量修改，只好在下一篇《中国建筑各时代实物举例》一文的分析中来弥补或纠正本文中没有足够认识的和不明确的地方。

　　我们这篇稿子是不成熟的，希望读者，特别是建筑师们和史学家们，帮助我们，指出我们的错误，予以纠正。

1954年12月8日

建筑和建筑的艺术

梁思成

近两三个月来[1]，许多城市的建筑工作者都在讨论建筑艺术的问题，有些报刊报导了这些讨论，还发表了一些文章，引起了各方面广泛的兴趣和关心。因此在这里以《建筑和建筑的艺术》为题，为广大读者做一点一般性的介绍。

一门复杂的科学 —— 艺术

建筑虽然是一门技术科学，但它又不仅仅是单纯的技术科学，而往往又是带有或多或少（有时极高度的）艺术性的综合体。它是很复杂的、多面性的，概括地可以从三个方面来看。

首先，由于生产和生活的需要，往往许多不同的房屋集中在一起，形成了大大小小的城市。一座城市里，有生产用的房屋，有生活用的房屋。一个城市是一个活的、有机的整体。它的"身

1　本篇原发表于《人民日报》1961年7月26日第七版。

体"主要是由成千上万座各种房屋组成的。这些房屋的适当安排，以适应生产和生活的需要，是一项极其复杂而细致的工作，叫作城市规划。这是建筑工作复杂性的第一个方面。

其次，随着生产力的发展，技术科学的进步，在结构上和使用功能上的技术要求也越来越高、越复杂了。从人类开始建筑活动，一直到十九世纪后半的漫长的年代里，在材料技术方面，虽然有些缓慢的发展，但都沿用砖、瓦、木、石，几千年没有多大改变，也没有今天的所谓设备。但是到了十九世纪中叶，人们就开始用钢材做建筑材料，后来用钢条和混凝土配合使用，发明了钢筋混凝土。人们对于材料和土壤的力学性能，了解得越来越深入，越精确，建筑结构的技术就成为一种完全可以从理论上精确计算的科学了。在过去这一百年间，发明了许多高强度金属和可塑性的材料，这些也都逐渐运用到建筑上来了。这一切科学上的新的发展就促使建筑结构要求越来越高的科学性。而这些科学方面的进步，又为满足更高的要求，例如更高的层数或更大的跨度等，创造了前所未有的条件。

这些科学技术的发展和发明，也帮助解决了建筑物的功能和使用上从前所无法解决的问题。例如人民大会堂里的各种机电设备，它们都是不可缺少的。没有这些设备，即使在结构上我们盖起了这个万人大会堂，也是不能使用的。其他各种建筑，例如博物馆，在光线、温度、湿度方面就有极严格的要求；冷藏库就等于一座庞大的巨型电气冰箱；一座现代化的舞台，更是一件十分复杂的电气化的机器。这一切都是过去的建筑所没有的，但在今天，它们很多已经不是房子盖好以后再加上去的设备，而往往是同房屋的结构一样，成为构成建筑物的不可分割的部分了。因此，今天的建筑，除去那些最简单的小房子可以由建筑师单独完成以外，差不多没有不是由建筑师、结构工程师和其他各工种的设备工程师和各种生产的工艺工程师协作设计的。这是建筑的复杂性的第二个方面。

第三，就是建筑的艺术性或美观的问题。两千年前，罗马的一位建筑理论家就指出，建筑有三个因素：适用、坚固、美观。一直到今天，我们对建筑还是同样地要它满足这三方面的要求。

我们首先要求房屋合乎实用的要求：要房间的大小、高低，房间的数目，房间和房间之间的联系，平面的和上下层之间的联系，以及房间的温度、空气、阳光等等都合乎使用的要求。同时，这些房屋又必须有一定的坚固性，能够承担起设计任务所要求于它的荷载。在满足了这两个前提之后，人们还要求房屋的样子美观。因此，艺术性的问题就扯到建筑上来了。那就是说，建筑是有双重性或者两面性的：它既是一种技术科学，同时往往也是一种艺术，而两者往往是统一的，分不开的。这是建筑的复杂性的第三个方面。

今天我们所要求于一个建筑设计人员的，是对于上面所谈到的三个方面的错综复杂的问题，从国民经济、城市整体的规划的角度，从材料、结构、设备、技术的角度，以及适用、坚固、美观三者的统一的角度来全面了解、全面考虑，对于个别的或成组成片的建筑物做出适当的处理。这就是今天的建筑这一门科学的概括的内容。目前建筑工作者正在展开讨论的正是这第三个方面中的最后一点 —— 建筑的艺术或美观的问题。

建筑的艺术性

一座建筑物是一个有体有形的庞大的东西，长期站立在城市或乡村的土地上。既然有体有形，就必然有一个美观的问题，对于接触到它的人，必然引起一种美感上的反应。在北京的公共汽车上，每当经过一些新建的建筑的时候，车厢里往往就可以听见一片评头品足的议论，有赞叹歌颂的声音，也有些批评惋惜的论调。这是十分自然的。因此，作为一个建筑设计人员，在考虑适用和工程结构的问题的同时，绝不能忽略了他所设计的建筑，在完成之后，要以什么样的面貌出现在城市的街道上。

建筑的艺术和其他的艺术既有相同之处，也有区别，现在先谈谈建筑的艺术和其他艺术相同之点。

首先，建筑的艺术一面，作为一种上层建筑，和其他的艺术一样，是经济基础的反映，是通过人的思想意识而表达出来的，并且是为它的经济基础服务的。不同民族的生活习惯和文化传统又赋予建筑以民族性。它是社会生活的反映，它的形象往往会引起人们情感上的反应。

从艺术的手法技巧上看，建筑也和其他艺术有很多相同之点。它们都可以通过立体和平面的构图，运用线、面和体，各部分的比例、平衡、对称、对比、韵律、节奏、色彩、表质等等而取得它的艺术效果。这些都是建筑和其他艺术相同的地方。

但是，建筑又不同于其他艺术。其他的艺术完全是艺术家思想意识的表现，而建筑的艺术却必须从属于适用经济方面的要求，要受到建筑材料和结构的制约。一张画、一座雕像、一出戏、一部电影，都是可以任人选择的。可以把一张画挂起来，也可以收起来。一部电影可以放映，也可以不放映。一般地它们的体积都不大，它们的影响面是可以由人们控制的。但是，一座建筑物一旦建造起来，它就要几十年几百年地站立在那里。它的体积非常庞大，不由分说地就形成了当地居民生活环境的一部分，强迫人去使用它，去看它，好看也得看，不好看也得看。在这点上，建筑是和其他艺术极不相同的。

绘画、雕塑、戏剧、舞蹈等艺术都是现实生活或自然现象的反映或再现。建筑虽然也反映生活，却不能再现生活。绘画、雕塑、戏剧、舞蹈能够表达它赞成什么，反对什么。建筑就很难做到这一点。建筑虽然也引起人们的感情反应，但它只能表达一定的气氛，或是庄严雄伟，或是明朗轻快，或是神秘恐怖等等。这也是建筑和其他艺术不同之点。

建筑的民族性

　　建筑在工程结构和艺术处理方面还有民族性和地方性的问题。在这个问题上，建筑和服装有很多相同之点。服装无非是用一些纺织品（偶尔加一些皮革），根据人的身体，做成掩蔽身体的东西。在寒冷的地区和季节，要求它保暖；在炎热的季节或地区，又要求它凉爽。建筑也无非是用一些砖瓦木石搭起来以取得一个有掩蔽的空间，同衣服一样，也要适应气候和地区的特征。几千年来，不同的民族，在不同的地区，在不同的社会发展阶段中，各自创造了极不相同的形式和风格。例如，古代埃及和希腊的建筑，今天遗留下来的都有很多庙宇。它们都是用石头的柱子、石头的梁和石头的墙建造起来的。埃及的都很沉重严峻。仅仅隔着一个地中海，在对岸的希腊，却呈现一种轻快明朗的气氛。又如中国建筑自古以来就用木材形成了我们这种建筑形式，有鲜明的民族特征和独特的民族风格。别的国家和民族，在亚洲、欧洲、非洲，也都用木材建造房屋，但是都有不同的民族特征。甚至就在中国不同的地区、不同的民族用一种基本上相同的结构方法，还是有各自不同的特征。总的说来，就是在一个民族文化发展的初期，由于交通不便，和其他民族隔绝，各自发展自己的文化，岁久天长，逐渐形成了自己的传统，形成了不同的特征。当然，随着生产力的发展，科学技术逐渐进步，各个民族的活动范围逐渐扩大，彼此之间的接触也越来越多，而彼此影响。在这种交流和发展中，每个民族都按照自己的需要吸收外来的东西。每个民族的文化都在缓慢地，但是不断地改变和发展着，但仍然保持着自己的民族特征。

今天，情况有了很大的改变，不仅各民族之间交通方便，而且各个国家、各民族各地区之间不断地你来我往。现代的自然科学和技术科学使我们掌握了各种建筑材料的力学物理性能，可以用高度精确的科学性计算出最合理的结构。有许多过去不能解决的结构问题，今天都能解决了。在这种情况下，就提出一个问题，在建筑上如何批判地吸收古今中外有用的东西和现代的科学技术很好地结合起来。我们绝不应否定我们今天所掌握的科学技术对于建筑形式和风格的不可否认的影响。如何吸收古今中外一切有用的东西，创造社会主义的、中国的建筑新风格，正是我们讨论的问题。

美观和适用、经济、坚固的关系

对每一座建筑，我们都要求它适用、坚固、美观。我们党的建筑方针是"适用、经济，在可能条件下注意美观"。建筑既是工程又是艺术，它是有工程和艺术的双重性的。但是建筑的艺术是不能脱离了它的适用的问题和工程结构的问题而单独存在的。适用、坚固、美观之间存在着矛盾，建筑设计人员的工作就是要正确处理它们之间的矛盾，求得三方面辩证的统一。明显的是，在这三者之中，适用是人们对建筑的主要要求。每一座建筑都是为了一定的适用的需要而建造起来的。其次是每一座建筑在工程结构上必须具有它功能的适用要求所需要的坚固性。不解决这两个问题就根本不可能有建筑物的物质存在。建筑的美观问题是在满足了这两个前提的条件下派生的。

在我们社会主义建设中，建筑的经济是一个重要的政治问题。在生产性建筑中，正确地处理建筑的经济问题是我们积累社会主义建设资金、扩大生产再生产的一个重要手段。在非生产性建筑中，正确地处理经济问题是一个用最少的资金，为广大人民最大限度地改善生活环境的问题。社会主义的建筑师忽视建筑中的经济问题是党和人民所不允许的。因此，建筑的经济问题，在我们社会主义建设中，就被提到前所未有的政治高度。因此，党指示我们在一切民用建筑中必须贯彻"适用、经济，在可能条件下注意美观"的方针。应该特别指出，我们的建筑的美观问题是在适用和经济的可能条件下予以注意的。所以，当我们讨论建筑的艺术问题，也就是讨论建筑的美观问题时，是不能脱离建筑的适用问题、工程结构问题、经济问题而把它孤立起来讨论的。

建筑的适用和坚固的问题，以及建筑的经济问题都是比较"实"的问题，有很多都是可以用数目字计算出来的。但是建筑的艺术问题，虽然它脱离不了这些"实"的基础，但它却是一个比较"虚"的问题。因此，在建筑设计人员之间，就存在着比较多的不同的看法，比较容易引起争论。

在技巧上考虑些什么？

为了便于广大读者了解我们的问题，我在这里简略地介绍一下在考虑建筑的艺术问题时，在技巧上我们考虑哪些方面。

轮廓 首先我们从一座建筑物作为一个有三度空间的体量上去考虑，从它所形成的总体轮廓去考虑。例如：天安门，看它下面的大台座和上面双重房檐的门楼所构成的总体轮廓，看它的大小、高低、长宽等等的相互关系和比例是否恰当。在这一点上，好比看一个人，只要先从远处一望，看她头的大小，肩膀宽窄，胸腰粗细，四肢的长短，站立的姿势，就可以大致做出结论她是不是一个美人了。建筑物的美丑问题，也有类似之处。

比例 其次就要看一座建筑物的各个部分和各个构件的本身和相互之间的比例关系。例如门窗和墙面的比例，门窗和柱子的比例，柱子和墙面的比例，门和窗的比例，门和门，窗和窗的比例，这一切的左右关系之间的比例，上下层关系之间的比例等等。此外，又有每一个构件本身的比例，例如门的宽和高的比例，窗的宽和高的比例，柱子的柱径和柱高的比例，檐子的深度和厚度的比例等等。总而言之，抽象地说，就是一座建筑物在三度空间和两度空间的各个部分之间的，虚与实的比例关系，凹与凸的比例关系，长宽高的比例关系的问题。而这种比例关系是决定一座建筑物好看不好看的最主要因素。

尺度 在建筑的艺术问题之中，还有一个和比例很相近，但又不仅仅是上面所谈到的比例的问题，我们叫它做建筑物的尺度。比例是建筑物的整体或者各部分、各构件的本身或者它们相互之间的长宽高的比例关系或相对的比例关系，而所谓尺度则是一些主要由于适用的功能，特别是由于人的身体大小所决定的绝对尺寸和其他各种比例之间的相互关系问题。有时候我们听见人说，某一个建筑真奇怪，实际上那样高大，但远看过去却不显得怎么大，要一直走到跟前抬头一望，才看到它有多么高大。这是什么道理呢？这就是因为尺度的问题没有处理好。

一座大建筑并不是一座小建筑的简单的按比例放大。其中有许多东西是不能放大的，有些虽然可以稍微放大一些，但不能简单地按比例放大。例如有一间房间，高3米，它的门高2.1米，宽90厘米；门上的锁的把子离地板高1米；门外有几步台阶，每步高15厘米，宽30厘米；房间的窗台离地板高90厘米。但是当我们盖一间高6米的房间的时候，我们却不能简单地把门的高宽、门锁和窗台的高度、台阶每步的高宽按比例加一倍。在这里，门的高宽是可以略略放大一点的，但放大也必须合乎人的尺度，例如说，可以放到高2.5米，宽1.1米左右，但是窗台、门把子的高度，台阶每步的高宽却是绝对的，不可改变的。由于建筑物上这些相对比例和绝对尺寸之间的相互关系，就产生了尺度的问题，处理得不好，就会使得建筑物的实际大小和视觉上给人的大小的印象不相称。这是建筑设计中的艺术处理手法上一个比较不容易掌握的问题。从一座建筑的整体到它的各个局部细节，乃至于一个广场，一条街道，一个建筑群，都有这尺度问题。美术家画人也有与此类似的问题。画一个大人并不是把一个小孩按比例放大。按比例放大，无论放多大，看过去还是一个小孩子。在这一点上，画家的问题比较简单，因为人的发育成长有它的自然的、必然的规律。但在建筑设计中，一切都是由设计人创造出来的，每一座不同的建筑在尺度问题上都需要给予不同的考虑。要做到无论多大多小的建筑，看过去都和它的实际大小恰如其分地相称，可是一件不太简单的事。

均衡　在建筑设计的艺术处理上还有均衡、对称的问题。如同其他艺术一样，建筑物的各部分必须在构图上取得一种均衡、安定感。取得这种均衡最简单的方法就是用对称的方法，在一根中轴线的左右完全对称。这样的例子最多，随处可以看到。但取得构图上的均衡不一定要用左右完全对称的方法。有时可以用一边高起，一边平铺的方法；有时可以一边用一个大的体积和一边用几个小的体积的方法或者其他方法取得均衡。这种形式的多样性是由于地形条件的限制，或者由于功能上的特殊要求而产生的。但也有由于建筑师的喜爱而做出来的。山区的许多建筑都采取不对称的形式，就是由于地形的限制。有些工业建筑由于工艺过程的需要，在某一部位上会突出一些特别高的部分，高低不齐，有时也取得很好的艺术效果。

节奏 节奏和韵律是构成一座建筑物艺术形象的重要因素，前面所谈到的比例，有许多就是节奏或者韵律的比例。这种节奏和韵律也是随时随地可以看见的。例如从天安门经过端门到午门，天安门是重点的一节或者一个拍子，然后左右两边的千步廊，各用一排等距离的柱子，有节奏地排列下去。但是每九间或十一间，节奏就要断一下，加一道墙，屋顶的脊也跟着断一下。经过这样几段之后，就出现了东西对峙的太庙门和社稷门，好像引进了一个新的主题。这样有节奏有韵律地一直达到端门，然后又重复一遍达到午门。

事实上，差不多所有的建筑物，无论在水平方向上或者垂直方向上，都有它的节奏和韵律。我们若是把它分析分析，就可以看到建筑的节奏、韵律有时候和音乐很相像。例如有一座建筑，由左到右或者由右到左，是一柱，一窗；一柱，一窗地排列过去，就像"柱，窗；柱，窗；柱，窗；柱，窗……"的2/4拍子。若是一柱二窗的排列法，就有点像"柱，窗，窗；柱，窗，窗；……"的圆舞曲。若是一柱三窗地排列，就是"柱，窗，窗，窗；柱，窗，窗，窗；……"的4/4拍子了。

在垂直方向上，也同样有节奏、韵律。北京广安门外的天宁寺塔就是一个有趣的例子。由下看上去，最下面是一个扁平的不

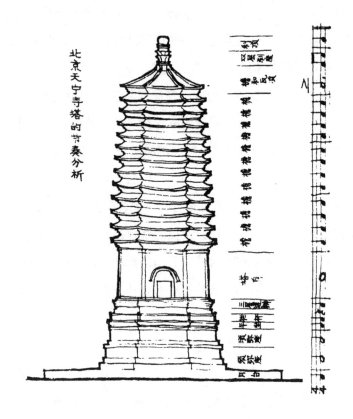

北京天宁寺塔的节奏分析

显著的月台；上面是两层大致同样高的重叠的须弥座；再上去是一周小挑台，专门名词叫平坐；平坐上面是一圈栏杆，栏杆上是一个三层莲瓣座，再上去是塔的本身，高度和两层须弥座大致相等；再上去是十三层檐子；最上是攒尖瓦顶，顶尖就是塔尖的宝珠。

按照这个层次和它们高低不同的比例，我们大致（只是大致）可以看到（而不是听到）这样一段节奏（见图）：

我在这里并没有牵强附会。同志们要是不信，请到广安门外去看看，从这张图也可以看出来。

质感　在建筑的艺术效果上另一个起作用的因素是质感，那就是材料表面的质地的感觉。这可以和人的皮肤相比，看看她的皮肤是粗糙或是细腻，是光滑还是皱纹很多；也像衣料，看它是毛料、布料或者是绸缎，是粗是细等等。

建筑表面材料的质感，主要是由两方面来掌握的，一方面是材料的本身，一方面是材料表面的加工处理。建筑师可以运用不同的材料，或者是几种不同材料的相互配合而取得各种艺术效果；也可以只用一种材料，但在表面处理上运用不同的手法而取得不同的艺术效果。例如北京的故宫太和殿，就是用汉白玉的台基和栏杆，下半青砖上半抹灰的砖墙，木材的柱梁斗栱和琉璃瓦等等不同的材料配合而成的。（当然这里面还有色彩的问题，下面再谈。）欧洲的建筑，大多用石料，打磨得粗糙就显得雄壮有力，打磨得光滑就显得斯文一些。同样的花岗石，从极粗糙的表面到打磨得像镜子一样的光亮，不同程度的打磨，可以取得十几二十种不同的效果。用方整石块砌的墙和乱石砌的"虎皮墙"，效果也极不相同。至于木料，不同的木料，特别是由于木纹的不同，都有不同的艺术效果。用斧子砍的，用锯子锯的，用刨子刨的，以及用砂纸打光的木材，都各有不同的效果。抹灰墙也有抹光的，有拉毛的；拉毛的方法又有几十种。油漆表面也有光滑的或者皱纹的处理。这一切都影响到建筑表面的质感。建筑师在这上面是大有文章可做的。

色彩 关系到建筑的艺术效果的另一个因素就是色彩。在色彩的运用上，我们可以利用一些材料的本色。例如不同颜色的石料，青砖或者红砖，不同颜色的木材等等。但我们更可以采用各种颜料，例如用各种颜色的油漆，各种颜色的琉璃，各种颜色的抹灰和粉刷，乃至不同颜色的塑料等等。

在色彩的运用上，从古以来，中国的匠师是最大胆和最富有创造性的。咱们就看看北京的故宫、天坛等等建筑吧。白色的台基，大红色的柱子、门窗、墙壁；檐下青绿点金的彩画；金黄的或是翠绿的或是宝蓝的琉璃瓦顶，特别是在秋高气爽、万里无云、阳光灿烂的北京的秋天，配上蔚蓝色的天空做背景。那是每一个初到北京来的人永远不会忘记的印象。这对于我们中国人都是很熟悉的，没有必要在这里多说了。

装饰 关于建筑物的艺术处理上我要谈的最后一点就是装饰雕刻的问题。总的说来，它是比较次要的，就像衣服上的滚边或者是绣点花边，或者是胸前的一个别针，头发上的一个卡子或者蝴蝶结一样。这一切，对于一个人的打扮，虽然也能起一定的效果，但毕竟不是主要的。对于建筑也是如此，只要总的轮廓、比例、尺度、均衡、节奏、韵律、质感、色彩等等问题处理得恰当，建筑的艺术效果就大致已经决定了。假使我们能使建筑像唐朝的虢国夫人那样，能够"淡扫蛾眉朝至尊"，那就最好。但这不等于说建筑就根本不应该有任何装饰。必要的时候，恰当地加一点装饰，是可以取得很好的艺术效果的。

要装饰用得恰当，还是应该从建筑物的功能和结构两方面去考虑。再拿衣服来做比喻。衣服上的装饰也应从功能和结构上考虑，不同之点在于衣服还要考虑到人的身体的结构。例如领口、袖口，旗袍的下摆、叉子、大襟都是结构的重要部分，有必要时可以绣些花边；腰是人身结构的"上下分界线"，用一条腰带来强调这条分界线也是恰当的。又如口袋有它的特殊功能，因此把整个口袋或口袋的口子用一点装饰来突出一下也是恰当的。建筑的装饰，也应该抓住功能上和结构上的关键来略加装饰。例如，大门口是功能上的一个重要部分，就可以用一些装饰来强调一下。结构上的柱头、柱脚、门窗的框子，梁和柱的交接点，或是建筑物两部分的交接线或分界线，都是结构上的"骨节眼"，也可以用些装饰强调一下。在这一点上，中国的古代建筑是最善于对结构部分予以灵巧的艺术处理的。我们看到的许多装饰，如桃尖梁头，各种的云头或荷叶形的装饰，绝大多数就是在结构构件上的一点艺术加工。结构和装饰的统一是中国建筑的一个优良传统。屋顶上的脊和鸱吻、兽头、仙人、走兽等等装饰，它们的位置、轻重、大小，也是和屋顶内部的结构完全一致的。

　　由于装饰雕刻本身往往也就是自成一局的艺术创作，所以上面所谈的比例、尺度、质感、对称、均衡、韵律、节奏、色彩等等方面，也是同样应该考虑的。

　　当然，运用装饰雕刻，还要按建筑物的性质而定。政治性强，艺术要求高的，可以适当地用一些。工厂车间就根本用不着。一个总的原则就是不可滥用。滥用装饰雕刻，就必然欲益反损，弄巧成拙，得到相反的效果。

有必要重复一遍：建筑的艺术和其他艺术有所不同，它是不能脱离适用、工程结构和经济的问题而独立存在的。它虽然对于城市的面貌起着极大的作用，但是它的艺术是从属于适用、工程结构和经济的考虑的，是派生的。

此外，由于每一座个别的建筑都是构成一个城市的"细胞"，它本身也不是单独存在的。它必然有它的左邻右舍，还有它的自然环境或者园林绿化。因此，个别建筑的艺术问题也是不能脱离了它的环境而孤立起来单独考虑的。有些同志指出：北京的民族文化宫和它的左邻右舍水产部大楼和民族饭店的相互关系处理得不大好。这正是指出了我们工作中在这方面的缺点。

总而言之，建筑的创作必须从国民经济、城市规划、适用、经济、材料、结构、美观等等方面全面地综合地考虑。而它的艺术方面必须在前面这些前提下，再从轮廓、比例、尺度、质感、节奏、韵律、色彩、装饰等等方面去综合考虑，在各方面受到严格的制约，是一种非常复杂的、高度综合性的艺术创作。

· 建筑∩（社会科学∪
技术科学∪美术）

梁思成

常常有人把建筑和土木工程混淆起来[1]，以为凡是土木工程都是建筑。也有很多人以为建筑仅仅是一种艺术。还有一种看法说建筑是工程和艺术的结合，但把这艺术看成将工程美化的艺术，如同舞台上把一个演员化装起来那样。这些理解都是不全面的，不正确的。

　　两千年前，罗马的一位建筑理论家维特鲁维斯（Vitruvius）曾经指出：建筑的三要素是适用、坚固、美观。从古以来，任何人盖房子都必首先有一个明确的目的，是为了满足生产或生活中某一特定的需要。房屋必须具有与它的需要相适应的坚固性。在这两个前提下，它还必须美观。必须三者具备，才够得上是一座好建筑。

　　适用是人类进行建筑活动和一切创造性劳动的首要要求。从单纯的适用观点来说，一件工具、器皿或者机器，例如一个能用来喝水的杯子，一台能拉二千五百吨货物，每小时跑八十到一百二十公里的机车，就都算满足了某一特定的需要，解决了适

1　本篇原发表于《人民日报》1962年4月8日第五版。

用的问题。但是人们对于建筑的适用的要求却是层出不穷，十分多样化而复杂的。比方说，住宅建筑应该说是建筑类型中比较简单的课题了，然而在住宅设计中，除了许多满足饮食起居等生理方面的需要而外，还有许多社会性的问题。例如这个家庭的人口数和辈分（一代、两代或者三代乃至四代）、子女的性别和年龄（幼年子女可以住在一起，但到了十二三岁，儿子和女儿就需要分住），往往都是在不断发展改变着。生老病死，男婚女嫁。如何使一所住宅能够适应这种不断改变着的需要，就是一个极难尽满人意的难题。又如一位大学教授的住宅就需要一间可以放很多书架的安静的书斋，而一位电焊工人就不一定有此需要。仅仅满足了吃饭、睡觉等问题，而不解决这些社会性的问题，一所住宅就不是一所适用的住宅。

至于生产性的建筑，它的适用问题主要由工艺操作过程来决定。它必须有适合于操作需要的车间，而车间与车间的关系则需要适合于工序的要求。但是既有厂房，就必有行政管理的办公楼，它们之间必然有一定的联系。办公楼里面，又必然要按企业机构的组织形式和行政管理系统安排各种房间。既有工厂就有工人、职员，就必须建造职工住宅（往往是成千上万的工人），形成成街成坊成片的住宅区。既有成千上万的工人，就必然有各种人数、辈分、年龄不同的家庭结构。既有住宅区，就必然有各种商店、服务业、医疗、文娱、学校、幼托机构……等等的配套问题。当一系列这类问题提到设计任务书上来的时候，一个建筑设计人员就不得不做一番社会调查研究的工作了。

推而广之，当成千上万座房屋聚集在一起而形成一个城市的时候，从一个城市的角度来说，就必须合理布置全市的工业企业、各级行政机构，以及全市居住、服务、教育、文娱、医卫、供应等等建筑。还有由于解决这千千万万的建筑之间的交通运输的街道系统和市政建设等问题，以及城市街道与市际交通的铁路、公路、水路、空运等衔接联系的问题。这一切都必须全面综合地予以考虑。并且还要考虑到城市在今后十年、二十年乃至四五十年间的发展。这样，建筑工作就必须根据国家的社会制度，国民经济发展的计划，结合本城市的自然环境——地理、地形、地质、水文、气候等等和整个城市人口的社会分析来进行工作。这时候，建筑师就必须在一定程度上成为一位社会科学（包括政治经济学）家了。

一个建筑师解决这些问题的手段就是他所掌握的科学技术。对一座建筑来说，当他全面综合地研究了一座建筑物各方面的需要和它的自然环境和社会环境（在城市中什么地区、左邻右舍是些什么房屋）之后，他就按照他所能掌握的资金和材料，确定一座建筑物内部各个房间的面积、体积，予以合理安排。不言而喻，各个房间与房间之间，分隔与联系之间，都是充满了矛盾的。他必须求得矛盾的统一，使整座建筑能最大限度地满足适用的要求，提出设计方案。

其次，方案必须经过结构设计，用各种材料建成一座座具体的建筑物。这项工作，在古代是比较简单的。从上古到十九世纪中叶，人类所掌握的建筑材料无非就是砖、瓦、木、灰、砂、石。房屋本身也仅仅是一个"上栋下宇，以蔽风雨"的"壳子"。建筑工种主要也只有木工、泥瓦工、石工三种。但是今天情形就大不相同了。除了砖、瓦、木、灰、砂、石之外，我们已经有了钢铁、钢筋混凝土、各种合金，乃至各种胶合料、塑料等等新的建筑材料，以及与之同来的新结构、新技术。建筑物本身内部还多出了许多"五脏六腑，筋络管道"，有"血脉"，有"气管"，有"神经"，有"小肠、大肠"等等。它的内部机电设备——采暖、通风、给水、排水、电灯、电话、电梯、空气调节（冷风、热风）、扩音系统等等，都各是一门专门的技术科学，各有其工种，各有其管道线路系统。它们之间又是充满了矛盾的。这一切都必须各得其所地妥善安排起来。今天的建筑工作的复杂性绝不是古代的匠师们所能想象的，但是我们必须运用这一切才能满足越来越多、越来越高的各种适用上的要求。

因此，建筑是一门技术科学——更准确地说，是许多门技术科学的综合产物。这些问题都必须全面综合地从工程、技术上予以解决。打个比喻，建筑师的工作就和作战时的参谋本部的工作有点类似。

到这里，他的工作还没有完。一座房屋既然建造起来，就是一个有体有形的东西，因而就必然有一个美观的问题。它的美观问题是客观存在的。因此，人们对建筑就必然有一个美的要求。

事实是，在人们进入一座房屋之前，在他意识到它适用与否之前，他的第一个印象就是它的外表的形象：美或丑。这和我们第一次认识一个生人的观感的过程是类似的。但是，一个人是活的，除去他的姿容、服饰之外，更重要的还有他的质量、性格、风格等。他可以其貌不扬，不修边幅而无损于他的内在的美。但一座建筑物却不同，尽管它既适用、又坚固，人们却还要求它是美丽的。

因此，一个建筑师必须同时是一个美术家。因此建筑创作的过程，除了要从社会科学的角度分析并认识适用的问题，用技术科学来坚固、经济地实现一座座建筑以解决这适用的问题外，还必须同时从艺术的角度解决美观的问题。这也是一个艺术创作的过程。

必须明确，这三个问题不是应该分别各个孤立地考虑解决的，而是应该从一开始就综合考虑的。同时也必须明确，适用和坚固、经济的问题是主要的，而美观是从属的、派生的。

从学科的配合来看，我们可以得出这样一个公式：建筑⊂（社会科学∪技术科学∪美术）。也可以用这图表达出来：这就是我对党的建筑方针 —— 适用、经济，在可能条件下注意美观 —— 如何具体化的学科分析。

附注：

①关于建筑的艺术问题，请参阅1961年7月26日《人民日报》拙著[1]。

②高等数学用的符号：

⊂ —— 被包含于；

∪ —— 结合。

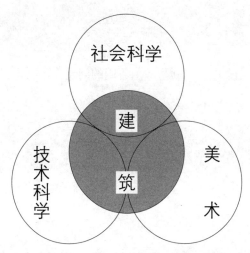

1　即本书所编选之《建筑和建筑的艺术》一文。

·千篇一律与千变万化

梁思成

在艺术创作中[1]，往往有一个重复和变化的问题：只有重复而无变化，作品就必然单调枯燥；只有变化而无重复，就容易陷于散漫零乱。在有"持续性"的作品中，这一问题特别重要。我所谓"持续性"，有些是由于作品或者观赏者由一个空间逐步转入另一空间，所以同时也具有时间的持续性，成为时间、空间的综合的持续。

音乐就是一种时间持续的艺术创作。我们往往可以听到在一首歌曲或者乐曲从头到尾持续的过程中，总有一些重复的乐句、乐段——或者完全相同，或者略有变化。作者通过这些重复而取得整首乐曲的统一性。

音乐中的主题和变奏也是在时间持续的过程中，通过重复和变化而取得统一的另一例子。在舒伯特的《鳟鱼》五重奏中，我们可以听到持续贯串全曲的、极其朴素明朗的"鳟鱼"主题和它的层出不穷的变奏。但是这些变奏又"万变不离其宗"——主题。水波涓

1　本篇原发表于《人民日报》1962年5月20日第五版。

涓的伴奏也不断地重复着，使你形象地看到几条鳟鱼在这片伴奏的"水"里悠然自得地游来游去嬉戏，从而使你"知鱼之乐"焉。

舞台上的艺术大多是时间与空间的综合持续。几乎所有的舞蹈都要将同一动作重复若干次，并且往往将动作的重复和音乐的重复结合起来，但在重复之中又给以相应的变化，通过这种重复与变化以突出某一种效果，表达出某一种思想感情。

在绘画的艺术处理上，有时也可以看到这一点。

宋朝画家张择端的《清明上河图》是我们熟悉的名画。它的手卷的形式赋予它以空间、时间都很长的"持续性"。画家利用树木、船只、房屋，特别是那无尽的瓦陇的一些共同特征，重复排列，以取得几条街道（亦即画面）的统一性。当然，在重复之中同时还闪烁着无穷的变化。不同阶段的重点也螺旋式地变换着在画面上的位置，步步引人入胜。画家在你还未意识到以前，就已经成功地以各式各样的重复把你的感受的方向控制住了。

宋朝名画家李公麟在他的《临韦偃牧放图》中对于重复性的运用就更加突出了。整幅手卷就是无数匹马的重复，就是一首乐曲，用"骑"和"马"分成几个"主题"和"变奏"的"乐章"。表示原野上低伏缓和的山坡的寥寥几笔线条和疏疏落落的几棵孤单的树就是它的"伴奏"。这种"伴奏"（背景）与主题间简繁的强烈对比也是画家惨淡经营的匠心所在。

上面所谈的那种重复与变化的统一在建筑物形象的艺术效果上起着极其重要的作用。古今中外的无数建筑，除去极少数例外，几乎都以重复运用各种构件或其他构成部分作为取得艺术效果的重要手段之一。

就举首都人民大会堂为例。它的艺术效果中一个最突出的因素就是那几十根柱子。虽然在不同的部位上，这一列和另一列柱在高低大小上略有不同，但每一根柱子都是另一根柱子的完全相同的简单重复。至于其他门、窗、檐、额等等，也都是一个个依样葫芦。这种重复却是给予这座建筑以其统一性和雄伟气概的一个重要因素，是它的形象上最突出的特征之一。

历史中最突出的一个例子是北京的明清故宫。从（已被拆除了的）中华门（大明门、大清门）开始就以一间接着一间，重复了又重复的千步廊一口气排列到天安门。从天安门到端门、午门又是一间间重复着的"千篇一律"的朝房。再进去，太和门和太和殿、中和殿、保和殿成为一组的"前三殿"与乾清门和乾清宫、交泰殿、坤宁宫成为一组的"后三殿"的大同小异的重复，就更像乐曲中的主题和"变奏"；每一座的本身也是许多构件和构成部分（乐句、乐段）的重复；而东西两侧的廊、庑、楼、门，又是比较低微的，以重复为主但亦有相当变化的"伴奏"。然而整个故宫，它的每一个组群，却全部都是按照明清两朝工部的"工程做法"的统一规格、统一形式建造的，连彩画、雕饰也尽如此，都是无尽的重复。我们完全可以说它们"千篇一律"。

但是，谁能不感到，从天安门一步步走进去，就如同置身于一幅大"手卷"里漫步；在时间持续的同时，空间也连续着"流动"。

那些殿堂、楼门、廊庑虽然制作方法千篇一律，然而每走几步，前瞻后顾，左睇右盼，那整个景色，轮廓、光影，却都在不断地改变着，一个接着一个新的画面出现在周围，千变万化。空间与时间、重复与变化的辩证统一在北京故宫中达到了最高的成就。

颐和园里的谐趣园，绕池环览整整三百六十度周圈，也可以看到这点。

至于颐和园的长廊，可谓千篇一律之尤者也。然而正是那目之所及的无尽的重复，才给游人以那种只有它才能给的特殊感受。大胆来个荒谬绝伦的设想：那八百米长廊的几百根柱子，几百根梁枋，一根方，一根圆，一根八角，一根六角……；一根肥，一根瘦，一根曲，一根直……；一根木，一根石，一根铜，一根钢筋混凝土……；一根红，一根绿，一根黄，一根蓝……；一根素净无饰，一根高浮盘龙，一根浅雕卷草，一根彩绘团花……；这样"千变万化"地排列过去，那长廊将成何景象？！！

有人会问：那么走到长廊以前，乐寿堂临湖回廊墙上的花窗不是各具一格，千变万化的吗？是的。就回廊整体来说，这正是一个"大同小异"，大统一中的小变化的问题。既得花窗"小异"之谐趣，无伤回廊"大同"之统一。且先以这样花窗小小变化，作为廊柱无尽重复的"前奏"，也是一种"欲扬先抑"的手法。

翻开一部世界建筑史，凡是较优秀的个体建筑或者组群，一条街道或者一个广场，往往都以建筑物形象重复与变化的统一而取胜。说是千篇一律，却又千变万化。每一条街都是一轴"手卷"、

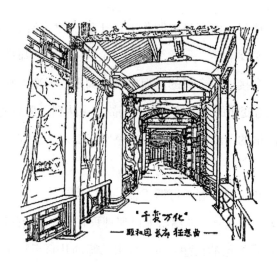

"千变万化"
——颐和园长廊狂想曲——

一首"乐曲"。千篇一律和千变万化的统一在城市面貌上起着重要作用。

　　十二年来，我们规划设计人员在全国各城市的建筑中，在这一点上做得还不能尽满人意。为了多快好省，我们做了大量标准设计，但是"好"中既也包括艺术的一面，就也"百花齐放"。我们有些住宅区的标准设计"千篇一律"到孩子哭着找不到家；有些街道又一幢房子一个样式、一个风格，互不和谐。即使它们本身各自都很美观，放在一起就都"损人"且不"利己"，"千变万化"到令人眼花缭乱。我们既要百花齐放、丰富多彩，却要避免杂乱无章，相互减色；既要和谐统一，全局完整，却要避免千篇一律，单调枯燥。这恼人的矛盾是建筑师们应该认真琢磨的问题。今天先把问题提出，下次再看看我国古代匠师，在当时条件下，是怎样统一这矛盾而取得故宫、颐和园那样的艺术效果的。

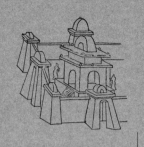

敦煌壁画中所见的中国古代建筑

梁思成

敦煌文物研究所在北京举行的展览是目前爱国主义教育中一个重要的环节[1]。通过这个展览，通过敦煌辉煌的艺术遗产，我们从形象方面看到了的不只是我们的祖先在一段一千年的长时期间在艺术方面伟大惊人的成就，还有古代社会文化的许多方面。

敦煌的壁画还告诉了我们，中华文化之形成是由许多民族共同努力创造的果实。在那里，我们看到了许多今天中国的少数民族的祖先对于中华文化的不容否认、不可磨灭的贡献。敦煌的壁画还告诉了我们，在当时，这些壁画是服务于广大人民的（虽然是为当时广大人民的宗教迷信），而且是人民的匠师们所绘画的——敦煌的壁画没有个别画师的署名。在题材方面，若不是天真地表现一个理想的净土，就是忠实地描画出生活的现实，再不然就是坦率地装饰一片墙壁上主题间留下的空隙。敦煌壁画中找不出强调个人，脱离群众，以抒写文人胸襟为主的山水画。在敦煌窟壁上劳动的画师们都是熟悉人民的生活的、大众化的艺术家。通过他们的线条和彩色，他们把千年前社会生活的各方面的状态，

1　本篇原发表于《文物参考数据》第二卷第5期，1951年5月。

以及他们许多的幻想，都最忠实地 —— 虽然通过宗教题材 —— 给我们保存下来。敦煌千佛洞的壁画不惟是伟大的艺术遗产，而且是中国文化史中一份无比珍贵、无比丰富的资料宝藏。关于北魏至宋元一千年间的生活习惯，如舟车、农作、服装、舞乐等等方面；绘画中和装饰图案中的传统，如布局、取材、线条、设色等等的作风和演变方面；建筑的类型、布局、结构、雕饰、彩画方面，都可由敦煌石窟取得无限量的珍贵资料。

中国建筑属于中唐以前的实物，现存的绝大部分都是砖石佛塔。我们对于木构的殿堂房舍的智识十分贫乏，最古的只到五台山佛光寺八五七年建造的正殿一个孤例[1]，而敦煌壁画中却有从北魏至元数以千计的，或大或小的，各型各类各式各样的建筑图，无异为中国建筑史填补了空白的一章。它们是次于实物的最好的、最忠实的、最可贵的资料。不但如此，更重要的是这些壁画说明了：在从印度经由西域输入的佛教思想普遍的浪潮下，中国全国各地的劳动人民中的工艺和建筑的匠师们，在佛教艺术初兴、全盛，以至渐渐衰落的一千年间，从没有被外来的样式所诱惑、所动摇，而是富有自信心地运用他们的智巧，灵活地应用富于适应性的中国自己的建筑体系来适合于新的需求。伟大的建筑匠师们，在这一千年间，以本国的技术知识、艺术传统所创造出来的辉煌

---

1 后来又在离佛光寺不远的地方发现南禅寺大殿，鉴定为比佛光寺更早的唐代建筑。此外，山西芮城留存的广仁王庙大殿等，都是较为完整的唐代遗构。只是本篇发表之时，梁思成先生并不知道这些遗存。

成绩，更证明了中国建筑的优越特点。许多灿烂成绩，在中原一千年间，时起时伏，断断续续的无数战争中，在自然界的侵蚀中，在几次"毁法""灭法"的反宗教禁令中，乃至在后世"信男善女"的重修重建中，已几乎全部毁灭，只余绝少数的鳞爪片段。若是没有敦煌壁画中这么忠实的建筑图样，则我们现在绝难对于那时期间的建筑得到任何全貌的，即使只是外表的认识。敦煌壁画给了我们充分的资料，不但充实了我们得自云冈、天龙山、响堂山等石窟的对于魏、齐、隋建筑的一知半解，且衔接着更古更少的汉晋诸阙和墓室给我们补充资料；下面也正好与我们所知的唐末宋初实物可以互相参证；供给我们一系列建筑式样在演变过程中的实例。它们填补了中国建筑史中重要的一章，它们为我们对中国建筑传统的知识接上一个不可缺少的环节。

所长[1]常书鸿先生命作者属稿介绍敦煌的建筑。作者兴奋地接受了这任务，等到执笔在手，才感觉到自己的卤莽，太不量力，没有估计到我所缺乏的条件。现在只好努力做一次抛砖的尝试。

我们所已经知道的中国建筑的主要特征

在讨论敦煌所见的建筑之先，我必须先简略地叙述一下中国

---

1 敦煌文物研究所。

建筑传统的特征。

至迟在公元前一千四五百年，中国建筑已肯定地形成了它的独特的系统。在个别建筑物的结构上，它是由三个主要部分组成的，即台基、屋身和屋顶。台基多用砖石砌成，但亦偶用木构。屋身立在台基之上，先立木柱，柱上安置梁和枋以承屋顶。屋顶多覆以瓦，但最初是用茅茸的。在较大较重要的建筑物中，柱与梁相交接处多用斗栱为过渡部分。屋身的立柱及梁枋构成房屋的骨架，承托上面的重量；柱与柱之间，可按需要条件，或砌墙壁，或装门窗，或完全开敞（如凉亭），灵活地分配。

至于一所住宅、官署、宫殿或寺院，都是由若干座个别的主要建筑物，如殿堂、厅舍、楼阁等，配合上附属建筑物，如厢耳、廊庑、院门、围墙等，周绕联系，中留空地为庭院，或若干相连的庭院。

这种庭院最初的形成无疑地是以保卫为主要目的的。这同一目的的表现由一所住宅贯彻到一整个城邑。随着政治组织的发展，在城邑之内，统治阶级能用军队或"警察"的武力镇压人民，实行所谓"法治"，于是在城邑之内，庭院的防御性逐渐减少，只藉以隔别内外，区划公私（敦煌壁画为这发展的步骤提供了演变中的例证）。例如汉代的未央宫、建章宫等，本身就是一个城，内分若干庭院；至宋以后，"宫"已缩小，相当于小组的庭院，位于皇宫之内，本身不必再有自己的防御设备了。北京的紫禁城，内分若干的"宫"，就是宋以后宫内有宫的一个沿革例子。在其他古代文化中，也都曾有过防御性的庭院，如在埃及、巴比伦、希腊、罗马就都有过。但在中国，我们掌握了庭院部署的优点，扬弃了它的防御性的布置，而保留它的美丽廊庑内心的宁静，能供给居住者庭内"户外生活"的特长，保存利用至今。

数千年来，中国建筑的平面部署，除去少数因情形特殊而产生的例外外，莫不这样以若干座木构骨架的建筑物联系而成庭院。这个中国建筑的最基本特征同样的应用于宗教建筑和非宗教建筑。我们由于敦煌壁画得见佛教初期时情形，可以确说宗教的和非宗教的建筑在中国自始就没有根本的区别。究其所以，大概有两个主要原因。第一是因为功用使然。佛教不像基督教或回教，很少有经常数十、百人集体祈祷或听讲的仪式。佛殿是供养佛像的，是佛的"住宅"，这与古希腊罗马的神庙相似。其次是因为最初的佛寺是由官署或住宅改建的。汉朝的官署多称"寺"。传说佛教初入中国后第一所佛寺是白马寺，因西域白马驮经来，初止鸿胪寺，遂将官署的鸿胪寺改名而成宗教的白马寺。以后为佛教用的建筑都称寺，就是袭用了汉代官署之名。《洛阳伽蓝记》所载：建中寺"本是阉官司空刘腾宅。……以前厅为佛殿，后堂为讲室"；"愿会寺，中书舍人王翊舍宅所立也"等舍宅建寺的记载，不胜枚举。佛寺、官署与住宅的建筑，在佛教初入时基本上没有区别，可以互相通用；一直到今天，大致仍然如此。

几件关于魏唐木构建筑形象的重要参考数据

我们对于唐末五代以上木构建筑形象方面的智识是异常贫乏的。最古的图像只有春秋铜器上极少见的一些图画。到了汉代，亦仅赖现存不多的石阙、石室和出土的明器、漆器。晋、魏、齐、隋，主要是靠云冈、天龙山、南北响堂山诸石窟的窟檐和浮雕，和朝鲜汉江流域的几处陵墓，如所谓"天王地神冢""双楹冢"等。到了唐代，砖塔虽渐多，但是如云冈、天龙山、响堂诸山的窟檐却没有了，所赖主要史料就是敦煌壁画。壁画之外，仅有一座八五七年的佛殿和少数散见的资料，可供参考，作比较研究之用。

敦煌壁画中，建筑是最常见题材之一种，因建筑物最常用作变相和各种故事画的背景。在中唐以后最典型的净土变中，背景多由辉煌华丽的楼阁亭台组成。[1] 在较早的壁画，如魏隋诸窟狭长横幅的故事画，以及中唐以后净土变两旁的小方格里的故事画中，所画建筑较为简单，但大多是描画当时生活与建筑的关系的，供给我们另一方面可贵的数据。

与敦煌这类较简单的建筑可作比较的最好的一例是美国波士

1　20世纪60年代以前，此类题材多称为"西方净土变"。70年代以后，经重新考证，凡壁画两侧附有"十六观"壁画的，均为"观无量寿经变"。

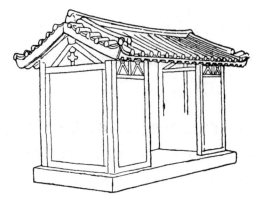

魏（529年）洛阳宁想墓石室
（波士顿美术馆藏物）

顿美术馆藏物，洛阳出土的北魏宁想[1]墓石室。按宁想墓志，这石室是五二九年所建。在石室的四面墙上，都刻出木构架的形状，上有筒瓦屋顶；墙面内外都有阴刻的"壁画"，亦有同样式的房屋。檐下有显著的人字形斗栱。这些特征都与敦煌壁画所见简单建筑物极为相似。

属于盛唐时代的一件罕贵参考数据是西安慈恩寺大雁塔西面门楣石上阴刻的佛殿图。图中柱、枋、斗栱、台基、椽檐、屋瓦，以及两侧的回廊，都用极精确的线条画出。大雁塔建于唐武则天长安年间（公元七〇一至七〇四年），以门楣石在工程上难以移动的位置和图中所画佛殿的样式来推测（与后代建筑和日本平安奈良时代的实物相比较），门楣石当是八世纪初原物。由这幅图中，我们可以得到比敦煌大多数变相图又早约二百年的比较研究资料。

1　梁思成先生所见的年代，因为字迹残损，识别为宁想，后经确认，应为宁懋，今从梁先生原文。

五台山佛光寺正殿

　　唐末木构实物，我们所知只有一处。一九三七年六月，中国营造学社的一个调查队，是以第六一窟的"五台山图"作为"旅行指南"，在南台外豆村附近"发现"了至今仍是国内已知惟一的唐朝木建筑——佛光寺（图签称"大佛光之寺"）的正殿。（在那里，我们不惟找到了一座唐代木构，而且殿内还有唐代的塑像、壁画和题字。唐代的书、画、塑、建，四种艺术，荟萃一殿，据作者所知，至今还是仅此一例。）当时我们研究佛光寺，敦煌壁画是我们比较对照的主要数据；现在反过来以敦煌为主题，则佛光寺正殿又是我们不可缺少的对照数据了。

　　在"发现"佛光寺唐代佛殿以前，我们对于唐代及以前木构建筑在形象方面的认识，除去日本现存几处飞鸟时代（公元五五二至六四五年）、奈良时代（公元六四五至七八四年）、平安前期（公元七八四至九五〇年）模仿隋唐式的建筑外，惟一的资料就是敦煌壁画。自从国内佛光寺佛殿之"发现"，我们才确实的得到了一

西安唐大雁塔门楣石画佛殿

唐代佛殿圖　摹自陕

138

安大雁塔西門門楣石画像

个唐末罕贵的实例。但是因为它只是一座屹立在后世改变了的建筑环境中孤独的佛殿，它虽使我们看见了唐代大木结构和细节处理的手法，而要了解唐代建筑形象的全貌，则还得依赖敦煌壁画所供给的丰富资料。更因为佛光寺正殿建于八五七年，与敦煌最大多数的净土变相属于同一时代。我们把它与壁画中所描画的建筑对照，可以知道画中建筑物是忠实描写，才得以证明壁画中资料之重要和可靠的程度。

四川大足县（今属重庆）北崖佛湾八九五年顷的唐末阿弥陀净土变摩崖大龛以及乐山、夹江等县千佛崖所见许多较小的净土变摩崖龛也是与敦煌壁画及其建筑可作比较研究的宝贵资料。在这些龛中，我们看见了与敦煌壁画变相图完全相同的布局。在佛像背后，都表现出殿阁廊庑的背景，前面则有层层栏杆。这种石刻上"立体化"的壁画，因为表现了同一题材的立体，便可做研究敦煌壁画中建筑物的极好参考。

文献中的唐代建筑类型

其次可供参考的数据是古籍中的记载。从数据比较丰富的，如张彦远《历代名画记》、段成式《酉阳杂俎·寺塔记》、郭若虚《图画见闻志》等书，我们也可以得到许多关于唐代佛寺和壁画与建筑关系的资料。由这三部书中，我们可以找到的建筑型类颇

四川大足北崖阿弥陀净土变摩崖大龛

多，如院、殿、堂、塔、阁、楼、中三门、廊等。这些类型的建筑的形象，由敦煌壁画中可以清楚地看见。我们也得以知道，这一切的建筑物都可以有，而且大多有壁画。画的位置，不惟在墙壁上，简直是无处不可以画，题材也非常广泛。如门外两边、殿内、廊下、殿窗间、塔内、门扇上、叉手下、柱上、檐额，乃至障日版、钩栏，都可以画。题材则有佛、菩萨，各种的净土变、本行变、神鬼，山水、水族、孔雀、龙、凤、辟邪，乃至如尉迟乙僧在长安奉恩寺所画的《本国（于阗）王及诸亲族次》，洛阳昭成寺杨廷光所画的《西域图记》等。由此得知，在古代建筑中，不惟普遍的饰以壁画，而且壁画的位置和题材都是没有限制的。

上述各项形象的和文字的数据，都是我们研究敦煌壁画中所描画的建筑，和若干窟外残存的窟檐的重要旁证。

此外，无数辽、宋、金、元的建筑和宋《营造法式》一书都是我们所要用作比较的后代数据。

敦煌壁画中所见的建筑类型和建造情形

前面三节所提到的都是在敦煌以外我们对于中国建筑传统所能得到的知识，现在让我们集中注意到敦煌所能供给我们的资料上，看看我们可以得到的认识有一些什么，它们又都有怎样的价值。

从敦煌壁画中所见的建筑图中，在庭院之部署方面，建筑类型方面，和建造情形方面，可得如下的各种：

甲、院的部署

中国建筑的特征不仅在个别建筑物的结构和样式，同等重要的特征也在它的平面配置。上文已说过，以若干建筑物周绕而成庭院是中国建筑的特征，即中国建筑平面配置的特征。这种庭院大多有一道中轴线（大多南北向），主要建筑安置在此线上，左右以次要建筑物对称均齐的配置。直至今日，中国的建筑，大至北京明清故宫，乃至整个的北京城，小至一所住宅，都还保持着这特征。

敦煌第六十一窟左方第四画上部所画大伽蓝，共三院，中

六一窟　壁画三院伽蓝

央一院较大，左右各一院较小，每院各有自己的院墙围护。第一四六窟和第二〇五窟也有相似的画：虽然也是三院，但不个别自立四面围墙，而在中央大院两旁各附加三面围墙而成两个附属的庭院。

位置在这类庭院中央的是主要的殿堂。庭院四周绕以回廊，廊的外柱间为墙堵，所以回廊同时又是院的外墙。在正面外墙的正中是一层、二层的门或门楼，三间或五间。正殿之后也有类似门或后殿一类的建筑物，与前面门相称。正殿前左右回廊之中，有时亦有左右两门，亦多作两层楼。外墙的四角多有两层的角楼。一般的庭院四角建楼的布置，至少在形式上还保存着古代防御性的遗风。但这种部署在宋元以后已甚少，仅曲阜孔庙和沈阳北陵尚保存此式。

第六十一窟"五台山图"有伽蓝约廿余处，绝大多数都是同样的配置。其中"南台之顶"，正殿之前，左有三重塔，右有重楼，与日本奈良时代的法隆寺（六世纪末）的平面配置极相似。日本的建筑史家认为这种配置是南朝的特征，非北方所有，我们在此有了强有力的反证，证明这种配置在北方也同样地使用。

至于平民住宅平面的配置，在许多变相图两侧的小画幅中可以窥见。其中所表现的虽然多是宫殿或住宅的片段，一角或一部分，院内往往画住者的日常生活，其配置基本上与佛寺院落的分配大略相似。

在各种变相图中，中央部分所画的建筑背景也是正殿居中，

一七二窟　壁画的净土变[1]

其后多有后殿，两侧有廊，廊又折而向前，左右有重层的楼阁，就是上述各庭院的内部景象。这种布局的画，数在数十幅以上，应是当时宫殿或佛寺最通常的配置，所以有如此普遍的表现。

　　在印度阿旃陀窟寺壁画中所见布局，多以尘世生活为主，而在背景中高处有佛陀或菩萨出现，与敦煌以佛像堂皇中坐者相反。汉画像石中很多以西王母居中，坐在楼阁之内，左右双阙对峙，乃至夹以树木的画面，与敦煌净土变相基本上是同样的布局，使

1　据敦煌文物研究所后来重新研究，认定此图为"观无量寿经变"，但所示仍是"人间宏丽的宫殿的缩影"。

我们不能不想到敦煌壁画的净土原来还是王母瑶池的嫡系子孙。其实他们都只是人间宏丽的宫殿的缩影而已。

乙、个别建筑物的类型

如殿堂、层楼、角楼、门、阙、廊、塔、台、墙、城墙、桥等。

（一）殿堂

佛殿、正殿、厅堂都归这类。殿堂是围墙以内主要或次要的建筑物。平面多作长方形，较长的一面多半是三间或五间。变相图中中央主要的殿堂多数不画墙壁。偶有画墙的，则墙只在左右两端，而在中间前面当心间开门，次间开窗，与现在一般的办法相似。在旁边次要的图中所画较小的房舍，墙的使用则较多见。魏隋诸窟所见殿堂房舍，无论在结构上或形式上，都与洛阳宁想石室极相似。

（二）层楼

汉画像石和出土的汉明器已使我们知道中国多层楼屋源始之古远。敦煌壁画中，层楼已成了典型的建筑物。无论正殿、配殿、中三门，乃至回廊、角楼都有两层乃至三层的。层楼的每层都是由中国建筑的基本三部分——台基、屋身、屋顶——叠垒而成的：上层的台基采取了"平坐"的形式，除最上一层的屋顶外，各层的屋顶都采取了"腰檐"的形式；每层平坐的周围都绕以栏杆。城门上也有层楼，以城门为基，其上层与层楼的上层完全相同。

壁画中最特别的重楼是第六一窟右壁如来净土变佛像背后的八角二层楼。楼的台基平面和屋檐平面都由许多弧线构成。所有的柱、枋、屋脊、檐口等无不是曲线。整座建筑物中，除去栏杆的望柱和蜀柱外，仿佛没有一条直线。屋角翘起，与敦煌所有的建筑不同。屋檐之下似用幔帐张护。这座奇特的建筑物可能是用中国的传统木构架，求其取得印度窣堵坡的形式。这个奇异的结构，一方面可以表示古代匠师对于传统坚决的自信心，大胆地运用无穷的智巧来处理新问题，一方面也可以见出中国传统木构架的高度适应性。这种建筑结构因其通常不被采用，可以证明它只是一种尝试。效果并不令人满意。

（三）角楼

在庭院围墙的四角和城墙的四角都有角楼。庭院的角楼与一般的层楼形制完全相同。城墙的角楼以城墙为基，上层与层楼的上层完全一样。

（四）大门

壁画中建筑的大门，即《历代名画记》所称中三门。三门，或大三门，与今日中国建筑中的大门一样，占着同样的位置，而成一座主要的建筑物。大门的平面也是长方形，面宽一至三间，在纵中线的柱间安设门扇。大门也有砖石的台基，有石阶或斜道可以升降，有些且绕以栏杆。大门也有两层的乃至三层的，由《名画记》"兴唐寺三门楼下吴（道子）画神"一类的记载和日本奈良法隆寺中门实物可以证明。

（五）阙

在敦煌北魏诸窟中，阙是常见的画题，如二五四窟，主要建筑之旁，有状似阙的建筑物；二五四窟壁上有阙形的壁龛。阙身之旁，还有子阙。两阙之间，架有屋檐。阙是汉代宫殿、庙宇、陵墓前路旁分立的成对建筑物，是汉画像石中所常见。实物则有山东、四川、西康十余处汉墓和崖墓摩崖存在。但两阙之间没有屋檐，合乎"阙者缺也"之义。与敦煌所见略异。到了隋唐以后，

六一窟　八角重楼

二五四窟　（魏）阙形壁龛

阙的原有类型已不复见于中国建筑中。在南京齐梁诸陵中，阙的位置让给了神道石柱，后来可能化身为华表，如天安门前所见；它已由建筑物变为建筑性的雕刻品。它另一方向之发展，就成为后世的牌楼。敦煌所见是很好的一个过渡样式的例证。而在壁画中可以看出，阙在北魏的领域内还是常见的类型。

（六）廊

廊在中国建筑群之组成中几乎是不可缺少的构成单位。它的位置与结构，充足的光线使它成为最理想的"画廊"，因此无数名师都在廊上画壁，提高了廊在建筑群中的地位。由建筑的观点上，廊是狭长的联系性建筑，也用木构架，上面覆以屋顶。向外的一面，柱与柱之间做墙，间亦开窗；向里一面则完全开敞着。廊多沿着建筑群的最外围的里面，由一座主要建筑物到另一座建筑物之间联系着周绕一圈，所以廊的外墙往往就是建筑群的外墙。它是雨雪天的交通道。在举行隆重仪式时，它也是最理想的排列仪仗侍卫的地方。后来许多寺庙在庙会节日时，它又是摊贩市场，如宋代汴梁（开封）的大相国寺便是。

（七）塔

古代建筑实物中，现存最多的是佛塔。它是古建筑研究中材料最丰富的类型。塔的观念虽然是纯粹由印度输入的，但在中国建筑中，它却是一个在中国原有的基础上，结合外来因素，适合

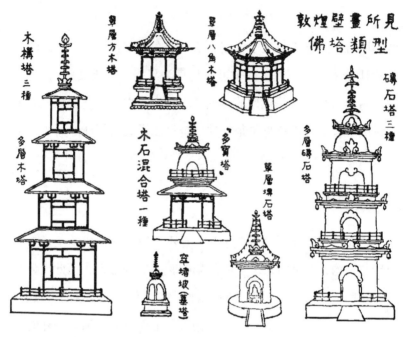

敦煌壁画所见佛塔类型

存在条件而创造出来的民族形式建筑的最卓越的实例。

关于佛塔最早的文献，当推《后汉书·陶谦传》中丹阳郡人笮融"大起浮图，上累金盘，下为重楼"的记载（《三国志·吴志·刘繇传》略同）。"重楼"是汉明器中所常见，被称为"望仙楼"，"捕鸟塔"一类的平面方形的多层木构建筑，"金盘"就是印度窣堵坡上的刹，所以它是基本上以中国原有的"重楼"加上印度输入的"金盘"结合而成的。由敦煌壁画中和日本现存的许多实例中可以证明。

为了使塔能长久存在，砖石就渐渐代替了木材而成为后世建塔的主要材料。从塔本身的性质和对于它能长久屹立的要求上说，这种材料之更改是发展的、进步的。所以现存的佛塔几乎全部是

二三七窟　单层木塔

砖造或石造的。其中有少数以砖石为主，而加以木檐木廊，如苏州虎丘塔、罗汉院双塔，杭州六和塔、保俶塔和已坍塌了的雷峰塔等宋塔都属于这类。也有下半几层是砖造而上半几层是木造的，惟一的实例是河北正定县天宁寺的宋代"木塔"。国内现存全部木构的佛塔仅有察哈尔应县佛宫寺的辽代木塔一处[1]。然而砖石塔在外表形式上仍多模仿木塔形式，所以我们必须先了解木塔。

　　敦煌壁画中所见的佛塔，可分为下列六种：木塔有单层木塔和多层木塔；砖石塔有窣堵坡式塔、单层砖石塔和多层砖石塔；还有砖石合用塔。至于后世常见的密檐塔（如北京天宁寺塔）则不见于敦煌壁画中。

　　（甲）单层木塔　壁画中很多四方或八角或圆形的单层木建

1　即现在通称的应县木塔，今属山西。察哈尔为旧行政区，1912年建置，1952年撤销，属地分属内蒙古、山西、河北、北京等。

筑，或平面等边多角或圆形的小殿，即建筑术语所谓"中心式"建筑。这些建筑顶上都有刹，再证以现存若干单层塔（详下文），所以将它们归于塔类。七十六窟壁画中有三座这种单层方形木塔，形式略似北京故宫中和殿，也似随处可见的无数方亭。台基多做成须弥座，前有阶，上有栏杆。方塔每面（图中只见一面）三间，当心间稍阔，开门；次间稍窄，开窗。柱上有斗栱。檐椽两重。屋顶是"四角攒尖"，尖上立刹；刹顶有链四道，系于四角。二三七号窟所见，不画门窗，内画如来、多宝二佛并肩坐，须弥座亦画彩画。

第六十一窟"五台山图"中，大法华之寺则有单层八角木塔，台基、栏杆、刹、链都与四角的相同，但平面八角八面，每面一间，四正面开门，四斜面开窗（图中只见一正面两斜面）。这种单层八角塔也常常出现于走廊瓦顶上（也许是不准确的透视所引起的错觉，实际所画可能是表示由廊后露出）或走廊转角处。日本法隆寺东院木构的梦殿（七三九年）与壁画中所见者几乎完全相同。河南南山会善寺净藏禅师墓塔（七四五年）虽是砖造，但外表砌出柱、枋、斗栱，亦可作此类型的参考。

壁画中也有平面圆形的单层木构，大致与八角的相似，但枋额和檐边线皆作圆形。屋顶无垂脊，刹上亦有链子垂系檐边。由天坛皇穹宇（一五三九年）可以对于此类型的形状得到约略的印象。

（乙）**多层木塔** 壁画中所见木塔颇多，层数由四层至六七层不等，而以四层为最多见，这一点与后世习惯用奇数为层数的习惯颇有出入。木塔平面都是方形，每面三间，立在砖造或石造的台基上。第一层中间开门，次间开窗，向上每层的高度与宽度递减，仅在中间开窗。塔之全部就是将若干层单层木塔垒叠而成，有些每层有平坐和栏杆，但亦有很多没有的。日本现存奈良时代若干木塔，与壁画中所见者极相似。《洛阳伽蓝记》所记的永宁寺北魏胡太后塔就是关于这一类型最好的文献。

（丙）窣堵坡式塔　佛塔的起源本是墓塔。第一四六窟画中墓塔一座，周围绕以极矮的围墙，正面敞阙无门。塔身作半圆球形，立在扁平的塔基上，颇似印度山齐（Sanchi）大塔[1]。这是印度原有的塔型，在壁画中虽有，但比较少见。较常见的一式则改变了印度的半圆球形原状，将塔身加高如钟形，而且将塔上的刹在比例上加大。佛教由印度输入中国，到了西陲的敦煌，而窣堵坡已如此罕见，而在现存实物中，除五台山佛光寺所谓"刘知远墓"一处大概是唐末或五代的孤例外，更未发现任何实例，实在是可异的现象。佛教虽在中国思想界引起了划时代的变化，但在建筑样式和结构方面，它的影响则极为微渺。建筑是在实践中累积起来的劳动经验，任何变化必须由存在的物质条件和基础上发展，不会凭空而有所改变，由此可以得到最有力的证明。

（丁）单层砖石塔　平面正方形，立在正方或圆的台基上，四

1　原文中"山齐大塔"，现多写作"桑奇大塔"。——编者注

面都有券门，券面作火焰形，门内有佛像。檐部用叠涩出檐——即每层砖或石较下一层挑出少许而成檐。檐边及四角有"山花蕉叶"——即翘起的叶形雕饰。顶上有半圆球形的"覆钵"，钵上立刹。自刹有链下垂，系于四角。现存实物中历代砖石的单层塔颇多，其中大多是墓塔。最大最古的一座是山东历城县神通寺所谓"四门塔"（公元五四四年）[1]。这一类型见于壁画中者甚多。

（戊）多层砖石塔　壁画中有将单层砖石塔垒叠而成的多层砖石塔。上几层都有平坐和栏杆，每层檐角且有铃。近似这类型的实物颇多，而完全相同的实例则还未曾见过。例如长安慈恩寺大雁塔（七〇一至七〇四年），兴教寺玄奘塔（六六九年）都近似这类型，但外表都用砖砌作柱、枋、斗栱形状。

（己）木石混合塔　壁画中有下层是木构而上层是窣堵坡的混合结构。按形状推测，像是以高身的窣堵坡，在下部的周围建造木廊，而在上面将窣堵坡露出者。国内现存实物中则无此例。

敦煌壁画中所见的佛塔，除去单层木构的"梦殿"式一例外，平面没有八角形的。国内现存佛塔，唐及以前者（除净藏禅师墓塔一孤例外）也没有八角形的；自辽宋以后，八角形才成了佛塔的标准平面。由壁画中更可以证明八角塔是第十世纪中叶以后的产物。

1　后来在修缮四门塔时，新发现石刻铭文，据此考证该塔建于隋大业七年（公元611年）。但梁思成先生当时尚未发现，只是依据塔内造像上的东魏武定二年纪年铭文推定为公元544年建。

（八）台

壁画中有一种高耸的建筑类型，下部或以砖石包砌成极高的台基，如一座孤立的城楼；或在普通台基上，立木柱为高基，上作平坐，平坐上建殿堂。因未能确定它的名称，姑暂称之曰"台"。二一七窟右壁右半有这种台三座，两座木台，一座砖台。按壁画所见重楼，下层柱上都有檐，檐瓦以上再安平坐。但这一类型的台，则下层柱上无檐，而直接安设平坐，周有栏杆，因而使人推测，台下不作居住之用。美国华盛顿传理尔美术馆（今一般译为弗利尔美术馆）主所藏赃物，从平原省磁县南响堂山石窟[1]盗去的隋代石刻，有与此同样的木平坐台。

由古籍中得知，台是中国古代极通常的建筑类型，但后世已少见。由敦煌壁画中这种常见的类型推测，古代的台也许就是这样，或者其中一种是这样的。至如北京的团城，河北安平县圣姑庙（一三〇九年），都在高台上建立成组的建筑群，也许也是台之另一种。

（九）围墙

上文已叙述过回廊是兼作围墙之用的，多因廊柱木构架而造

---

1 今属河北省邯郸市峰峰矿区。平原省为旧行政区，1952年撤销，原属地分属河南、河北、山东等。

墙，壁画中也有砖砌的围墙，但较少见。若干住宅前，用木栅做围墙的也见于壁画中。

（十）城

中国古代的城邑虽至明代才普遍用砖包砌城墙，但由敦煌壁画中认识，用砖城在唐以前已有。壁画中所见的城很多，多是方形，在两面或正中有城门楼。壁画中所画建筑物，比例大多忠实，惟有城墙，显然有特别强调高度的倾向，以致城门极为高狭。楼基内外都比城墙略厚，下大上小，收分显著。楼基上安平坐斗栱，上建楼身。楼身大多广五间，深三间。平坐周围有栏杆围绕。柱上檐下都有斗栱，屋顶多用歇山（即九脊）顶。城门洞狭而高，不发券而成梯形。不久以前拆毁的泰安岱庙金代大门尚作此式。城门亦有不作梯形，亦不发券，而用木过梁的。梁分上下二层，两层之间用斗栱一朵，如四川彭山县许多汉崖墓门上所见。至于城门门扇上的门钉、铺首、角叶都与今天所用者相同。城墙上亦多有腰墙和垛口。至如后世常见的瓮城和敌台，则不见于壁画中。

角楼是壁画中所画每一座城角所必有。壁画中寺院的围墙都必有角楼，城墙更必如此。由此可见，在平面配置上，由一个院落以至一座城邑，基本原则是一样而且一贯的。这还显示着古代防御性的遗制。现存明清墙角楼、平面多作曲尺形，随着城墙转角。敦煌壁画所见则比较简单，结构与上文所述城门楼相同而比城门楼略为矮小。

壁画中最奇特的一座城是第二一七窟所见。这座城显然是西域景色。城门和城内的房屋显然都是发券构成的，由各城门和城内房屋的半圆形顶以及房屋两面的券门可以看出。

（十一）桥

壁画中多处发现，全是木造，桥面微微拱起，两旁护以栏杆。这种桥在日本今日仍极常见。

丙、建造的情形

四四五窟北壁盛唐的"修建图"[1]描写的是一座尚未完工的重楼，使我们得见唐代建造情形和方法。这座楼已接近完成。立在砖砌的台基上的两层楼身，不惟木构骨架已树立好，而且墙壁也已做完。台基每面都有台阶；柱上有简单的斗栱；上层四周有平坐，周围绕以栏杆。这都是已完工的部分。然而工程尚在继续进行，七个工人还在工作，地上还放着许多木料和瓦。下层的檐正在准备铺瓦，四个泥瓦工正在向檐上输送材料；两人运泥，地面的一人将泥兜子系在绳上，檐上的一人向上收绳提上去；另两人运瓦，

1　此图原题为"修建图"。后来，敦煌文物研究所重新研究考证，认定为"弥勒下生经变"中的"拆屋图"。

二一七窟　砖台（1）

二一七窟　砖台（2）

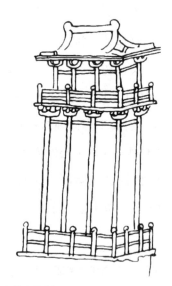

南响堂山随刻

一九七窟　城垣

橋

西域城　　　　　　　　　　六一窟　桥

一人爬上梯子递砖上去，一人在檐上接收。其余三个工人，两人
在檐上，一人在地上，正在将木料运上去，上层梁架已安置妥当，
但还未安椽子。这梁架是壁画中楼阁所用最典型的歇山顶的梁架。
图中可以看出四角的角梁，大角梁的后尾交代在平梁梁头上；大
角梁前段上面安着仔角梁，微微向上翘起，与今日做法完全相同。
与后世不同之点在平梁以上的处理方法。由汉朱鲔石室，日本法
隆寺回廊，以至佛光寺大殿，我们都看见平梁之上安放作人字形
对倚的"叉手"，与平梁合成三角形的构架。至五代前后，三角形
之内出现了直立的"侏儒柱"，其后侏儒柱逐渐加大，叉手日见缩
小，至明初而叉手完全消失，只用侏儒柱。修建图中所见，既非
侏儒柱，亦非叉手，却是一个驼峰，峰上安置一个斗，以承托脊檩。
但是驼峰事实上是一个实心的叉子，由常见魏隋以及中唐的人字
形补间斗栱之逐步演变成以驼峰承托补间斗栱的程序中可以证明。

这里用驼峰而不用叉手，大约是因为建筑物太小之故。

二九六窟隋代壁画中也有一幅建筑施工图：六个只穿短裤的工人正在修建一座砖塔。在台基上已筑起了一层塔身；两个工人在上面正开始筑第二层；其余四人则在向上运砖。

这两幅都是极罕贵的图画。通过它们，我们在千余年后的今天，对于当时建筑工人劳动的情形以及建造的方法程序还可以得到一个活生生的印象。

敦煌窟檐的建筑

敦煌四百余窟室，差不多窟外都曾有木构的檐廊。现存者虽寥寥无几，但由每个窟门崖上的洞看来，很可以想见当时每窟一檐廊，而以悬空的阁道相连属的盛况。

在印度，如阿旃陀、卡尔利、埃洛拉等地最古的佛教石窟；在新疆，佛教由印度传入中国的路线上，如库车、吐鲁番和其他地区的石窟；在内地如云冈、天龙山、响堂山诸石窟都有窟檐。那些地方的窟檐都是从山崖石凿出的，他们都将当时当地的建筑忠实地在石崖上雕出。我们须特别提出的是中原的几处。其中最大最古的云冈石窟（四五〇至五〇〇年间），向外一面虽然已风化侵蚀，内部却尚完整。如中部第五、第六、第八窟窟檐都是三间两柱；柱作八角形，下有须弥座，上有大斗。又如第八窟内前室东

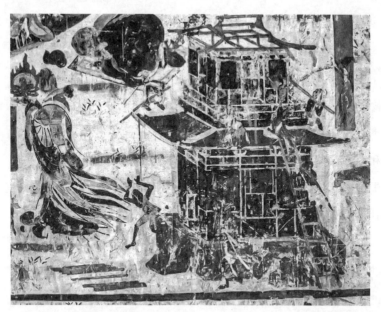

四四五窟　修建图

二九六窟　建塔图

西两壁上的三间殿形龛，也可藉作对照，而得到窟檐原状的印象。天龙山齐隋诸窟的檐廊都极忠实而且准确地雕出当时柱枋斗栱。齐窟用八角柱，隋窟有用圆柱的。其上崖壁有横列的小圆孔，是檐椽的遗迹。天龙山的窟檐是最纯粹的中国式的。响堂山的窟檐基本上是中国样式，柱、枋、斗栱俱全。上面更有刻出的檐，椽子和筒瓦都精确地雕出，可是柱则完全是印度样式的八角束莲柱。柱头有覆莲瓣；柱脚有仰莲瓣；柱中有由联珠箍环发出的仰覆莲瓣；柱础是一个坐狮，将柱子承驮在背上。

我们所知道的由印度到中原一切佛窟的廊檐都是即就崖石雕出的，而敦煌的窟檐则全部木构，安插在崖石上。因为敦煌鸣沙山的石质是含有卵石的水成岩，松软之中，夹杂着坚硬的卵石，不宜于雕刻。因此，敦煌的窟檐必须木构，加在崖面。附带可以在此一说：以同一原因，窟内的造像都是泥塑，壁上也不似其他诸窟之用浮雕，而用壁画。

假使敦煌石质坚硬，适于雕刻，则这数以千计，时间亘延千年的壁画可能不会产生，这几座木檐也不存在。由今日看来，千佛洞地址之选择实在是我们绘画史上的大幸事。

由敦煌仅存的唐末五代宋初的几处窟檐上，我们看见了梁架结构之灵活应用。在削壁上的窟檐以窟为"殿身"，窟檐倚着崖壁，如"腰檐"的做法。窟檐仅有一列檐柱，柱上的梁尾则插到崖石里去。屋顶则倚在崖边成"一面坡"顶。窟口外削壁上不便另作台基，故凿崖为平台，檐柱就立在、卧在崖石上的地栿（fú）上，由崖壁更出挑梁以承阁道，在高处联系窟与窟间的交通。在这些窟檐中我们看见了大木的实例，门、窗、墙壁和彩画。在大木结构的基本方法上，我们并没有看到什么特殊的做法，它们仍保持着纯粹的中国传统。门窗和墙壁的做法，都先在两柱之间安置横木（上下槛）、直木（左右立颊），将门或窗的位置留出，其余的面积——上槛之上、下槛之下、左颊之左、右颊之右的面积则做成墙壁，与壁画中所见者完全相同。

一九六号窟外残存的檐廊可能是敦煌窟檐中最古的一个。以窟的年代推测，檐可能与窟同属晚唐。这处窟檐现在仅存柱、枋和门窗的槛框，上部檐顶已荡然无存，只余下部的木构骨架。

四二七窟、四三七窟、四四四窟、四三一窟诸窟都有比较完整的窟檐。这几处窟檐都建于宋初。根据梁下的题字，四二七窟檐建于宋开宝三年，公元九七〇年；四四四窟檐建于开宝九年，公元九七六年；四三一窟檐建于太平兴国五年，公元九八〇年；四三七窟檐，由形制推测，也是这期间所建。

以上五处窟檐都广三间，用四柱；深一间，用椽两架。檐廊立在窟门之外，每柱上都有斗栱。斗栱上用梁（乳栿）一道，梁尾插窟外石壁。檐廊前面当心间开门，两次间开窗。多数都有彩画。窟檐之前，更在崖边凿孔安插挑梁，敷设悬空的阁道，由一窟通到旁边的窟。

除去五台山佛光寺正殿（八五七年）外，这几处窟檐是国内现存最古的木构建筑。我们认为它们无比罕贵是理之当然。

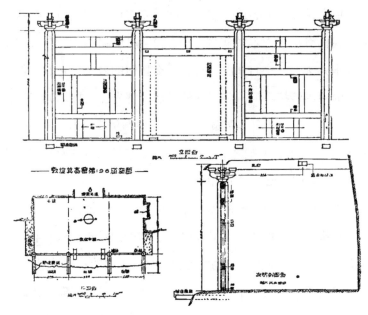

一九六窟　窟檐

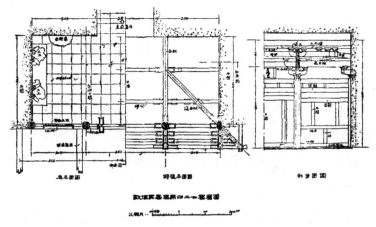

四二七窟　窟檐平面及内立面图

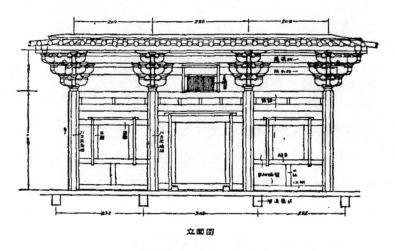

立面图

敦煌莫高窟第四二七窟窟檐

比例尺：

四二七窟　窟檐立面图

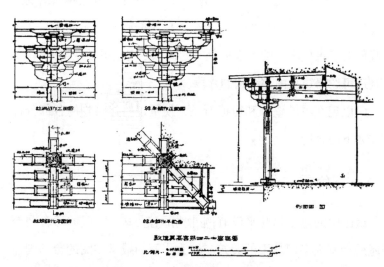

敦煌莫高窟第四二七窟窟檐

比例尺：

四二七窟　窟檐斗栱及横剖面图

分析壁画中建筑物和窟檐的结构手法

中国建筑虽然数千年来从来没有改换木构骨架的基本结构方法，但在长期的发展过程中，无论在主要的大木结构方面，局部"名件"的处理方面和雕饰影画方面，每一个时代都有它自己的作风或特相。

自从佛光寺正殿之发现，我们得以从晚唐八五七年以后至约一千一百年的期间，除去最初的约一百三十年外，每隔二三十年，至少就有一座木构建筑的实例，使我们对于这期间大木结构和"名件"处理的手法有了相当的认识。但对于八五七年以前的木构建筑，因没有任何实物存在，全赖敦煌壁画中忠实的描写，才使我们对于古代木构的外表形象上的认识，向上更推回约四百年，而且还可约略窥见内部结构的片段。

所以现在再就壁画和窟檐所见，便可以将建筑物的各部分逐件作如下的分析。

（一）台基

壁画中的建筑物几乎没有例外地都有台基。一般的房舍乃至楼屋的台基大多用朴素的砖筑。较为华丽的殿堂楼阁的台基则雕饰繁富：最下层是覆莲瓣的龟脚，龟脚上立矮柱，上安压栏石，将台基陡面分为方格，格内饰以团花。这种台基在形制上介乎汉画像石和汉石阙实物所见的台基与希腊、印度式的须弥座之间，而基本上是中国原有的做法。若干石塔（白色、不画砖缝纹）则用石台基，多做成叠涩须弥座或莲瓣须弥座，"希腊印度"作风较为浓厚。台基平面多随上面建筑物平面的轮廓，但亦有方塔而用圆基的。台基在适当的部位多有台阶或坡道（礓䃮或辇道）与地面联系。沿着台基的四周敷设散水砖，一如今日的做法。

临水建筑的台基往往就是水边的泊岸，做法与台基相同，亦有用矮柱将陡面分为方格的。更有在水中立柱，上安斗栱梁枋，上面铺板的。临水的一面，上面更用栏杆围护。

（二）柱

壁画中的柱显得十分修长，大雁塔门楣石也如此，可能是绘画中强调高度，减少柱在画幅中的阻碍使然。由佛光寺正殿，一九六号窟檐，以及宋诸窟檐的柱看来，唐宋实物的柱，在比例上，柱高都是等于柱径的十倍，这是木柱最合理的比例。壁画中的柱则高有至柱径之十六七倍者，显然与实况颇有出入。

壁画中的柱都是圆柱，而窟檐的柱一律都是八角柱。历代实物中如四川彭山县汉崖墓，云冈窟壁的三间殿和窟门的石柱（四五〇至五〇〇年），天龙山齐隋诸石窟（六世纪末、七世纪初），嵩山嵩岳寺塔（五二〇年），嵩山会善寺净藏墓塔（七四五年）等都用八角柱，以后则圆柱成为典型；至北宋末年，嵩山少林

覆盆柱礎

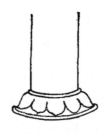

覆蓮柱礎 敦煌壁画中所见柱础二种

寺初祖庵（一一二五年）的八角柱已成了罕见的例外。敦煌窟檐之一律用八角柱，也许还保存着中原的"古风"。

窟檐的柱另一特征就是上下同样粗细，不"卷杀"（即上小下大，轮廓成缓和的曲线），如他处元以前实物，也不如明清的"收分"（上小下大，轮廓是直线）。在上述的古例中，彭山崖墓和云冈所见是有显著的收分的。嵩岳寺塔和净藏墓塔则上下同大，不收不杀，与窟檐柱相同。柱头部分则急剧地卷杀削小，其卷杀的轮廓不似通常所见那样圆和，而棱角分明地折角斜收。

关于柱础，壁画中有素覆盆与覆莲两种。窟檐柱则立在地栿上，放在崖石上，不另做柱础。

（三）阑额及枋

壁画及大雁塔门楣石所见，阑额（即柱头与柱头之间左右联系的枋，清代称额枋）都是双层的。阑额很小，上下两层之间有短柱联系。在窟檐实物中，阑额的断面竟比斗栱上的"材"还小（详下文），其他所有唐宋实例中，阑额都大于材，到元明清为尤甚，所以这个罕有的特征是值得我们注意的（下文分析斗栱时当再阐述此点）。窟檐也用双层阑额，如壁画中所见，但在佛光寺正殿以及辽宋金元实例中，则以断面较大的单层阑额为最典型。明清以后，则又复用双层，但上下两层大小不同，称"大额枋""小额枋"，大小额枋之间用"垫板"填塞，与唐代作风完全异趣。

（四）斗栱

斗栱是中国建筑构架中，在柱头上用斗形的木块"斗"和臂形的横木"栱"交叠而成的一组结构单位，把上面平置的梁或枋上的荷载逐渐集中而转递到直立的柱上的过渡部分。它是中国建筑体系所独具的特征，它的肇源古远，到汉代的陵墓建筑中已可证明它已臻成熟而成为必具的部分。它的发展，由简到繁，逐渐发挥它结构的功能，又逐渐沦落而至过分强调其装饰性的长期庚继的过程是中国建筑数千年沿革中认识各时代特征时最显著的"指时针"。所以我们在研究敦煌壁画和窟檐时，斗栱是一个重要的题目。

铺作分类 "铺作"是宋《营造法式》中专指一朵斗栱由几件何种的斗和栱如何配合而成一朵的专门名称。由壁画中我们可以看见四至五类的铺作："一斗三升"铺作，用一个大斗，上面安一道横栱（泥道栱），栱上又安三个小斗，以承托檐檩，直接位置在柱头上；用在两柱间阑额上的人字形"补间铺作"（即不在柱头上而在一间中间的铺作）。以上两种用于较小的房屋上。由柱头大斗上用一层或两层栱向外挑出（华栱），上面更挑出一层至三层斜向下出尖如鸟喙的昂；和与此同式但不在柱头上而经由人字形栱或驼峰或一根简单的矮柱放在阑额上的补间铺作。这种出昂的斗栱只用于较大的殿堂。在平坐下所用的铺作，可能只用华栱向外挑出而不用昂，但在壁画中所见者稍欠清晰。

与壁画可作比较的另一幅画就是大雁塔门楣石。这石上斗栱画得十分清楚。在柱头上横着用一层横栱（泥道栱）一层枋（柱头枋），上面再用一横栱一横枋。向外则挑出华栱两层，逐层向外加长，第二层头上安横栱（令栱）一道，以承挑檐檩。补间用人字形铺作，其上再用矮柱。

至于实物，则净藏禅师墓塔柱头用一斗三升，补间用人字形铺作。与壁画中所见小建筑完全相同。佛光寺正殿柱头用挑出两栱两昂（双抄双下昂）的铺作，补间铺作则仅挑出两栱（双抄）。

敦煌窟檐中，一九六号窟檐已残破难以看出原有的铺作。四二七窟和四三一窟窟檐则都挑出三层华栱（三抄），下两层栱头下都安横栱，上面各承一横枋；第三层栱头不用栱，而用替木（只有下半的栱）承托挑檐檩。华栱的后尾，第一层向后挑出；第二层就是伸插到崖壁里的梁（乳栿），事实上是将梁头做成第二层华栱；第三层后尾弯曲斜向上，交搭在乳栿上所承托的二梁（劄牵）上；其交搭处也用斗栱联系。斗栱的高度约为柱高之五分之二，通高之三分之一。此外，北魏的二五四窟内壁上也有简单的木斗栱以承窟顶雕出的檩。

材与栔 "材"是断面与栱的断面的高度和宽度相等的木材

的通称，至迟自一一〇〇年《营造法式》刊行以后，它即已确定为中国建筑的一个度量单位——权衡比例的单位。"絜（qì）"是上下两层栱之间或栱与枋之间因用斗垫托而留出的空隙的高度。建筑物中每一部分的权衡比例都是以材及絜或材的分数而定的。例如柱径是一材一絜，梁高两材等。栱的长度也与材有一定的比例。

这两座檐窟中，用材并不标准化。无论是栱或枋，越往上则越小。材的高与宽之比也不如后世之定为三与二，而略有出入。佛光寺正殿以及中原其他辽宋木构在这一点上已一律标准化，而敦煌窟檐则如此"自由"，是别处所未曾见的。因为材之不标准化，所以絜的大小亦随同发生变化了。因此，作者不拟在此作进一步的比较分析以赘读者。

斗和栱　斗和栱的详细样式，在壁画中虽无法看出，在窟檐中则得到又一种罕有的实例。现存汉魏唐辽宋金元实物的斗的下半，上大下小的斜收部分，即《营造法式》称为"欹"的部分，其面莫不微凹，即所谓"颤（āo）"，颤面是微弯入的。一九六窟窟檐的斗欹就是如此做法。明清两代的欹则一律不颤，欹的斜面是平的。四二七、四三一等宋初窟檐的斗，欹面既不颤，又不平，而是上半段急促的斜收，下半段垂直；也可以说不用曲面颤而用两个钝角相交的平面代替了颤。也就是说，颤面线不是继续的曲线而是折角的直线。二五四窟内北魏的斗也用此法，但不甚显著。这种"卷杀"的方法在我们已知的所有实例中都没有见过。

窟檐的栱也表现了同样硬朗的作风。在一九六窟、二五四窟和他处所见任何时代的栱头，都用三"瓣"至五"瓣"或用不分瓣的曲线，卷杀成流畅缓和的抛物线形，但敦煌宋初诸窟檐的栱头则一律只用两瓣卷杀，棱角分明，与斗敧的折角卷杀表现了一致的格调。

昂 窟檐没有用昂。壁画变相图中，中间的大殿莫不用昂，只能看出昂的层数，双昂三昂不等。昂嘴用平面斜杀至尖，昂面不如宋中叶以后的微颤，这种做法与唐辽宋初实物所见相同。

（五）梁

在少数变相图中，可以看见由檐柱到内柱上的乳栿和由角檐柱到内角柱上的角栿。"修建图"中约略可以看出大梁。窟檐中的梁主要的是乳栿和它上面的劄（dá）牵。乳栿的梁头（外端）都斫割成第二层挑出的华栱，因而梁同斗栱便构成为不可分离、互相结合的结构部分；梁与柱交接点的剪力藉第一层栱而减小。劄牵之下也用斗、栱和驼峰将荷载传递到乳栿上，这些过渡的斗栱同时也与上面承托屋椽的檩子交结成为不可分离的结构。角柱上第二层角栱的后尾就成为角栿，其后尾与乳栿相交。

在"修建图"中，梁上用简单的梯形驼峰，上安大斗以承脊檩。据我们所知，宋以后实物都在最上一层梁（平梁）上树立侏儒柱（清代称金瓜柱）以承脊檩。宋元在侏儒柱的两旁用斜倚的叉手支撑。汉魏隋唐则不用侏儒柱而只用巨大的叉手互相倚撑，如汉朱鲔石室，朝鲜平安南道顺川郡北仓面的"天王地神冢"（五世纪），日本奈良法隆寺回廊（六世纪）乃至佛光寺正殿（八五七年）都不用侏儒柱而只用叉手。辽及宋初结构中侏儒柱已出现，却甚矮小，是名实相称的侏儒，叉手仍甚大。以后叉手逐渐瘦小，而侏儒柱逐渐长大，终于在元明之际完全夺取了叉手的地位，使它在建筑中绝迹。因此我们往往可以由一座建筑中侏儒柱和叉手的大小有无而推定其约略年代。至于驼峰，它原是缩小而实心的叉手，使用驼峰就是使用叉手。"修建图"中所见正表示出那座重楼是一座不很大的建筑物。

（六）檐椽

壁画中所有建筑物都在檐下画出椽子，并且大多画出两层。其中比较清楚的并可以看出下层是圆椽，上层（飞椽）是方椽，飞椽且卷杀使外端较小。靠近屋角处，椽子的方向且逐渐斜展成"翼角"，如今日的做法。大雁塔门楣石上所见尤为清楚。

窟檐椽子只用一层圆椽，翼角斜展。椽子出檐长度（自柱中线至椽头）为柱高之半以上，通高之三分之一强。如此深阔出檐是宋以前的特征，呈现豪放的风格，宋以后逐渐减浅，至清代的檐已呈紧促之状。

（七）屋顶

壁画中所见屋顶有四阿（清代称庑殿）、歇山（九脊）及攒尖三种，而以歇山为最多。此外尚有回廊上长列的屋顶。后世常见的硬山或悬山顶，在壁画中没有见到。但由汉墓石室的结构上和明器中，我们已肯定地知道后两种屋顶自古已有。

一个长久令人不解的是檐角翘飞的问题。在汉石阙和明器上，在云冈窟壁三间殿上，在大雁塔门楣石和敦煌壁画中，檐口线都是直的。但日本法隆寺，唐招提寺金堂（七五九年唐僧鉴真建），佛光寺正殿（八五七年）和四川大足摩崖净土变（八九五年前后）的檐角都是翘起的。由"修建图"和四三一窟檐实物看，大角梁上有仔角梁，仔角梁微翘起。敦煌壁画檐口何以不翘起，颇令人不解，以所画其他部分的忠实性推论，绝不是画师的疏忽（而且不能人人都疏忽），所以令人推想直线檐口可能是当时当地的特征。若然，则翘起的仔角梁又完全失去结构意义了。

瓦　壁画所见屋顶都用瓦铺盖，所用是筒瓦，大雁塔门楣石中描画尤为清晰。琉璃瓦在唐时已少量使用。至于窟檐是否用瓦盖顶，很难确定：现状仅用灰背墁抹。

关于屋顶瓦饰，壁画表现颇为清楚。脊上和脊端施用雕饰，

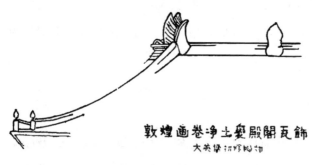

敦煌画卷净土变殿阁瓦饰

174

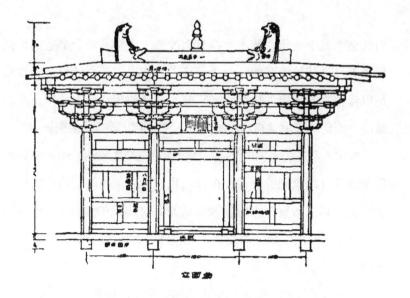

立面图

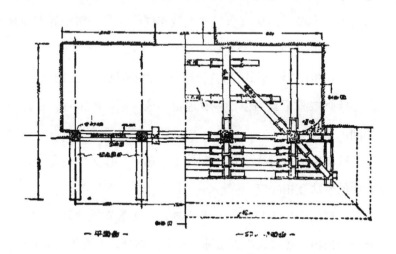

一平面图一　　　一剖视图一

四三一窟　窟檐平面及立面图

由汉至今二千余年，基本上没有大改变。正脊和垂脊都适当地把屋顶上最易开始渗漏的线上予以掩盖并加以强调，使脊瓦的重量足以保持本身固定的位置。在正脊与垂脊的相交点上，即正脊的两端，用鸱尾着重地指出；垂脊的下端也予以适当的结束。

按宋《营造法式》的规定，脊是用瓦叠垒而成的，明清以后才肯定地有分段预制的脊件（在目前我们所已调查的实物中，还未能得到足够的数据，以肯定预制的脊瓦件出现的年代）。壁画中隐约可见分段的线条，假使唐末五代已有此做法，则《营造法式》中何以竟只字未提，颇令人疑惑不解。

辽宋以后实物的鸱尾已变成鸱吻，下半做成龙头，张嘴衔脊。壁画中所见则尚是尾状有鳍的，名实相符的鸱尾；十八窟所见最为清晰，大雁塔门楣石所见亦大致相同。四三一窟檐尚有倚崖塑造的正脊和鸱吻，它的轮廓虽尚保持唐式，但下部已张嘴衔脊，上端亦作鱼尾形，样式至为特殊，是我们所见惟一孤例。

壁画殿堂正脊当中，多有莲蕾形或火焰形的宝珠，窟檐所见亦同。

壁画中的垂脊大多用短圆柱予以结束，柱头作莲蕾形，与正脊中的宝珠互相呼应。

塔顶的攒尖垂脊聚集点上立刹，大多数先做须弥座，座边缘及角上出山花蕉叶，中置覆钵，钵上立刹杆，上置相轮（宝盘）三层或五层。刹尖则有仰月和宝珠。在仰月之下，有链垂系檐角，链上挂着许多的铃（铎）。

（八）门窗及墙

因为木构架的性质，门、窗和墙都是就两柱间的空档处理，予以堵塞或开敞的办法。上文已经讨论过，门、窗和墙的做法都先在两柱间安横木和直木，按需要留出大小适当的空档则用墙壁堵塞，或留作门或窗。

在不留门窗的地位，则两柱间完全用墙堵塞。按壁画所见，墙可能是用竹篾或木条抹灰的（但敦煌没有竹）。窟檐左右两角柱与崖壁间则用土砖墙。

在窟檐中，做门的方法是在两柱之间，地栿之上，先安木门砧，即承托门轴的木块，其上安门槛。门槛与阑额之间，按门的宽度，树立左右门颊。门额（窟檐所见亦即下层阑额）上有两小长方孔，是原来穿插门簪的孔。原有的门簪和依赖门簪而得固定在门额背面以接受门轴上端的鸡栖木，都已失去。这一切做法都与今日通用的完全相同。

门额之上，门颊之左右，在表面上更突出九十度弧面的线道一条，弧面向里，作为门的外周线，是他处所罕见的做法。

窟檐的门扇都已不存在。在壁画中只有少数将门扇画出，如二一七窟砖台下的门扇则有门钉，铺首（并环）和角叶的表示。

窟檐左右次间开窗的做法，则在阑额之下少许和距地面上约八十公分处安窗额及腰串（即窗的上下槛），窗额与腰串之间树立左右立颊，留出约方五十五公分的方窗。窗孔内用垂直平行的方棂竖立（方棂棱角向前，棂面斜向），即所谓直棂窗。窗额之上及腰串之下，当中立心柱（矮柱）一根，以与阑额及地栿联系。壁画中所见窗大都如此；许多实物中，直至今日西南各省的房屋中，这还是一种最常见的做法。

（九）栏杆

净土变相中台基、平坐和台阶的周缘都有栏杆。大多数都在最下层卧放地栿；转角处立望柱；望柱之间，每隔若干距离立蜀柱一根，其上半收杀。在蜀柱之中段横安盆唇，蜀柱顶上承托寻杖。盆唇与地栿之间，用 L 字纹互相勾搭，做成所谓"勾片栏杆"，这是元明以后所不复用，而在自南北朝至五代宋初的五六百年间所最常用的栏杆纹样。从云冈石窟以至蓟县独乐寺观音阁（九八四年）、大同华严寺薄伽教藏内的壁藏（一〇三八年）都有此式。但壁画中望柱头上和蜀柱与寻杖相接处都有宝珠，所有横直料相接处都画作浅色，可能是表示用铜片包镶的样式，都是后世所未见。

（十）窟檐的彩画

窟檐的彩画是作者认为窟檐中最可珍贵的部分。

油饰彩画本是利用保护木材而使用的涂料，加以处理而取得装饰效果的。它是建筑物抵御自然界破坏力的"第一道防线"，是建筑物中首先损坏的部分。因此，我们对于年代较古的木构的智识，以彩画方面为最贫乏。

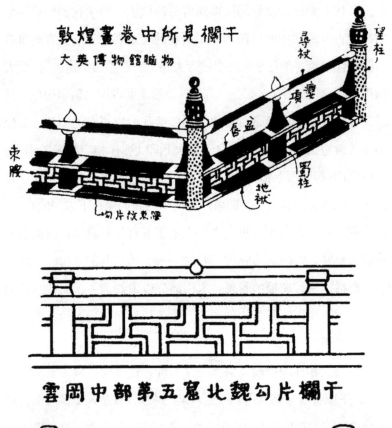

敦煌畫卷中所見欄干
大英傳物館贓物

尋杖
望柱
瘿項
盆唇
束腰
蜀柱
地栿
勾片紋束澤

雲岡中部第五窟北魏勾片欄干

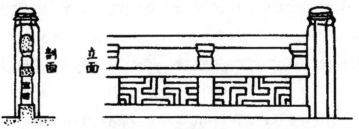

剖面
立面

南京棲霞寺舍利塔五代勾片欄干

敦煌壁画中栏杆与北魏、五代栏杆形式

古代的彩画，使我们能得到清楚的认识，给予我们明确印象的，最古只到明中叶一四四四年所建的北京智化寺。更古的虽有一些辽代建筑，如辽宁义县奉国寺大殿（一〇二〇年建）、山西大同华严寺薄伽教藏（一〇三八年建），然而前者则已黯暗失色，后者又经后世重装乃至部分窜改，不能给我们以原来的印象。即使如宋《营造法式》（一一〇〇年初次刊印）那样相当精确的术书，也因原图仅用墨线注明颜色，再经后世流传本辗转抄摹走样，难以制成准确的图式。罕贵的敦煌窟檐却为我们保存下宋初的彩画，也使我们的知识由十五世纪中叶推上了五百年。敦煌以壁画引起我们的爱好，彩画也正是"壁画"之一种，值得我们深切的注意。

概括地说，窟檐的彩画，木构部分以朱红为主，而在结构的重要关键上用以青绿为主的图案，使各构材在结构上的机能适当地得到强调。

柱头上和柱的中段以束莲花纹为饰。在云冈石窟（五世纪后半），平原省磁县响堂山石窟（六世纪末），以及若干佛塔上，如五台山佛光寺祖师塔（六世纪）等，都有浮雕的束莲，这是犍陀罗输入的影响，在木建筑实物中所见不多，窟檐彩画所见是惟一的例子。这"束莲"并非真正的莲瓣，而是以一道连珠的红环，夹以青绿的边线，上下两面伸出以青绿为瓣，红色为心的瓣。在柱头上，则连珠在顶，只有下面出瓣，成为所谓"覆莲"的柱头花纹。后代虽有普遍彩画的柱，但没有这样在中腰画彩画的；而柱头则多改用"束锦"——一个织锦纹的箍子。

这同一个束莲纹彩画也用于门额、窗额和立颊的中段和次间下层的阑额、窗额和腰串与柱交接处。

　　柱头主要的阑额以连珠压边，内面全部画斜角棱纹。棱纹以整个棱形的左右尖角衔接，上下钝角至边，成"一整二破"的布局。居中的整棱以青地红心和粉地绿心者相间，两侧的半棱则以绿地粉心和粉地青心者相对。这整个图案与《营造法式》至明清两朝在阑额两端先画箍头，再将内部分为几段，并以青绿为主要颜色的作风完全异趣。

　　当心间门以上的阑额与柱头枋之间的小窗则在红地上画相错的绿色红心棱形花；小窗的上额（即柱头枋在小窗上的一段）则画龟纹锦，以青色宽线画六方格，"一整二破"，以粉色为地，以绿心的红花和绿心的青花相间排列。

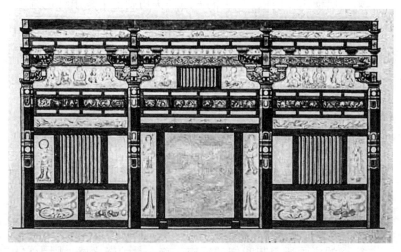

四二七窟　窟檐

斗栱上的彩画亦极别致。今日常见的明清以后彩画多以青绿色和墨线沿着斗和栱的轮廓用并行线饰画。窟檐所见则大致以绿色的斗和红地杂色花的栱相配合；但第一层横栱（泥道栱）上的两斗和三层挑出的华栱的狭面则以白色为主。全部主要的色调是红色，略似《营造法式》所谓"解绿结华装"的样式。

栱面均以红色为地。泥道栱面，沿着栱的上下两缘，用青绿两色的边，而各伸出四片卷叶的奇特花纹相对；一半上青下绿，对面一半上绿下青。其余的栱面则在红地上以半个团窠的杂色花上下相错。三层华栱（挑出的栱）的狭面（向前的面）则在白色地上，在卷杀的部分用赭色画一"工"字纹。

绿色的斗一律用单纯的绿色，没有边缘。白色的斗则在白色上密布的红色麻点。

第二层横栱（慢栱）以上的一道柱头枋则上下缘用红色宽边，中间白地，而用宽的红色分为细长横格，呈现似上下两层横材中间以矮柱间格的形状。

所有木构材之间的壁面一律为白粉墙，因年代久远，已成醇熟的淡土黄色，与木材上的红白青绿成了极和谐的反衬。

窟檐内部的梁架椽檩也都有彩画。梁的两端有细狭的箍头。沿着梁身棱角的边缘有边线，边线以内所画疑似宋所称的海石榴花。椽子两端及中腰，如柱一样，画束莲。颜色亦以红为主，青绿为花。椽与椽间望板上画卷草或佛像。

窟檐的彩画所引起我们的反应，首先是惊奇之感。因为它与明清以后所常见的，在阑额以上以青绿为主，以下差不多单纯地用红色的系统和风格完全异趣。这里由地栿至檐下，则是一贯地以红色为主，而在结构重点上用青绿花饰，并且这是窟檐彩画的主要特征。

我们对于彩画的认识，如上文所说，自明中叶以上即极为贫乏。实物既少，且经窜改，文献不足征，幸喜敦煌窟檐，使我们的智识向上推远了五百年。在这一点上，窟檐彩画是重要无比的。

敦煌壁画中未能将建筑彩画详细表现出来，大多只能表现木构部分的红色和粉墙的白色。但如一四六窟则相当清晰。柱的中上段，阑额和柱头枋上、栱上，都在红地上画彩画。补间铺作下的驼峰主要是青绿色。昂嘴上面白色。椽子及檐口的连檐和瓦口板红色。[这些颜色是在照相中按深（红）浅（青绿）推测的]。与窟檐所见也大概是一致的。

结　论

通过敦煌壁画和窟檐，我们得以对于由北魏至宋初五个世纪期间的社会文化一个极重要的方面 —— 居住的情形 —— 得到了一个相当明确的印象。因实物不复存在，假使没有这些壁画，我们对于当时的建筑将无从认识，即使实物存在，我们仍难以知道当时如何使用这些房屋。壁画虽只是当时建筑的缩影，它却附带地描写了当时的生活状况。

在这些壁画中，我们认识了十余种建筑类型；我们看出了建筑组群的平面配置；我们更清楚地看到了当时建筑的结构特征和各构材之相互关系及其处理的手法；因此我们认识了当时建筑的主要作风和格调。我们还看见了正在施工中的建筑过程中之一些阶段。这是多么难得的资料！

由窟檐的实例上，我们一方面看到了传统的木构骨架的保持，另一方面却看到了极为罕贵的细节的运用，尤其是斗栱的特殊手法。更为难得的是当时的彩画的作风。

这些壁画和窟檐告诉我们：中国建筑所具有最优良的本质就是它的高度适应性。我们建筑的两个主要特征，骨架结构法，和以若干个别建筑物联合组成的庭院部署，都是可以作任何巧妙的配合而能接受灵活处理的。古代的匠师们掌握了这两种优点而尽量发挥了使用，而画师们又把它给我们描画下来。尤其重要的是，这些壁画告诉了我们，古代匠师对于自己的建筑传统的信心，虽在与外来文化思想接触的最前线，他们在五百年的长期间，始终以主人翁的态度迎接外来的"宾客"，既没有失掉自主的能动性，也没有畏缩保守，即使如塔那样全新的观念，以那样肯定的形式传入中国，但是中国建筑匠师竟能应用中国的民族形式，来处理这个宗教建筑的新类型，而为中国人民创造了民族化、大众化的各种奇塔耸立在中国的土地上。这是我们的祖先给我们留下的特别卓越而有意义的榜样，这是对于今日中国的建筑师们 —— 他们的子孙——的一种挑战。

近百年来，帝国主义的侵略者以喧宾夺主的态度，在我国的城镇乃至村落中，以建筑的体形为我们留下了许多显著的创痕。以他们的民族手法思想体系强迫着我们放弃我们原有的文化传统和民族工艺，无论是建筑师或人民大众，在对于建筑的思想，到今天便积下了不少帝国主义的毒素，正待我们坚决地来肃清。我们过去屈服于他们的暴力，接受了他们的建筑体系来代替自己的，因此我们传统的中国建筑有一些被毁坏了，有一些停留在不适用的技术中而不得提高。我们今天要问自己：我们有没有肃清这些遗毒的自信心？我们能否在不断改变中的生活方式和材料技术的条件下，再从民族传统的老基础上发展出我们的新建筑来？这个问题是严重的，它是我国文化建设的考验，只靠少数技术人员是不可能达到这目的的。全中国要住房子的要用房子的人民——即全中国的每一个人——也必须向这方面努力，他们必需要求建筑师们，且督促着建筑师们，在行动上，在有体有形的建筑物上，发扬我们爱国主义的精神。中国人民的新文学、新美术、新音乐、新舞蹈，早已摆脱了资本主义帝国主义的羁绊，正踏上蓬勃的发展的新道路，我们的建筑更不能因为这任务的艰巨而自甘落后。让我们立刻反抗建筑思想上崇洋恐洋的迫害，解放自己，来肃清那些余毒，急起直追，与文学、美术、音乐、舞蹈并肩前进！

最后，作者愿借这机会向在沙漠中艰苦工作的敦煌文物研究所的同志们致无限的敬意！

·云冈石窟中所表现的北魏建筑

梁思成、林徽因、刘敦桢

绪　言

廿二年九月间[1]，营造学社同人，趁着到大同测绘辽金遗建华严寺、善化寺等之便，决定附带到云冈去游览，考察数日。

云冈灵岩石窟寺，为中国早期佛教史迹壮观。因天然的形势，在绵亘峭立的岩壁上，凿造龛像，建立寺宇，动伟大的工程，如《水经注·㶟水》条所述"……凿石开山，因岩结构，真容巨壮，世法所希，山堂水殿，烟寺相望……"又如《续高僧传》中所描写的"……面别镌像，穷诸巧丽，龛别异状，骇动人神……"则这灵岩石窟更是后魏艺术之精华——中国美术史上一个极重要时期中难得的大宗实物遗证。

但是或因两个极简单的原因，这云冈石窟的雕刻，除掉其在宗教意义上，频受人民香火，偶遭帝王巡幸礼拜外，十数世纪来直到近三十余年前，在这讲究金石考古学术的中国里，却并未有

1　本篇原发表于《中国营造学社汇刊》第四卷3~4期，1933年12月。

人注意及之。

我们所疑心的几个简单的原因，第一个显而易见的，自是地处边僻，交通不便。第二个原因，或是因为云冈石窟诸刻中，没有文字。窟外或崖壁上即使有，如《续高僧传》中所称之碑碣，却早已漫没不存痕迹，所以在这偏重碑拓文字的中国金石学界里，便引不起什么注意。第三个原因，是士大夫阶级好排斥异端，如朱彝尊的《云冈石佛记》，即其一例，宜其湮没千余年，不为通儒硕学所称道。

近人中，最早得见石窟，并且认识其在艺术史方面的价值和地位、发表文章、记载其雕饰形状、考据其兴造年代的，当推日人伊东[1]和新会陈援庵先生[2]，此后专家作有系统的调查和详细摄影的，有法人沙畹（Chavannes）[3]，日人关野贞、小野诸人[4]，各人的论著均以这时期因佛教的传布，中国艺术固有的血脉中，忽然掺杂旺而有力的外来影响，为可重视。且西域所传入的影响，其根苗可远推至希腊古典的渊源，中间经过复杂的途径，迤逦波斯，蔓延印度，更推迁至西域诸族，又由南北两路健驮罗（今一般译为犍陀罗）及西藏以达中国。这种不同文化的交流濡染，为历史上最有趣的现象，而云冈石刻便是这种现象极明晰的实证之一种，

1　伊东忠太：《北清建筑调查报告》，见《建筑杂志》第一八九号。

2　陈垣：《山西大同武州山石窟寺记》。

3　Edouard Chavannes : *Mission archéologique dans la Chine Septentrionale.*

4　小野玄妙：《极东之三大艺术》。

自然也就是近代治史者所最珍视的材料了。

根据着云冈诸窟的雕饰花纹的母题（Motif）及刻法、佛像的衣褶容貌及姿势（插图一），断定中国艺术约莫由这时期起，走入一个新的转变，是毫无问题的。以汉代遗刻中所表现的一切戆直古劲的人物车马花纹（插图二），与六朝以还的佛像饰纹和浮雕的草叶、璎珞、飞仙等相比较，则前后判然不同的倾向，一望而知。仅以刻法而论，前者单简冥顽，后者在质朴中，忽而柔和生动，更是相去悬殊。

但云冈雕刻中，“非中国”的表现甚多；或显明承袭希腊古典宗脉；或繁富地掺杂印度佛教艺术影响；其主要各派元素多是囫囵包并，不难历历辨认出来的。因此又与后魏迁洛以后所建伊阙石窟 —— 即龙门诸刻（插图三），稍不相同。以地点论，洛阳伊阙已是中原文化中心所在；以时间论，魏帝迁洛时，距武州凿窟已经半世纪之久。此期中国本有艺术的风格，得到西域袭入的增益后，更是根深蒂固，一日千里，反将外来势力积渐融化，与本有的精神冶于一炉。

云冈雕刻既然上与汉刻迥异，下与龙门较又有很大差别，其在中国艺术史中，固自成一特种时期。近来中西人士对于云冈石刻更感兴趣，专诚到那里谒拜鉴赏的，便成为常事，摄影翻印，到处可以看到。同人等初意不过是来大同机会不易，顺便去灵岩开开眼界，瞻仰后魏艺术的重要表现；如果获得一些新的材料，则不妨图录笔记下来，作一种云冈研究补遗。

以前从搜集建筑实物史料方面，我们早就注意到云冈、龙门及天龙山等处石刻上"建筑的"（architectural）价值，所以造像之外，影片中所呈示的各种浮雕花纹及建筑部分（若门楣、栏杆、柱塔等等），均早已列入我们建筑实物史料的档库。这次来到云冈，我们得以亲自抚摸这些珍罕的建筑实物遗证，同行诸人，不约而同的第一转念，便是作一种关于云冈石窟"建筑的"方面比较详尽的分类报告。

这"建筑的"方面有两种：一是洞本身的布置、构造及年代，与敦煌、印度之差别等等，这个倒是比较简单的；一是洞中石刻上所表现的北魏建筑物及建筑部分，这后者却是个大大有意思的研究，也就是本篇所最注重处，亦所以命题者。然后我们当更讨论到云冈飞仙的雕刻，及石刻中所有雕饰花纹的题材、式样等等，最后当在可能范围内，研究到窟前当时，历来及现在的附属木构部分，以结束本篇。

插图一　云冈造像

插图二　武梁祠汉代画像

插图三　龙门造像

193

一、洞名

云冈诸窟，自来调查者各以主观命名，所根据的，多倚赖于传闻，以讹传讹，极不一致。如《沙畹书》中未将东部四洞列入，仅由中部算起；关野虽然将东部补入，却又遗漏中部西端三洞。至于伊东最早的调查，只限于中部诸洞，把东西二部全体遗漏，虽说时间短促，也未免遗漏太厉害了。

本文所以要先厘定各洞名称，俾下文说明，有所根据。兹依云冈地势分云冈为东、中、西三大部。每部自东徂西，依次排号；小洞无关重要者从略。再将沙畹、关野、小野三人对于同一洞的编号及名称分行列于底下，以作参考。

东部

	沙畹命名	关野命名（附中国名称）	小野调查之名称
第一洞		No.1（东塔洞）	石鼓洞
第二洞		No.2（西塔洞）	寒泉洞
第三洞		No.3（隋大佛洞）	灵岩寺洞
第四洞		No.4	

中部

	沙畹命名	关野命名（附中国名称）	小野调查之名称
第一洞	No.1	No.5（大佛洞）	阿弥陀佛洞
第二洞	No.2	No.6（大四面佛洞）	释迦佛洞
第三洞	No.3	No.7（西来第一佛洞）	准提阁菩萨洞
第四洞	No.4	No.8（佛籁洞）	佛籁洞
第五洞	No.5	No.9（释迦洞）	阿闪佛洞
第六洞	No.6	No.10（持钵佛洞）	毗庐佛洞
第七洞	No.7	No.11（四面佛洞）	接引佛洞
第八洞	No.8	No.12（椅像洞）	离垢地菩萨洞
第九洞	No.9	No.13（弥勒洞）	文殊菩萨洞

西部

	沙畹命名	关野命名（附中国名称）	小野调查之名称
第一洞	No.16	No.16（立佛洞）	接引佛洞
第二洞	No.17	No.17（弥勒三尊洞）	阿闪佛洞
第三洞	No.18	No.18（立三佛洞）	阿闪佛洞
第四洞	No.19	No.19（大佛三洞）	宝生佛洞
第五洞	No.20	No.20（大露佛）	白佛耶洞
第六洞		No.21（塔洞）	千佛洞

本文仅就建筑与装饰花纹方面研究，凡无重要价值的小洞，如中部西端三洞与西部东端二洞，均不列入，故篇中名称，与沙畹、关野两人的号数不合（插图六）。此外云冈对岸西小山上，有相传造像工人所凿，自为功德的鲁班窑二小洞；和云冈西七里姑子庙地方，被川水冲毁，仅余石壁残像的尼寺石祗洹舍，均无关重要，不在本文范围以内。

二、洞的平面及其建造年代

云冈诸窟中，只是西部第一到第五洞，平面作椭圆形，或杏仁形，与其他各洞不同。关野、常盘合著的《支那佛教史迹》第二集评解，引《魏书》兴光元年，于五缎大寺为太祖以下五帝铸铜像之例，疑此五洞亦为纪念太祖以下五帝而设，并疑《魏书·释老志》所言昙曜开窟五所，即此五洞，其时代在云冈诸洞中为最早。

考《魏书·释老志》卷百十四原文："……兴光元年秋，敕有司于五缎大寺内，为太祖以下五帝，铸释迦立像五，各长一丈六尺。……太安初，有师子国胡沙门邪奢遗多、浮陁难提等五人，奉佛像三到京都，皆云备历西域诸国，见佛影迹及肉髻，外国诸王相承，咸遣工匠摹写其容，莫能及难提所造者。去十余步视之炳然，转近转微。又沙勒胡沙门赴京致佛钵，并画像迹。和平初，师贤卒，昙曜代之，更名沙门统。初昙曜以复法之明年，自中山

被命赴京，值帝出，见于路，……帝后奉以师礼。昙曜白帝，于
京城西武州塞，凿山石壁，开窟五所，镌建佛像各一，高者七十尺，
次六十尺。雕饰奇伟，冠于一世。"

所谓"复法之明年"，自是兴安二年（公元四五三），魏文成
帝即位的第二年，也就是太武帝崩后第二年。关于此书，有《续
高僧传·昙曜传》中的一段记载，年月非常清楚："先是太武皇帝
太平真君七年，司徒崔皓邪佞谀词，令帝崇重道士寇谦之，拜
为天师，弥敬老氏。虐刘释种，焚毁寺塔。至庚寅年（太平真君
十一年），太武感疠疾，方始开悟……帝心既悔，诛夷崔氏。至
壬辰年（太平真君十三年亦即兴安元年）太武云崩，子文成立，即
起塔寺，搜访经典。毁法七载，三宝还兴；曜慨前陵废，欣今重
复……"由太平真君七年毁法，到兴安元年"起塔寺""访经典"
的时候，正是前后七年，故有所谓"毁法七载，三宝还兴"的话。
那么无疑的"复法之明年"，即是兴安二年了。

所可疑的只是：（一）到底昙曜是否在"复法之明年"见了文成
帝便去开窟；还是到了"和平初，师贤卒"他做了沙门统之后，才
"于京城西……开窟五所"？这里前后就有八年的差别，因魏文
成帝于兴安二年后改号兴光，一年后又改太安，太安共五年，才
改号和平的。（二）《释老志》文中"帝后奉以师礼，昙曜白帝，于
京城西……"这里"后"字，亦颇蹊跷。到底这时候，距昙曜初见
文成帝时候有多久？见文成帝之年固为兴安二年，他禀明要开窟
之年（即使不待他做了沙门统），也可在此后两三年、三四年之中，

197

帝奉以师礼之后！

总而言之，我们所知道的只是昙曜于兴安二年（公元四五三）入京见文成帝，到和平初年（公元四六〇）做了沙门统。至于武州塞五窟，到底是在这八年中的哪一年兴造的，则不能断定了。

《释老志》关于开窟事，和兴光元年铸像事的中间，又记载那一节太安初师子国（锡兰）胡沙门难提等奉像到京都事，并且有很恭维难提摹写佛容技术的话。这个令人颇疑心与石窟镌像有相当瓜葛。即不武断地说，难提与石窟巨像，有直接关系，因难提造像之佳，"视之炳然"，而猜测他所摹写的一派佛容，必然大大地影响当时佛像的容貌，或是极合理的。云冈诸刻虽多健驼罗影响，而西部五洞巨像的容貌衣褶，却带极浓厚的中印度气味的。

至于《释老志》，"昙曜……开窟五所"的窟，或即是云冈西部的五洞，此说由云冈石窟的平面方面看起来，我们觉得更可以置信。（一）因为它们的平面配置，自成一统系，又自左至右五洞，适相联贯。（二）此五洞皆有本尊像及胁侍，面貌最富异国情调（插图四），与他洞佛像大异。（三）洞内壁面列无数小龛小佛，雕刻甚浅，没有释迦事迹图。塔与装饰花纹亦甚少，和中部诸洞不同。（四）洞的平面由不规则的形体，进为有规则之方形或长方形，乃工作自然之进展与要求。因这五洞平面的不规则，故断定其开凿年代必最早。

《支那佛教史迹》第二集评解中，又谓中部第一洞为孝文帝纪念其父献文帝所造，其时代仅次于西部五大洞。因为此洞平面前

插图四 云冈中部第四洞门栱西侧像

部，虽有长方形之外室，后部仍为不规则之形体，乃过渡时代最佳之例。这种说法，固甚动听，但文献上无佐证，实不能定案。

中部第三洞，有太和十三年铭刻；第七洞窗东侧，有太和十九年铭刻，及洞内东壁曾由叶恭绰先生发现之太和七年铭刻。文中有"邑义信士女等五十四人……共相劝合为国兴福，敬造石庙形象九十五区及诸菩萨，愿以此福……"等等。其他中部各洞全无考。但就佛容及零星雕刻作风而论，中部偏东诸洞，仍富于异国情调（插图六）。偏西诸洞，虽洞内因石质风化过甚，形象多经后世修葺，原有精神完全失掉，而洞外崖壁上的刻像，石质较坚硬，刀法伶俐可观，佛貌又每每微长，口角含笑，衣褶流畅精美，渐类龙门诸像。已是较晚期的作风无疑。和平初年到太和七年，已是二十三年，实在不能不算是一个相当的距离。且由第七洞更偏西去的诸洞，由形势论，当是更晚的增辟，年代当又在太和七年后若干年了。

西部五大洞之外，西边无数龛洞（多已在崖面成浅龛），以作风论，大体较后于中部偏东四洞，而又较古于中部偏西诸洞。但亦偶有例外，如西部第六洞的洞口东侧，有太和十九年铭刻，与其东侧小洞，有延昌年间的铭刻。

我们认为最希奇的是东部未竣工的第三洞。此洞又名灵岩，传为昙曜的译经楼，规模之大，为云冈各洞之最。虽未竣工，但可看出内部佛像之后，原计划似预备凿通，俾可绕行佛后的。外部更在洞顶崖上，凿出独立的塔一对（插图四十六），塔后石壁上，又有小洞一排，为他洞所无。以事实论，颇疑此洞因孝文帝南迁洛阳，在龙门另营石窟，平城（即大同）日就衰落，故此洞工作，半途中辍，但确否尚须考证。以作风论，关野、常盘谓第三洞佛像在北魏与唐之间，疑为隋炀帝纪念其父文帝所建。新海、中川合著之《云冈石窟》竟直称为初唐遗物。这两说未免过于武断。事实上，隋唐皆都长安、洛阳，决无于云冈造大窟之理，史上亦无此先例。且即根据作风来察这东部大洞的三尊巨像的时代，也颇有疑难之处。

我们前边所称，早期异国情调的佛像，面容为肥圆的；其衣纹细薄，贴附于像身（所谓湿褶纹者）；佛体呆板，僵硬，且权衡短促；与他像修长微笑的容貌，斜肩而长身，质实垂重的衣裾褶纹，相较起来，显然有大区别。现在这里的三像，事实上虽可信其为云冈最晚的工程，但像貌、衣褶、权衡，反与前者，所谓异国神情者，同出一辙，骤反后期风格。

不过在刀法方面观察起来，这三像的各样刻工，又与前面两派不同，独成一格。这点在背光和头饰的上面，尤其显著。

这三像的背光上火焰，极其回绕柔和之能事，与西部古劲挺强者大有差别；胁侍菩萨的头饰则繁富精致（ornate），花纹更柔圆近于唐代气味（论者定其为初唐遗物，或即为此）。佛容上，耳、鼻、手的外廓刻法，亦肥圆避免锐角，项颈上三纹堆栈，更类他处隋代雕像特征。

这样看来，这三像岂为早期所具规模，至后（迁洛前）才去雕饰的，一种特殊情况下遗留的作品？不然，岂太和以后某时期中云冈造像之风暂敛，至孝文帝迁都以前，镌建东部这大洞时，刻像的手法乃大变，一反中部风格，倒去模仿西部五大洞巨像的神气？再不然，即是兴造此洞时，在佛像方面，有指定的印度佛像作模型镌刻。关于这点，文献上既苦无材料帮同消解这种种哑谜。东部未竣工的大洞兴造年代，与佛像雕刻时期，到底若何，怕仍成为疑问，不是从前论断者所见得的那么简单"洞未完竣而辍工"。近年偏西次洞又遭凿毁一角，东部这三洞，灾故又何多？

现在就平面及雕刻诸点论，我们可约略地说：西部五大洞建筑年代最早，中部偏东诸大洞次之，西部偏西诸洞又次之。中部偏西各洞及崖壁外大龛再次之。东部在雕刻细工上，则无疑地在最后。

离云冈全部稍远，有最偏东的两塔洞，塔居洞中心，注重于建筑形式方面，瓦檐、斗栱及支柱，均极清晰显明，佛像反模糊无甚特长，年代当与中部诸大洞前后相若；尤其是释迦事迹图，宛似中部第二洞中所有。

就塔洞论，洞中央之塔柱雕大尊像者较早，雕楼阁者次之。详下文解释。

三、石窟的源流问题

石窟的制作受佛教之启迪，毫无疑问，但印度 Ajanta 诸窟之平面（插图五 a），比较复杂，且纵穴甚深，内有支提塔，有柱廊，非我国所有。据 Von Le Coq 在新疆所调查者（插图五 b），其平面以一室为最普通，亦有二室者。室为方形，较印度之窟简单，但是诸窟的前面用走廊连贯，骤然看去，多数的独立的小窟团结一气，颇觉复杂，这种布置，似乎在中国窟与印度窟之间。

敦煌诸窟，伯希和书中没有平面图，不得知其详。就相片推测，有二室连接的。有塔柱，四面雕佛像的。室的平面，也是以方形和长方形居多。疑与新疆石窟是属于一个系统，只因没有走廊联络，故更为简单。

云冈中部诸洞，大半都是前后两间。室内以方形和长方形为

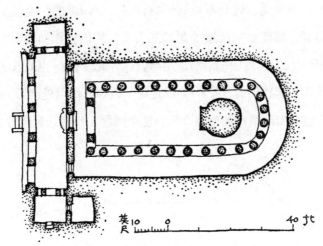

印度 Ajanta 第二十九支提窟平面
(Fergusson)

插图五 a　印度 Ajanta 第二十九支提窟平面

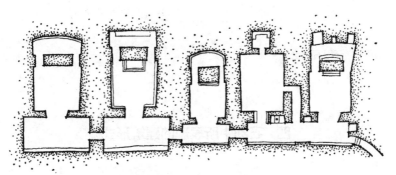

新疆 Kumtura 石窟平面
(Von Le coq)

插图五 b　新疆 Kumtura 石窟平面

最普通。当然受敦煌及西域的影响较多，受印度的影响较少。所不可解者，昙曜最初所造的西部五大窟，何以独作椭圆形、杏仁形（插图六），其后中部诸洞，始与敦煌等处一致？岂此五洞出自昙曜及其工师独创的意匠？抑或是受了敦煌西域以外的影响？在全国石窟尚未经精密调查的今日，这个问题又只得悬起待考了。

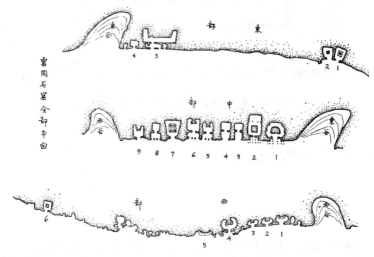

插图六　云冈石窟全部平面

四、石刻中所表现的建筑形式

（一）塔

云冈石窟所表现的塔分两种：一种是塔柱，另一种便是壁面上浮雕的塔。

（甲）塔柱是个立体实质的石柱，四面镂着佛像，最初塔柱是模仿印度石窟中的支提塔（插图七），纯然为信仰之对象。这种塔柱立在中央，为的是僧众可以绕行柱的周围，礼赞供养。伯希和《敦煌图录》中认为北凉建造的第一百十一洞，就有塔柱，每面皆琢佛像。云冈东部第四洞及中部第二洞、第七洞，也都是如此琢像在四面的，其受敦煌影响，当没有疑问。所宜注意之点，则是由支提塔变成四面雕像的塔柱，中间或尚有其过渡形式，未经认识，恐怕仍有待于专家的追求。

稍晚的塔柱，中间佛像缩小，柱全体成小楼阁式的塔，每面镂刻着檐柱、斗栱，当中刻门栱形（有时每面三间或五间），浮雕佛像，即坐在门栱里面。虽然因为连着洞顶，塔本身没有顶部，但底下各层，实可作当时木塔极好的模型。

与云冈石窟同时或更前的木构建筑，我们固未得见，但《魏书》中有许多建立多层浮图的记载，且《洛阳伽蓝记》中所描写的木塔，如熙平元年（公元五一六）胡太后所建之永宁寺九层浮图，距云冈开始造窟仅五十余年，木塔营建之术，则已臻极高程度，可见半世纪前，三五层木塔，必已甚普通。于至木造楼阁的历史，根据史料，更无疑的已有相当年代，如《后汉书·陶谦传》，说"笮融大起浮屠寺，上累金盘，下为重楼"。而汉刻中，重楼之外，陶质冥器中，且有极类塔形的三层小阁，每上一层面阔且递减（插图八）。故我们可以相信云冈塔柱，或浮雕上的层塔，必定是本

插图七　Karle 支提塔

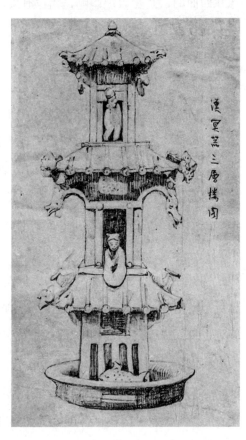

插图八　汉冥器三层楼阁

206

着当时的木塔而镌刻的，绝非臆造的形式。因此云冈石刻塔，也就可以说是当时木塔的石仿模型了。

属于这种的云冈独立塔柱，共有五处，平面皆方形（《洛阳伽蓝记》中木塔亦谓"有四面"），列表如下：

东部第一洞	二层	每层一间（插图九）
东部第二洞	三层	每层三间（插图十）
中部东山谷中塔洞	五层？	每层？间
西部第六洞	五层	每层五间（插图十一）
中部第二洞（中间四大佛像四角四塔柱）	九层	每层三间（插图十二）

上列五例，以西部第六洞的塔柱为最大，保存最好。塔下原有台基，惜大部残毁不能辨认。上边五层重叠的阁，面阔与高度呈递减式，即上层面阔同高度，比下层每次减少，使外观安稳隽秀。这个是中国木塔重要特征之一，不意频频见于北魏石窟雕刻上，可见当时木塔主要形式已是如此，只是平面，似尚限于方形。

日本奈良法隆寺，藉高丽东渡僧人监造，建于隋炀帝大业三年（公元六○七），间接传中国六朝建筑形制。虽较熙平元年永宁寺塔晚几一世纪，但因远在外境，形制上亦必守旧，不能如文化中区的迅速精进。法隆寺塔（插图十三）共五层，平面亦是方形；建筑方面已精美成熟，外表玲珑开展。推想在中国本土，先此百余年时，当已有相当可观的木塔建筑无疑。

插图九　云冈东部第一洞二层塔柱　　插图十　东部第二洞三层塔柱

插图十一　西部第六洞五层塔柱　　插图十二　中部第二洞九层塔柱

208

插图十三　日本奈良法隆寺五重塔

至于建筑主要各部，在塔柱上亦皆镌刻完备，每层的阁所分各间，用八角柱区隔，中雕龛栱及像（龛有圆栱、五边栱两种间杂而用）。柱上部放坐斗，载额枋，额枋上不见平板枋。斗栱仅柱上用一斗三升；补间用"人字栱"；檐椽只一层，断面作圆形，椽到阁的四隅作斜列状，有时檐角亦微微翘起。椽与上部的瓦陇间隔，则上下一致。最上层因须支撑洞的天顶，所以并无似浮雕上所刻的刹柱相轮等等。除此之外，所表现各部，都是北魏木塔难得的参考物。

又东部第一洞、第二洞的塔柱，每层四隅皆有柱，现仅第二洞的尚存一部分。柱断面为方形，微去四角。旧时还有栏杆围绕，可惜全已毁坏。第一洞廊上的天花作方格式，还可以辨识。

中部第二洞的四小塔柱，位于刻大像的塔柱上层四隅。平面亦方形。阁共九层，向上递减至第六层。下六层四隅，有凌空支立的方柱。这四个塔柱因平面小，故檐下比较简单，无一斗三升的斗栱、人字栱及额枋。柱是直接支于檐下，上有大坐斗，如同多立克式柱头（Doric Order），更有意思的，就是檐下每龛门栱上，左右两旁有伸出两卷瓣的栱头，与奈良法隆寺金堂上"云肘木"（即云形栱）或玉虫厨子柱上的"受肘木"极其相似，惟底下为墙，且无柱故亦无坐斗（插图十四）。

这几个多层的北魏塔型，又有个共有的现象，值得注意的，便是底下一层檐部，直接托住上层的阁，中间没有平坐。此点即奈良法隆寺五层塔亦如是。阁前虽有勾阑，却非后来的平坐，因

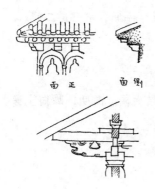

插图十四　中部第二洞塔柱檐下栱头（上）

奈良法隆寺金堂云肘木（下）

其并不伸出阁外，另用斗栱承托着。

（乙）浮雕的塔，遍见各洞，种类亦最多。除上层无相轮，仅刻忍冬草纹的，疑为浮雕柱的一种外（伊东因其上有忍冬草，称此种作哥林特式柱 Corinthian Order），其余列表如下：

一层塔——

（一）上圆下方，有相轮五重。（插图十五）

见中部第二洞上层，及中部第九洞。

（二）方形。见中部第九洞。

三层塔——平面方形，每层间数不同。（插图十六）

（一）见中部第七洞，第一层一间，第二层二间，第三层一间，塔下有方座，脊有合角鸱尾，上具相轮五重及宝珠。

（二）见中部第八第九洞，每层均一间。

（三）见西部第六洞，第一层二间，第二、三层各一间，每层脊有合角鸱尾。

（四）见西部第二洞，第一、二层各一间，第三层二间。

五层塔——平面方形。

（一）见东部第二洞，此塔有侧脚。

（二）见中部第二洞有台基，各层面阔、高度，均向上递减。（插图十七）

（三）见中部第七洞。

七层塔——平面方形。（插图十八）

见中部第七洞塔下有台座，无枭混及莲瓣。每层之角悬幡，上具相轮五层及宝珠。

以上（甲）（乙）两种的塔，虽表现方法稍不同，但所表示的建筑式样，除圆顶塔一种外，全是中国"楼阁式塔"建筑的实例。现在可以综合它们的特征，列成以下各条。

（一）平面全限于方形一种，多边形尚不见。

（二）塔的层数，只有东部第一洞有个偶数的，其余全是奇数，与后代同。

（三）各层面阔和高度向上递减，亦与后代一致。

（四）塔下台基没有曲线枭混和莲瓣，颇像敦煌石窟的佛座，疑当时还没有像宋代须弥座的繁缛雕饰。但是后代的枭混曲线，似乎是由这种直线枭混演变出来的。

（五）塔的屋檐皆直檐（但浮雕中殿宇的前檐，有数处已明显地上翘），无裹角法，故亦无仔角梁、老角梁之结构。

（六）椽子仅一层，但已有斜列的翼角椽子。

（七）东部第二窟之五层塔浮雕，柱上端向内倾斜，大概是后世侧脚之开始。

（八）塔顶之形状（插图十九）：东部第二洞浮雕五层塔，下有方座。其露盘极像日本奈良法隆寺五重塔，其上忍冬草雕饰，如日本的受花，再上有覆钵，覆钵上刹柱饰，相轮五重顶，冠宝珠。可见法隆寺刹上诸物，俱传自我国，分别只在法隆寺塔刹的覆钵，在受花下，云冈的却居受花上。云冈刹上没有水烟，与日本的亦稍不同。相轮之外廓，上小下大（东部第二洞浮雕），中段稍向外膨出。东部第一洞与中部第二洞之浮雕塔，二塔三刹，关野谓为"三宝"之表征，其制为近世所没有。总之根本全个刹，即是一个"窣堵坡"（Stupa）。

（九）中国楼阁向上递减，顶上加一个"窣堵坡"，便为中国式的木塔。所以塔虽是佛教象征意义最重的建筑物，传到中土，却中国化了，变成这中印合璧的规模，而在全个结构及外观上中国成分，实又占得多。如果《后汉书·陶谦传》所记载的不是虚伪，此种木塔，在东汉末期，恐怕已经布下种子了？

洞二西

沠

插图十五　一层塔

214

洞九中　　　　　洞九西

插图十六　云冈石窟浮雕三层塔四种

插图十七 a　中部第一洞浮雕五层塔　　　　插图十七 b　中部第二洞浮雕五层塔

云閣石窟中部第七洞　浮彫七層塔

插图十八　云冈石窟中部第七洞

217

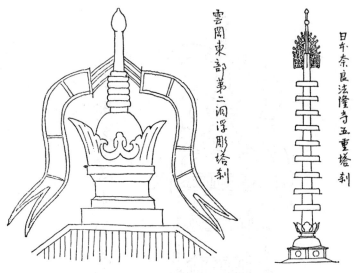

插图十九 a　云冈东部第二洞浮雕塔刹　　插图十九 b　日本奈良法隆寺五重塔刹

（二）殿宇

壁上浮雕殿宇共有两种，一种是刻成殿宇正面模型，用每两柱间的空隙，镌刻较深佛龛而居像（插图二十一、二十二）；另一种则是浅刻释迦事迹图中所表现的建筑物（插图二十）。这两种殿宇的规模，虽甚简单，但建筑部分，固颇清晰可观，和浮雕诸塔同样，有许多可供参考的价值，如同檐柱、额枋、斗栱、房基、栏杆、阶级等等。不过前一种既为佛龛的外饰，有时竟不是十分忠实的建筑模型；檐下瓦上，多增加非结构的花鸟，后者因在事迹图中，故只是单间的极简单的建筑物，所以两种均不足代表当时的宫室全部的规矩。它们所供给的有价值的实证，故仍在几个建筑部分上。（详下文）

插图二十　中部第二洞佛迹图

插图二十一　中部第八洞东壁
　　　　　　浮雕佛殿

插图二十二　中部第八洞西壁
　　　　　　浮雕佛像

（三）洞口柱廊

洞口因石质风化太甚，残破不堪，石刻建筑结构，多已不能辨认。但中部诸洞有前后两室者，前室多作柱廊，形式类希腊神庙前之茵安提斯（Inantis）柱廊之布置。廊作长方形，面阔约倍于进深，前面门口加两根独立大支柱，分全面阔为三间。这种布置，亦见于山西天龙山石窟，惟在比例上，天龙山的廊较为低小，形状极近于木构的支柱及阑额。云冈柱廊（最完整的见于中部第八洞，插图二十三、四十五），柱身则高大无伦。廊内开敞，刻几层主要佛龛。惜外面其余建筑部分，均风化不稍留痕迹，无法考其原状。

五、石刻中所见建筑部分

（一）柱

柱的平面虽说有八角形、方形两种，但方形的，亦皆微去四角，而八角形的，亦非正八角形，只是所去四角稍多，"斜边"几乎等于"正边"而已。

柱础见于中部第八洞的，也作八角形，颇像宋式所谓櫍。柱身下大上小，但未有 entasis 及卷杀。柱面常有浅刻的花纹，或满琢小佛龛。柱上皆有坐斗，斗下有皿板，与法隆寺同。

柱部分显然得外国影响的，散见各处，如：

（一）中部第八洞入口的两侧有二大柱，柱下承以台座，略如

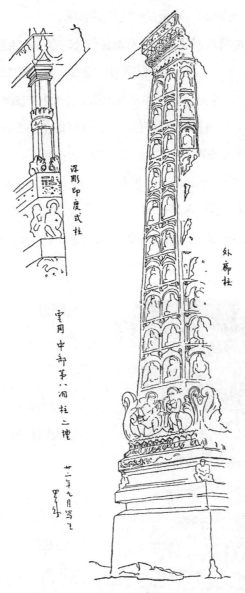

浮雕印度式柱

外廊柱

云冈中部第八洞柱二种

廿二年九月写生

梁思成

插图二十三　云冈中部第八洞柱二种

希腊古典的 Pedestal，疑是受犍陀罗的影响。

（二）中部第八洞柱廊内墙东南转角处，有一八角短柱立于勾栏上面（插图二十三）；柱头略像方形小须弥座，柱中段绕以莲瓣雕饰，柱脚下又有忍冬草叶，由四角承托上来。这个柱的外形，极似印度式样，虽然柱头、柱身及柱脚的雕饰，严格的全不本着印度花纹。

（三）各种希腊柱头（插图二十四），中部第八洞有"爱奥尼亚"式柱头（Ionic Order），极似 Temple of Neandria 柱头（插图二十五）。散见于东部第一洞，中部第三、四等洞的，有哥林特式柱头，但全极简单，不能与希腊正规的 order 相比；且云冈的柱头乃忍冬草大叶，远不如希腊 acanthus 叶的复杂。

插图二十四　中部第八洞爱奥尼亚及哥林特式柱并万字栏杆

中部第八洞
IONIC 式柱

TEMPLE OF NEANDRIA
IONIC 式柱

插图二十五　希腊古 Ionic 式柱头

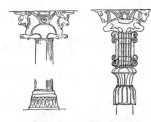

波斯 PERSEPOLIS 兽形柱镇二種

雲岡中部第八洞
兽形斗栱

插图二十六　波斯式兽形柱头

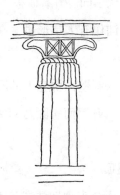

中部第二洞南壁

Bharhut Stupa 石刻

插图二十七　印度"元宝式"柱头

（四）东部第四洞有人形柱，但极粗糙，且大部已毁。

（五）中部第二洞龛栱下，有小短柱支托，则又完全作波斯形式，且中部第八洞壁面上，亦有兽形斗栱与波斯兽形柱头相同（插图二十六）。

（六）中部某部浮雕柱头，见于印度古石刻（插图二十七）。

（二）阑额

阑额载于坐斗内，没有平板枋，额亦仅有一层。坐斗与阑额中间有细长替木，见中部第五、第八洞内壁上浮雕的正面殿宇（插图二十一）。阑额之上又有坐斗，但较阑额下，柱头坐斗小很多，而与其所承托的斗栱上三个升子斗，大小略同。斗栱承柱头枋，枋则又直接承于椽子底下。

（三）斗栱（插图二十一、二十二及各搭柱图）

柱头铺作一斗三升放在柱头上之阑额上，栱身颇高，无栱瓣，与天龙山的例不同。升有皿板。

补间，铺作有人字形栱，有皿板，人字之斜边作直线，或尚存古法。

中部第八洞壁面佛龛上的殿宇正面，其柱头铺作的斗栱，外形略似一斗三升，而实际乃刻两兽背面屈膝状，如波斯柱头（插图二十六）。

（四）屋顶

一切屋顶全表现四注式，无歇山、硬山、挑山等。屋角或上翘，或不翘，无仔角梁、老角梁之表现。（插图二十一、二十二）

橡子皆一层，间隔较瓦轮稍密，瓦皆筒瓦。屋脊的装饰，正脊两端用鸱尾，中央及角脊用凤凰形装饰，尚保留汉石刻中所示的式样。正脊偶以三角形之火焰与凤凰，间杂用之，其数不一，非如近代，仅于正脊中央放置宝瓶。见中部第五、第六、第八等洞。

（五）门与栱

门皆方首。中部第五洞（插图二十八）门上有斗栱檐椽，似模仿木造门罩的结构。

栱门多见于壁龛。计可分两种：圆栱及五边栱（插图二十九）。

插图二十八　中部第五洞内门

圆栱的内周（introdus）多刻作龙形，两龙头在栱开始处。外周（extrodus）作宝珠形。栱面多雕跌（fū）坐的佛像。这种栱见于敦煌石窟，及印度古石刻，其印度的来源，甚为明显。所谓五边栱者，即方门抹去上两角，这种栱也许是中国固有。我国古代未有发券方法以前，有圭门圭窦之称；依字义解释，圭者尖首之谓，室如⌂形，进一步在上面加一边而成⌂，也是演绎程序中可能的事。在敦煌无这种栱龛，但壁画中所画中国式城门，却是这种形式，至少可以证明云冈的五边栱，不是从西域传来的。后世宋代之城门，元之居庸关，都是用这种栱。云冈的五边栱，栱面都分为若干方格，格内多雕飞天；栱下或垂幔帐，或悬璎珞，做佛像的边框。间有少数佛龛，不用栱门，而用垂幛的（插图三十）。

（六）栏杆及踏步

踏步只见于中部第二洞佛迹图内殿宇之前（插图二十）。大都一组置于阶基正中，未见两组、三组之列。阶基上的栏杆，刻作直棂，到踏步处并沿踏步两侧斜下。踏步栏杆下端，没有抱鼓石，与南京栖霞山舍利塔雕刻符合。

中部第五洞有万字栏杆，与日本法隆寺勾栏一致。这种栏杆是六朝唐宋间最普通的做法，图画见于敦煌壁画中。在蓟县独乐寺、应县佛宫寺塔上则都有实物留存至今。

（七）藻井

石窟顶部，多刻作藻井（插图三十二至三十四），这无疑的也是按照当时木构在石上模仿的。藻井多用"支条"分格，但也有不

插图二十九　拱龛及三层塔

插图三十　垂幛龛

227

分格的。藻井装饰的母题，以飞仙及莲花为主，或单用一种，或两者掺杂并用。龙也有用在藻井上的，但不多见。（插图三十五）

藻井之分划，依室的形状，颇不一律（插图三十一），较之后世齐整的方格，趣味丰富得多。斗八之制，亦见于此。

窟顶都是平的，敦煌与天龙山之⬜形天顶，不见于云冈，是值得注意的。

六、石刻的飞仙

洞内外壁面与藻井及佛后背光上，多刻有飞仙，作盘翔飞舞的姿势，窈窕活泼，手中或承日月宝珠，或持乐器，有如基督教艺术中的安琪儿。飞仙的式样虽然甚多，大约可分两种，一种是着印度湿折的衣裳而露脚的（插图四）；一种是着短裳曳长裙而不露脚，裙末在脚下缠绕后，复张开飘扬的（插图三十六）。两者相较，前者多肥笨而不自然，后者轻灵飘逸，极能表出乘风羽化的韵致，尤其是那开展的裙裾及肩臂上所披的飘带，生动有力，迎风飞舞，给人以回翔浮荡的印象。

从要考研飞仙的来源方面来观察它们，则我们不能不先以汉代石刻中与飞仙相似的神话人物（插图二），和印度佛教艺术中的飞仙，两相比较着看。结果极明显的，看出云冈的露脚，肥笨作跳跃状的飞仙，是本着印度的飞仙模仿出来的无疑，完全与印度

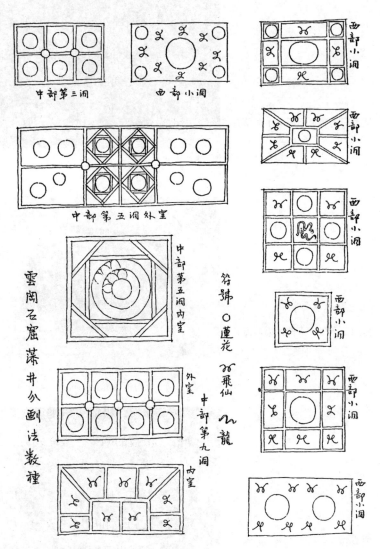

插图三十一　云冈石窟藻井分划法数种

插图三十二　西部某小洞藻井
（其一）

插图三十三　西部某小洞藻井
（其二）

插图三十四　西部某小洞藻井
（其三）

插图三十五　中部第八洞龙文藻井

插图三十六　栱面飞仙

飞仙同一趣味。而那后者，长裙飘逸的，有一些并着两腿，望一边曳着腰身，裙末翘起，颇似人鱼，与汉刻中鱼尾托云的神话人物，则又显然同一根源（插图三十六）。后者这种屈一膝作猛进姿势的，加以更飘散的裙裾，多脱去人鱼形状，更进一步，成为最生动灵敏的飞仙，我们疑心它们在云冈飞仙雕刻程序中，必为最后最成熟的作品。

天龙山石窟飞仙中之佳丽者，则是本着云冈这种长裙飞舞的，但更增富其衣褶，如腰部的散褶及裤带。肩上飘带，在天龙山的，亦更加曲折回绕，而飞翔姿势，亦愈柔和浪漫。每个飞仙加上衣带彩云，在布置上，常有成一饼图案者（插图三十七）。

曳长裙而不露脚的飞仙，在印度西域佛教艺术中俱无其例，殆亦可注意之点。且此种飞仙的服装，与唐代陶俑美人甚似，疑是直接写真当代女人服装。

飞仙两臂的伸屈，颇多姿态；手中所持乐器亦颇多种类，计所见有如下各件：

鼓◻状，以带系于项上，◻腰鼓、笛、笙、琵琶、筝，◻◻（类外国 harp）◻但无钹。其他则常有持日、月、宝珠，及散花者。

总之飞仙的容貌仪态亦如佛像，有带浓重的异国色彩者，有后期表现中国神情美感者。前者身躯肥胖，权衡短促，服装简单，上身几全袒露，下裳则作印度式短裙，缠结于两腿间，粗陋丑俗。后者体态修长，风致娴雅，短衣长裙，衣褶简而有韵，肩带长而回绕，飘忽自如，的确能达到超尘的理想。

七、云冈石刻中装饰花纹及色彩

云冈石刻中的装饰花纹种类奇多，而十之八九，为外国传入的母题及表现（插图三十八及三十九）。其中所示种种饰纹，全为希腊的来源，经波斯及犍陀罗而输入者，尤其是回折的卷草，根

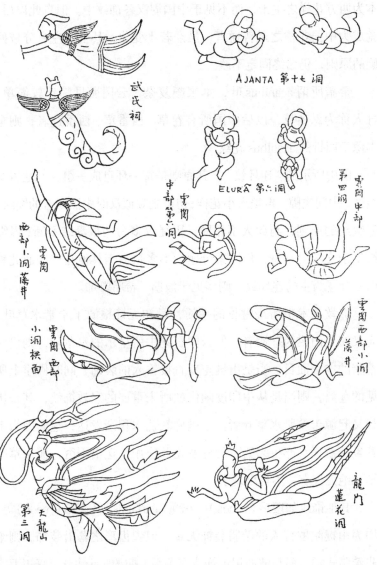

插图三十七　印度汉魏飞仙比较

本为西方花样之主干，而不见于中国周汉各饰纹中。但自此以后，竟成为中国花样之最普通者，虽经若干变化，其主要左右分枝回旋的原则，仍始终固定不改。

希腊所谓 acanthus 叶，本来颇复杂，云冈所见则比较简单：日人称为忍冬草，以后中国所有卷草、西番草、西番莲者，则全本源于回折的 acanthus 花纹。

图中所示的"连环纹"，其原则是每一环自成一组，与他组交结处，中间空隙，再填入小花样；初望之颇似汉时中国固有的绳纹，但绳纹的原则，与此大不相同，因绳纹多为两根盘结不断；以绳纹复杂交结的本身，作图案母题，不多藉力于其他花样。而此种以三叶花为主的连环纹，则多见于波斯、希腊雕饰。

佛教艺术中所最常见的莲瓣，最初无疑根源于希腊水草叶，而又演变而成为莲瓣者。但云冈石刻中所呈示的水草叶，则仍为希腊的本来面目，当是由犍陀罗直接输入的装饰。同时佛座上所见的莲瓣，则当是从中印度随佛教所来重要的宗教饰纹，其来历却又起源于希腊水草叶者。中国佛教艺术积渐发达，莲瓣因为带着象征意义，亦更兴盛，种种变化及应用，迭出不穷，而水草叶则几绝无仅有，不再出现了。

其他饰纹如璎珞（beads）、花绳（garlands）及束苇（reeds）等，均为由犍陀罗传入的希腊装饰无疑。但尖齿形之幕沿装饰，则绝非希腊式样，而与波斯锯齿饰或有关系（插图三十九）。真正万字纹未见于云冈石刻中，偶有万字勾栏，其回纹与希腊万字，却绝

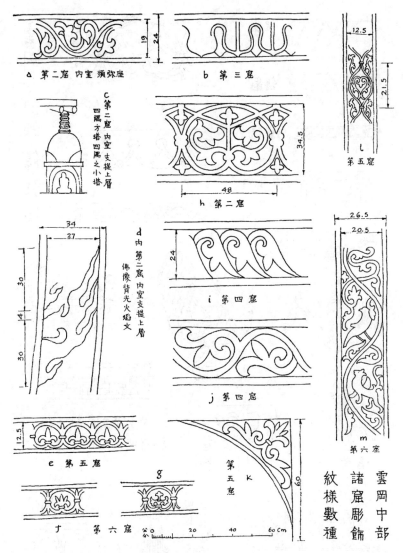

a 第二窟 内室 須弥座

b 第三窟

c 第二窟 内室支提上層
四隅方塔 四隅之小塔

h 第二窟

ㄥ 第五窟

d 内第二窟 内室支提上層
佛像背光火焰文

i 第四窟

j 第四窟

m 第六窟

e 第五窟

第五窟 K

f 第六窟

20 40 60 cm

雲岡中部
諸窟彫飾
紋樣數種

插图三十八　云冈中部诸窟雕饰纹样数种

235

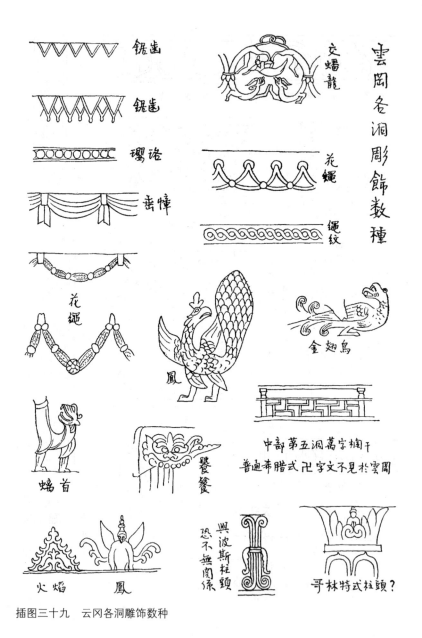

锯齿

锯齿

璎珞

垂幛

花绳

凤

蟠首

饕餮

火焰　　凤

交蟠龙

花绳

绳纹

金翅鸟

中部第五洞万字栏干
普通希腊式卍字文不见于云冈

雲岡各洞彫飾数種

興波斯柱頭
恐不無闗係

哥林特式柱頭?

插图三十九　云冈各洞雕饰数种

不相同。水波纹亦偶见，当为中国固有影响。

以兽形为母题之雕饰，共有龙、凤、金翅鸟（Garuda）、螭首、正面饕餮、狮子，这些除金翅鸟为中印度传入，狮子带着波斯色彩外，其余皆可说是中国本有的式样，而在刻法上略受西域影响的。

汉石刻砖纹及铜器上所表现的中国固有雕纹，种类不多，最主要的如雷纹、斜线纹、斜方格、斜方万字纹，直线或曲线的水波纹、绳纹、锯齿、乳箭头叶、半圆弧纹等，此外则多倚赖以鸟兽人物为母题的装饰，如青龙、白虎、饕餮、凤凰、朱雀，以及枝柯交纽的树、成列的人物车马及打猎时奔窜的犬鹿兔豕等等。

对汉代或更早的遗物有相当认识者，见到云冈石刻的雕饰，实不能不惊诧北魏时期由外传入崭新花样的数量及势力！盖在花纹方面，西域所传入的式样，实可谓喧宾夺主，从此成为十数世纪以来中国雕饰的主要渊源。继后唐宋及后代一切装饰花纹，均无疑义的、无例外的，由此展进演化而成。

色彩方面最难讨论，因石窟中所施彩画，全是经过后世的重修，伧俗得很。外壁悬崖小洞，因其残缺，大概停止修葺较早，所以现时所留色彩痕迹，当是较古的遗制，但恐怕绝不会是北魏原来面目。佛像多用朱，背光绿地；凸起花纹用红或青或绿。像身有无数小穴，或为后代施色时用以钉布布箔以涂丹青的。

八、窟前的附属建筑

论到石窟寺附属殿宇部分，我们得先承认，无论今日的石窟寺木构部分所给予我们的印象为若何，其布置及结构的规模为若何，欲因此而推断千四百余年前初建时的规制，及历后逐渐增辟建造的程序，是个不可能的事。不过距开窟仅四五十年的文献，如《水经注》里边的记载，应当算是我们考据的最可靠材料，不得不先依其文句，细释而检讨点事实，来作参考。

《水经注·㶟水》条里，虽无什么详细的描写，但原文简约清晰，亦非夸大之词。"凿石开山，因岩结构。真容巨壮，世法所希。山堂水殿，烟寺相望。林渊锦镜，缀目新眺。"关于云冈巨构，仅这四句简单的描述而已。这四句中，首次末三段，句句即是个真实情形的简说。至今除却河流干涸，沙床已见外，这描写仍与事实相符，可见其中第三句"山堂水殿，烟寺相望"当也是即景说事。不过这句意义，亦可作两种解说。一个是：山和堂，水和殿，烟和寺，各各对望着，照此解释，则无疑的有"堂""殿"和"寺"的建筑存在，且所给的印象，是这些建筑物与自然相照对峙，必有相当壮丽，在云冈全景中，占据重要的位置的。

第二种解说则是疑心上段"山堂水殿"句，为含着诗意的比喻，称颂自然形势的描写。简单说便是：据山为堂（已是事实），因水为殿的比喻式，描写"山而堂，水而殿"的意思，因为就形势看山崖临水，前面地方颇近迫，如果重视自然方面，则此说倒也逼切写真，但如此则建筑部分已是全景毫末，仅剩烟寺相望的"寺"，而这寺到底有多少是木造工程，则又不得而知了。

《水经注》里这几段文字所以给我们附属木构殿宇的印象，明显的当然是在第三句上，但严格说，第一句里的"因岩结构"，却亦负有相当责任的。观现今清制的木构殿阁，尤其是由侧面看去，实令人感到"因岩结构"描写得恰当真切之至。这"结构"两字，实有不止限于山岩方面，而有注重于木造的意义蕴在里面。现在在云冈的石佛寺木建殿宇（插图四十一、四十二、四十三），只限于中部第一、第二、第三大洞前面，山门及关帝庙在第二洞中线上。第一洞、第三洞，遂成全寺东西偏院的两阁，而各有其两厢配殿。因岩之天然形势，东西两阁的结构、高度、布置均不同。第二洞洞前正殿高阁共四层，内中留井，周围如廊，沿梯上达于顶层，可平视佛颜。第一洞同之。第三洞则仅三层（洞中佛像亦较小许多），每层有楼廊通第二洞。但因二洞、三洞南北位置之不相同，使楼廊微作曲折，颇增加趣味。此外则第一洞西，有洞门通崖后，洞上有小廊阁。第二洞后崖上，有斗尖亭阁，在全寺的最高处。这些木建殿阁厢庑，依附岩前，左右关连，前后引申，成为一组；绿瓦巍峨，点缀于断崖林木间，遥望颇壮丽，但此寺已是云冈石崖一带现在惟一的木构部分，且完全为清代结构，不见前朝痕迹。近来即此清制楼阁，亦已开始残破，盖断崖前风雨

插图四十　西部第五洞大佛背光装饰

插图四十一　中部第一、第二、第三各洞外部木构正面

240

插图四十二
中部第二洞
外部木构侧面

插图四十三　中部第三洞外部木构

侵凌，固剧于平原各地，木建损毁当亦较速。

关于清以前各时期中云冈木建部分到底若何，在雍正《朔平府志》中记载左云县云冈堡石佛寺古迹一段中，有若干可注意之点。

《府志》里讲："……规制甚宏，寺原十所：一曰同升，二曰灵光，三曰镇国，四曰护国，五曰崇福，六曰童子，七曰能仁，八曰华严，九曰天宫，十曰兜率。其中有元载所造石佛二十龛；石窟千孔，佛像万尊。由隋唐历宋元，楼阁层凌，树木蓊郁，俨然为一方胜概。……"这里的"寺原十所"的寺，因为明言数目，当然不是指洞而讲。"石佛二十龛"亦与现存诸洞数目相符。惟"元载所造"的"元"，令人颇不解。雍正《通志》同样句，却又稍稍不同，而曰"内有元时石佛二十龛"。这两处恐皆为"元魏时"所误。这十寺既不是以洞为单位计算的，则疑是以其他木构殿宇为单位而命名者。且"楼阁层凌，树木蓊郁"，当时木构不止现今所余三座，亦恰如当日树木蓊郁，与今之秃树枯干，荒凉景象，相形之下，不能同日而语了。

所谓"由隋唐历宋元"之说，当然只是极普通的述其历代相沿下来的意思。以地理论，大同朔平不属于宋，而是辽金地盘；但在时间上固无分别。且在雍正修府志时，辽金建筑本可仍然存在的。大同一城之内，辽金木建，至今尚存七八座之多。佛教盛时，如云冈这样重要的宗教中心，亦必有多少建设，所以府志中所写的"楼阁层凌"，或许还是辽金前后的遗建，至少我们由这府志里，只知道"其山最高处曰云冈，冈上建飞阁三重，阁前有世祖章皇帝（顺治）御书'西来第一山'五字及'康熙三十五年西征回銮幸寺赐'匾额，而未知其他建造工程"。而现今所存之殿阁则又为乾、嘉以后的建筑。

在实物方面，可作参考的材料的，有如下各点：

一、龙门石窟崖前，并无木建庙宇。

二、天龙山有一部分有清代木建，另有一部分则有石刻门洞；楣、额、支柱，极为整齐。

三、敦煌石窟前面多有木廊（插图四十四），见于伯希和《敦煌图录》中。前年关于第一百三十洞前廊的年代问题（插图四十五），有伯希和先生与思成通信讨论，登载本刊三卷四期，证明其建造年代为宋太平兴国五年的实物。第一百二十窟 A 的年代是宋开宝九年，较第一百三十洞又早四年。

四、云冈西部诸大洞，石质部分已天然剥削过半，地下沙石填高至佛膝或佛腰，洞前布置，石刻或木建，盖早已湮没不可考。

五、云冈中部第五至第九洞，尚留石刻门洞及支柱的遗痕（插图四十五），约略可辨当时整齐的布置。这几洞岂是与天龙山石刻门洞同一方法，不藉力于木造的规制的。

六、云冈东部第三洞及中部第四洞崖面石上，均见排列的若干栓眼，即凿刻的小方孔（插图四十六），殆为安置木建上的椽子的位置。察其均整排列及每层距离，当推断其为与木构有关系的证据之一。

七、因云冈悬崖的形势，崖上高原与崖下河流的关系，原上

插图四十四　敦煌石窟外部木构

插图四十五　中部第八洞外柱

244

插图四十六　东部第三
　　　　　洞崖上椽孔

插图四十七　云冈别墅建
　　　　　筑时出土莲
　　　　　瓣柱础

的雨水沿崖而下，佛龛壁面不免频频被水冲毁。崖石崩坏堆积崖下，日久填高，底下原积的残碑断片，反倒受上面沙积的保护，或许有若干仍完整地安眠在地下，甘心作埋没英雄，这理至显，不料我们竟意外地得到一点对于这信心的实证。在我们游览云冈时，正遇中部石佛寺旁边，兴建云冈别墅之盛举，大动土木之后，建筑地上，放着初出土的一对石质柱础（插图四十七），式样奇古，刻法质朴，绝非近代物。不过孤证难成立，云冈岩前建筑问题，惟有等候于将来有程序的科学发掘了。

九、结 论

总观以上各项的观察所及，云冈石刻上所表现的建筑、佛像、飞仙及装饰花纹，给我们以下的结论。

云冈石窟所表现的建筑式样，大部分为中国固有的方式，并未受外来多少影响，不但如此，且使外来物同化于中国，塔即其例。印度"窣堵坡"方式，本大异于中国本来所有的建筑，及来到中国，当时仅在楼阁顶上，占一象征及装饰的部分，成为塔刹。至于希腊古典柱头如 gonid order 等虽然偶见，其实只成装饰上偶然变化的点缀，并无影响可说。惟有印度的圆栱（外周作宝珠形的），还比较的重要，但亦只是建筑部分的形式而已。如中部第八洞门廊大柱底下的高 pedestal（插图二十三），本亦是西欧古典建筑的特征之一，既已传入中土，本可发达传布，影响及于中国柱础。孰知事实并不如是，隋唐以及后代柱础，均保守石质覆盆等扁圆形式，虽然偶有稍高的筒形如插图四十七，亦未见多用于后世。后来中国的种种基座，则恐全是由台基及须弥座演化出来的，与此种 pedestal 并无多少关系。

在结构原则上，云冈石刻中的中国建筑，确是明显表示其应用构架原则的。构架上主要部分，如支柱、阑额、斗栱、椽、瓦、檐、脊等，一一均应用如后代；其形式且均为后代同样部分的初型无疑。所以可以证明，在结构根本原则及形式上，中国建筑二千年来保持其独立性，不曾被外来影响所动摇。所谓受印度、希腊影响者，实仅限于装饰佛像雕刻，本不是本篇注意所在，故亦不曾详细作比较研究而讨论之。但可就其最浅见的趣味派别及刀法，略为提到。佛像的容貌衣褶，在云冈一区中，有三种最明显的派别。

第一种是带着浓重的中印度色彩的，比较呆板僵定，刻法呈示在模仿方面的努力。佳者虽勇毅有劲，但缺乏任何韵趣，弱者则颇多伧丑。引人兴趣者，单是其古远的年代，而不是美术的本身。

第二种佛容修长，衣褶质实而流畅。弱者质朴庄严；佳者含笑超尘，美有余韵，气魄纯厚，精神栩栩，感人以超人的定，超神的动；艺术之最高成绩，荟萃于一痕一纹之间，任何刀削雕琢，平畅流丽，全不带烟火气。这种创造，纯为汉族本其固有美感趣味，在宗教艺术方面的发展。其精神与汉刻密切关联，与中印度佛像，反疏隔不同旨趣。

飞仙雕刻亦如佛像，有上面所述两大派别；一为模仿，以印度像为模型；一为创造，综合模仿所得经验，与汉族固有趣味及审美倾向，作新的尝试。

这两种时期距离并不甚远，可见汉族艺术家并未奴隶于模仿，而印度犍陀罗刻像雕纹的影响，只作了汉族艺术家发挥天才的引火线。

云冈佛像还有一种，只是东部第三洞三巨像一例。这种佛像雕刻艺术，在精神方面乃大大退步，在技艺方面则加增谙熟繁巧，讲求柔和的曲线、圆滑的表面。这倾向是时代的，还是主刻者个人的，却难断定了。

装饰花纹在云冈所见，中外杂陈，但是外来者，数量超过原有者甚多。观察后代中国所熟见的装饰花纹，则此种外来的影响势力范围极广。殷周秦汉金石上的花纹，始终不能与之抗衡。

云冈石窟乃西域印度佛教艺术大规模侵入中国的实证。但观其结果，在建筑上并未动摇中国基本结构。在雕刻上只强烈地触动了中国雕刻艺术的新创造 —— 其精神、气魄、格调，根本保持着中国固有的。而最后却在装饰花纹上，输给中国以大量的新题材、新变化、新刻法，散布流传直至今日，的确是个值得注意的现象。

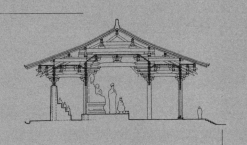

佛光寺的建筑·记五台山

梁思成

【编者按】中央文化部为了坚决执行保护古文物建筑政策，两年来，曾协同各地方人民政府，对散布在全国各地的古建筑逐步地做了勘察，并在有计划地对具有重大价值的古建筑进行重点修缮。

山西五台山佛光寺大殿是唐代遗构，距今有一千零九十余年的历史，它是国内仅存的、已经调查过的惟一唐代木构建筑[1]。解放后，人民政府对它的现存状况极为关心，在一九五〇年七月，中央文化部文物局（现改为"社会文化事业管理局"）组织的雁北文物勘察团，对佛光寺即曾做了极详细的调查，并且已在去年六月就开始了重点修缮。

佛光寺是一九三七年为梁思成先生等所发现，关于寺的状况、历史与建筑艺术，曾撰文登载《中国营造学社汇刊》第七卷第一、二期。因该期印数不多，现已不易得到。为了供给各地文物工作者研究古建筑的参考，本刊特请梁先生将原文加以修改，再在本

1　后来又在离佛光寺不远的地方发现南禅寺大殿，鉴定为比佛光寺更早的唐代建筑。此外，山西芮城留存的广仁王庙大殿等，都是较为完整的唐代遗构。只是本篇发表之时，公众并不知道这些信息。

刊发表。

山西五台山是由五座山峰环抱起来的[1]，当中是盆地，有一个镇叫台怀。五峰以内称为"台内"，以外称"台外"。台怀是五台山的中心，附近寺刹林立，香火极盛。殿塔佛像都勤经修建。其中许多金碧辉煌，用来炫耀香客的寺院，都是近代的贵官富贾所布施重修的。千余年来所谓：文殊菩萨道场的地方，竟然很少明清以前的殿宇存在。

台外的情形，就与台内很不相同了。因为地占外围，寺刹散远，交通不便，所以祈福进香的人，足迹很少到台外。因为香火冷落，寺僧贫苦，所以修装困难，就比较有利于古建筑之保存。

一九三七年六月，我同中国营造学社调查队莫宗江、林徽因、纪玉堂四人，到山西这座名山，探索古刹。到五台县城后，我们不入台怀，折而北行，径趋南台外围。我们骑驮骡入山，在陡峻的路上，迂回着走，沿倚着崖边，崎岖危险，下面可以俯瞰田垄。田垄随山势弯转，林木错绮；近山婉婉在眼前，远处则山峦环护，形式甚是壮伟，旅途十分僻静，风景很幽丽。到了黄昏时分，我们到达豆村附近的佛光真容禅寺，瞻仰大殿，咨嗟惊喜，我们一向所抱着

---

1 本篇原发表于《中国营造学社汇刊》第七卷1~2期，1945年10月。后又发表于《文物参考数据》第5~6期，1953年，原刊有副题"荟萃在一寺的魏、齐、唐、宋的四个孤例；荟萃在一殿的唐代四种艺术"。本书所选即为后者，并保留"编者按"。

的国内殿宇还必有唐构的信念，一旦在此得到一个实证了。

佛光寺的正殿魁伟整饬，还是唐大中年间的原物。除了建筑形制的特点历历可征外，梁间还有唐代墨迹题名，可资考证。佛殿的施主是一妇人，她的姓名写在梁下，又见于阶前的石幢上，幢是大中十一年（公元八五七年）建立的。殿内尚存唐代塑像三十余尊，唐壁画一小横幅，宋壁画几幅。这不但是我们多年来实地踏查所得的惟一唐代木构殿宇，不但是国内古建筑之第一块宝，也是我国封建文化遗产中最可珍贵的一件东西。寺内还有唐石刻经幢二座，唐砖墓塔二座，魏或齐的砖塔一座，宋中叶的大殿一座。

正殿的结构既然是珍贵异常，我们开始测绘就惟恐有遗漏或错失处。我们工作开始的时候，因为木料上有新涂的土朱，没有看见梁底下有字，所以焦灼地想知道它的确实建造年代。通常殿宇的建造年月，多写在脊檩上。这座殿因为有"平闇"顶板，梁架上部结构都被顶板隐藏，斜坡殿顶的下面，有如空阁，黑暗无光，只靠经由檐下空隙，攀爬进去。上面积存的尘土有几寸厚，踩上去像棉花一样。我们用手电探视，看见檩条已被蝙蝠盘踞，千百成群地聚挤在上面，无法驱除。脊檩上有无题字，还是无法知道，令人失望。我们又继续探视，忽然看见梁架上都有古法的"叉手"的做法，是国内木构中的孤例。这样的意外，又使我们惊喜，如获至宝，鼓舞了我们。

照相的时候，蝙蝠见光惊飞，秽气难耐，而木材中又有千千万万的臭虫（大概是吃蝙蝠血的），工作至苦。我们早晚攀登工作，或爬入顶内，与蝙蝠臭虫为伍，或爬到殿中构架上，俯仰细量，探索惟恐不周到，因为那时我们深怕机缘难得，重游不是容易的，这次图录若不详尽，恐怕会辜负古人的匠心的。

我们工作了几天，才看见殿内梁底隐约有墨迹，且有字的左右共四梁，但字迹被土朱所掩盖。梁底离地两丈多高，光线又不足，各梁的文字，颇难确辨。审视了许久，各人凭自己的目力，揣拟再三，才认出官职一二，而不能辨别人名。徽因素来远视，独见"女弟子甯公遇"之名，深怕有误，又详细检查阶前经幢上的姓名。幢上除有官职者外，果然也有"女弟子甯公遇"者，称为"佛殿主"，名列在诸尼之前。"佛殿主"之名既然写在梁上，又刻在幢上，则幢之建造应当是与殿同时的。即使不是同年兴工，幢之建立要亦在殿完工的时候。殿的年代因此就可以推出了。

为求得题字的全文，我们当时就请寺僧入村去募工搭架，想将梁下的土朱洗脱，以穷究竟。不料村僻人稀，和尚去了一整天，仅得老农二人，对这种工作完全没有经验，筹划了一天，才支起一架。我们已急不能待地把布单撕开浸水互相传递，但是也做了半天才洗出两道梁。土朱一着了水，墨迹就骤然显出，但是水干之后，墨色又淡下去，又隐约不可见了。费了三天时间，才得读完题字原文。可喜的是字体宛然唐风，无可置疑。"功德主故右军中尉王"当然是唐朝的宦官，但是当时我们还不知道他究竟是谁。

正殿摄影测绘完了后，我们继续探视文殊殿的结构，测量经幢及祖师塔等。祖师塔朴拙劲重，显然是魏齐遗物。文殊殿是纯

佛光寺大殿

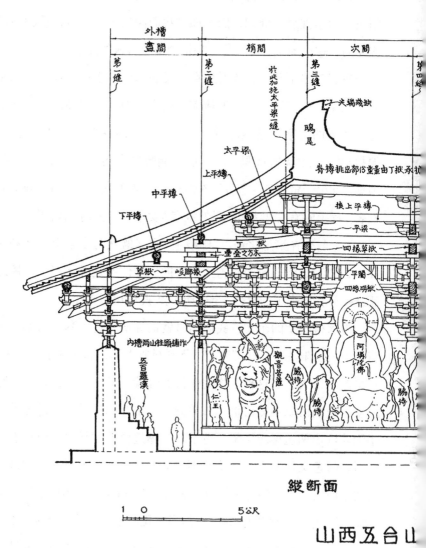

外槽
盡間

梢間

次間

第一縫

第二縫

於此加施太平梁縫

第三縫

第四縫

尖端殘缺

鴟尾

太平梁

脊槫挑出部份重量由丁栿承托

上平槫

中平槫

接上平槫

下平槫

平梁

丁栿

四椽草栿

靈臺之方木

草栿

岐頭栱

平闇

四椽明栿

內槽兩山柱頭鋪作

五百羅漢

仁王

觀音菩薩

脇侍

脇侍

阿彌陀佛

脇侍

縱斷面

1 0   5公尺

山西五台山

254

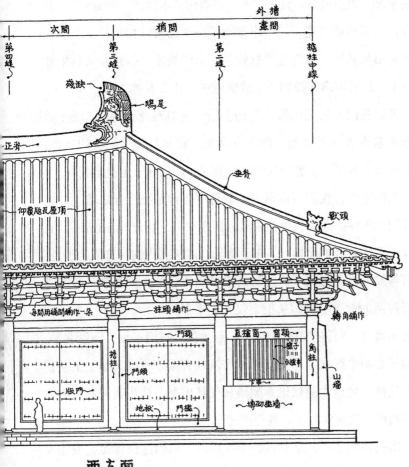

西立面

· 大殿　唐大中十一年建　857 A.D.

255

粹的北宋手法，不过构架独特，是我们前所未见；前内柱之间的内额净跨十四公尺余，其长惊人，寺僧称这木材为"薄油树"，但是方言土音难辨究竟。一个小孩捡了一片栎树叶相示，又引导我们登后山丛林中，也许这巨材就是后山的栎木，但是今天林中并无巨木，幼树离离，我们还未敢确定它是什么木材。

最后我们上岩后山坡上探访墓塔，松林疏落，晚照幽寂；虽然峰峦萦抱着亘古胜地，而左右萧条，寂寞自如。佛教的迹象，留下的已不多了。推想唐代当时的盛况，同现在一定很不相同。

工作完毕，我们写信寄太原教育厅，详细陈述寺之珍罕，敦促计划永久保护办法。我们游览台怀诸寺后，越过北台到沙河镇，沿滹沱河经繁峙至代县，工作了两天，才听到卢沟桥抗战的消息。战事爆发，已经五天了。当时访求名胜所经的，都是来日敌寇铁蹄所践踏的地方。我们从报上仅知北平形势危殆，津浦、平汉两路已不通车。归路惟有北出雁门，趋大同，试沿平绥，回返北平。我们又恐怕平绥或不得达，而平汉恢复有望，所以又嘱纪玉堂携图录稿件，暂返太原候讯。翌晨从代县出发，徒步到同蒲路中途的阳明堡，就匆匆分手，各趋南北。

图稿回到北平，是经过许多挫折的。然而这仅仅是它发生安全问题的开始。此后与其他图稿由平而津，由津而平，又由社长朱桂莘先生嘱旧社员重抄，托带至上海，再由上海，邮寄内地，辗转再三，无非都在困难中挣扎着。

山西沦陷之后七年，我正在写这个报告的时候，豆村正是敌寇进攻台怀的据点。当时我们对这名刹之存亡，对这唐代木建孤例的命运之惴惧忧惶，曾经十分沉重。解放以后，我们知道佛光寺不惟仍旧存在，而且听说毛主席在那里还住过几天。这样，佛光寺的历史意义更大大地增高了。中央文化部已拨款修缮这罕贵的文物建筑，同时还做了一座精美的模型。现在我以最愉快的心情，将原稿做了些修正，并改为语体文，作为一件"文物参考数据"。

一、佛光寺概略 —— 现状与寺史

现状：佛光寺在南台豆村镇东北约五公里之佛光山中。伽蓝是依着山岩布置的（见图），正殿踞于高台之上，俯临庭院，东南北三面峰峦环抱，惟独西向朗阔，所以寺门和正殿都是向西的。寺门内庭院广阔，大部荒顿，左右两侧，在北面向南的是文殊殿五间，结构奇绝，细查各项手法，则似属北宋的形制。北向的旧有普贤殿与文殊殿对峙，寺僧已不能记忆毁于何时，现在殿址上仅有厩舍几间而已。山门卑小，称作韦陀殿，是近世草率重修的。旧有的山门，相传于清光绪间焚毁。文殊普贤两殿间的庭院中，尽是残砖茂草，有一座经幢屹立，是唐乾符四年的原物。两殿之东，到正殿的台下，距离颇远，各为四合小院。小院东房都是砖砌的窑洞七券，很简陋，南北房是清式的小阁殿堂，是现在的僧舍和客堂。

窑洞后面地势陡起，依山筑墙成为广台，高约十二三公尺，作为正殿的基座。正殿七间，总面阔为三十四公尺余，西向俯瞰全寺及寺前的山谷。广台很高，殿的立面，惟有在台上才可得全貌。台以上，殿的后面就近接山岩，几乎没有空隙地，殿前距台沿约十公尺，仿佛一个小庭院。殿的台基，仅仅高出台上地面几步石级。殿的斗栱很雄大，屋顶坡度缓和，广檐翼出，全部庞大豪迈的气象，与敦煌壁画净土变相中的殿宇极为相似，一望而知是唐末五代时的原物。柱、额、斗栱、门窗、墙壁，全用土朱刷饰，无彩画。

　　殿前经幢，高约三公尺余，刻工秀美，离殿阶很近。幢的两侧有双松夹立，苍拙如画，幢建于唐大中十一年。立幢人之一就是殿的施主。同一名字又见于殿梁的题字，因而得以考证建殿与立幢是约略同时的，所以幢是考证寺史的重要实物。

　　位于殿两山之侧，有左右小配殿各一座，都是清式建筑，形制卑小，殿后峭岩的高度与殿檐齐，大概是兴建之初，是凿崖开山以辟出屋基的。殿内后部几个柱础有些就是将就岩石凿成的。殿南侧稍东，崖前乱石杂树之间，有砖塔一座，六角重层，称祖师塔，形式很古，像是魏齐原物。

　　殿的内部广阔修饬，结构简洁，内柱一周，分殿身为内外槽。内柱的斗栱出华栱四层，全部不用横栱，上面托着月梁如虹，飞架于前后内柱之间，秀健整丽，是北方宋辽遗物中所未曾见过的。内柱与外檐柱之间，即外槽之上，也用短月梁联系。殿内上部做小方格的平闇，支条方格极小，与日本天平时代（约当我唐中叶）

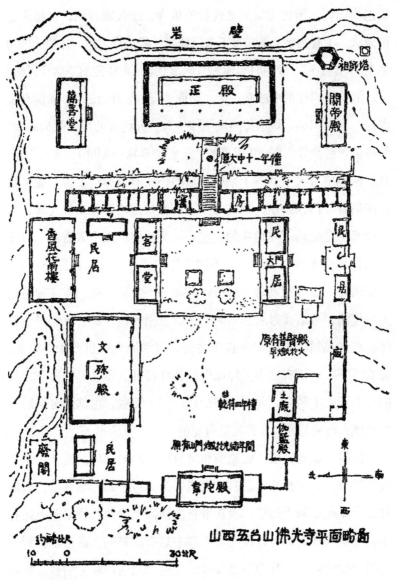

佛光寺平面略图

的遗构相同，国内则如河北蓟县独乐寺，辽代观音阁，也是用这种做法。梁底题字，最初被土朱所掩盖，经洗涤之后，才显为"功德主""佛殿主"，及当时当地长官职衔姓名。书法宛然是唐代风格。

沿着后内柱的中线是一堵"扇面墙"，尽五间之长；墙前有大佛坛，深一间半。坛上每间供主像一尊，高约五公尺，颇为高大，胁侍供养菩萨等六尊，并引兽的"獠蛮""筛篊（fú lǐn）""童子"等，及坛两端甲胄天王共三十余躯。坛的一角有供养信女像一躯，殿门南侧有沙门像一躯，都是等身写实像。这两尊像人性充沛，与诸佛菩萨是迥然不同趣味的。这一点最初并不太令人着意，只觉得他们神情惟妙，但我们也不知道像与寺史有什么样深的关系。主要诸像的姿势很劲雄，胁侍像的塑法，生动简丽，本来都是精美的作品，可惜经过后世重装，轮廓已稍模棱，而且色彩过于鲜缦，辉映刺目，失去醇和古厚之美。所幸原型纹折改动得很少，像貌线条，还没有完全失掉原塑的趣味特征。重装是以薄纸裱褙的，上面敷上色彩，我们试剥少许，应手而脱，内部还可见旧日的色泽，将来复原的工作还是可能的。

佛殿两端的山墙，后檐墙和佛坛后面的扇面墙，通常施绘壁画的地方，现在都涂了白灰，大概因为原有壁画已渐剥落，后世修葺，竟就涂刷无遗了。现在惟有内柱额上少数的栱眼壁上还有小幅壁画存在，适足以证明殿中原来是有壁画的，而得幸存到今天的，仅此而已。其中最足珍视的是右次间前内额上的横。它的构图分为三组：中央以佛为中心，左右以菩萨为中心，各有菩萨天王等胁侍，像是西方阿弥陀佛及观音、势至二菩萨。画像色泽黝古，除石绿外，所有着色都昧暗成了铁青色，衣纹姿态，都极流畅，笔意的确富有唐风，与敦煌唐代壁画尤为相似。左次间前内额上的栱眼壁上，画作七个圆光，每圆光内画佛像十躯，布局格式与右次间者完全相异，题签是宋宣和四年，色彩还极为鲜焕。两相比较，一望而知右次间横幅的年代较之左次间宋画的年代是古远得很多的。

殿后岩以上，有一片疏朗的松林，平坡一片，距岩边几丈处，有圆形墓塔一座，它下部的须弥座已经残毁，塔身半圆像覆钵形，上面是八角檐顶，也已经残破了。这座幕塔形制特殊，是墓塔中罕见的样式。沿着山径更上去，又有墓塔一座，六角单层，叠涩出檐，残毁情形，也很厉害。壁上嵌石一方，刻尊胜陀罗尼经，未见姓名年月。两塔形制及细项手法，前者富于唐代的作风，后者可能是宋代遗物。

寺史：佛光寺相传是北魏孝文帝（公元四七一—四九九年）所创建的。佛光寺之名，见于传记者，有隋唐之际，五台县昭果寺解脱禅师："隐五台南佛光寺四十余年。……永徽中（公元六五〇—六五五年）卒。"（《续高僧传》卷二十六）

贞观中（六二七—六四九），有明隐禅师者，住佛光寺七年，永徽二年（六五一）代州都督把他找回来，纲领昭果寺的责任。（《续高僧传》卷二十五）

大历五年（七七〇），法照禅师自衡山到五台，兴建大圣竹林

寺，"到五台县，见佛光寺南白光数道"，曾经在这里住过。(《宋高僧传》卷二十一）

敦煌石室壁画宋绘五台山图中有"大佛光之寺"（敦煌第六一号窟）。寺当时即得描影于数千里沙漠之外，其为唐宋时代五台的名刹，因此也可以推想了。

关于佛光寺建筑事业之努力者，见于传记的有中唐以后的法兴和愿诚二位禅师。

法兴禅师：

> 七岁出家……来寻圣迹，乐止林泉，隶名佛光寺。……即修功德，建三层七间弥勒大阁，高九十五尺。尊像七十二位，圣贤八大龙王，罄从严饰。台山海众，异舌同辞，请充山门都焉。太和二年（八二八）……入灭。……建塔于寺西北一里所。(《宋高僧传》卷二十七）

以法兴入寂的年代推测，他建阁的年代当在元和（公元八〇六—八二〇）长庆（八二一—八二四）间。

那时佛光寺颇为兴盛，寺中的"祥瑞"竟能远达长安，传到宫廷里去。

元庆元年：

> 河东节度使裴度奏五台佛光寺庆云现文殊大士乘狮子于

空中，从者万众。上遣使供万菩萨。是日复有庆云现于寺中。
（《佛祖统记》卷四十二）

但此后二十余年，就遭遇会昌毁佛的灾难（公元八四五），"五台诸僧多亡奔"，而佛光寺三层七间高九十五尺的弥勒大阁及其他殿堂，大概都遭到破坏。

后来复兴这寺的功劳，应该归于愿诚。愿诚：

> 少慕空门，虽为官学生，已有息尘之志。……礼行严为师。……严称其"神情朗秀，宜于山中精勤效节。"……太和三年（公元八二九）落发，五年具戒。无何，会昌中随例停留，惟诚志不动摇。及大中再崇释氏，……遂乃重寻佛光寺，已从荒顿，发心次第新成。美声洋洋，闻于帝听，飙驰圣旨，云降紫衣。……光启三年，……寂然长往，建塔于寺之西北一里也。（《宋高僧传》卷二十七）

所谓"已从荒顿，发心次第新成"，则今天的单层七间佛殿，必然是他就弥勒大阁的旧址上建立的。就全寺的地势说来，惟有现在佛殿所在的地位适宜于建阁，且间数都是七间，其利用旧基，更属可能。今天佛殿门内的南侧，面对着佛坛跌坐的等身像，想就是愿诚的写真塑像。假定他受戒的时候（太和三年，公元八二九）年约十五六岁，以七十许之高龄（光启三年，公元八八七）入寂，则建殿的时候（大中十一年，公元八五七），他年当在四十左右。这像所表现的年龄与此相符，想当是他中年的像。

佛殿梁下唐人题字，列举建殿时当地官长和施主的姓名，也是关于这座殿的重要史料。其中最令人注意的莫如"佛殿主上都送供女弟子甯公遇"，这姓名也见于殿前大中十一年的经幢，称为"佛殿主"，想就是出资建殿的施主。按理立幢应在殿成之后，因以推定殿之完成应当就在这年，而其兴工当较此早几年，但亦当在大中二年"复法"，愿诚"重寻佛光寺"以后。佛坛南端天王的旁边有一座等身信女像；敦煌壁画或画卷里也常有供养者侍坐画隅的例子，因此我们推定这就是供养者"女弟子甯公遇"的塑像。

第三梁有"助造佛殿泽州功曹参军张公长"之名，所谓"助造"，则可能是帮助捐资，也可能是帮助监督工程，我们不敢擅断。

当心间南一缝梁底写着："敕河东节度观察处置等使检校部工尚书兼御史大夫郑"。按《旧唐书·宣宗本记》，大中九年九月：

> 昭义节度使检校礼部尚书兼潞州大都督府长史，御史大夫，上柱国，赐紫金鱼袋郑涓，检校刑部尚书，太原尹，北都留守御史大夫，充河东节度管内观察处置等使。

所列这些职衔，除刑部及礼部尚书与梁底所书工部尚书（误作部工尚书）不符外，其余都没有出入，其为郑涓殆无可疑的。郑涓任这职位到大中十一年十二月，始为毕诚所代，与殿之建造年代是相符合的。刑部尚书作工部尚书或者是执笔人李行儒知之未详，"工部"颠倒为"部工"，也颇为有趣。毕诚在新旧唐书均有传，郑涓的姓名则仅见于本纪而已。

"代州都督供军使兼御史中丞赐紫金鱼袋卢"尚待考。卢钧、卢简方都曾经担任过代、雁一带的军职，然而年月官职都与此不符。

"功德主故右军中尉王"是最为煌赫的一个角色。唐自中叶以后，宦官专权，鱼朝恩以观军容使进而专统神策军，吐蕃两次进犯长安，鱼朝恩都以神策军平定了大局，从此以后神策军就常以宦官为统帅。贞元中，特置神策军护军中尉，由宦官充任，时号为"两军中尉"。此后中尉就掌握了天下大权，皇帝的废立，也都由他决定。这个"功德主"大概就是元和长庆间的宦官王守澄。王守澄在元和年间监徐州军。宪宗李纯暴卒，事实上是王守澄与陈弘志所杀，他们又杀了沣王恽而立穆宗李恒。等到刘克明杀了敬宗李湛，王守澄又杀了刘克明，另立文宗李昂；不久王守澄就被任命为骠骑大将军，充右军中尉，李昂因为元和的逆罪未讨，所以用郑注李训的计谋，提升仇士良为左军中尉，以分王守澄之权。到了太和元年（公元八二七）就派了一个太监到他家里，赐以鸩酒杀了他，但仍赐扬州大都督的头衔。郑注、李训本来计划将宦官一网打尽，原拟藉送王守澄殡葬为名，选壮士为亲兵，趁着宦官集送而尽杀之。后来李训又恐事成之后，郑注专有其功，所以中途变计，另出甘露之谋，酿成巨变，此后宦官的势力反而更嚣张了。殿之建立，上距王守澄之死刚刚三十年，故称"故"右军中尉。

我们推定这个"功德主"就是王守澄，大概不致错误。

"功德主敕河东监军使元"无可考，想来是以宦官而任郑涓的监军的。

"佛殿主宁公遇出资兴建此殿，而受她的好处的"功德主"则是王、元两太监，可知宁公遇与当时宦官的关系必然颇深，而且宁与王的姓名同列在一梁上，或者与王的关系尤密。考唐代的阉官多有娶"妻"的，如高力士娶吕玄晤女，李辅国娶元擢女，见于史籍。然则宁公遇或者就是王守澄的"妻"或"养女"，至少也是深受王在世的时候的恩宠的。所谓"上都送供"则宁公遇本人身在上都（长安），而将财资兴建此殿，并将像送此供养，宁公遇曾否亲至佛光寺，就无从考证了。

唐代的阉官专横，危乱了封建主的政权。他们资产殷富，甚过王侯，所以阉官之兴建寺观者，如高力士之造宝寿寺、华封观，鱼朝恩之献出庄园建造章敬寺，在在皆是。这殿的"功德主"是王、元二阉，看看他们的权富怎样反映于宗教遗物，留到一千一百年后的今天，就可以证明当时的宗教是服务于封建统治阶级，用来麻痹人民的，也可以证明建筑活动是时代背景最忠实的记录。

赵宋以后，寺史已无可考；不过从文殊殿看来，似是北宋所建。正殿中既然有宣和壁画，则可知宋时也曾有一番建筑重修，是必然的事实，可惜缺乏文字记载的数据。

佛殿乳栿下有明宣德重修的题名，门额上题"佛光真容禅寺，大明万历四十二年十二月日奉旨重修，御马监太监"[1]，都是明代重

1　原文如此。——编者注

266

修的记录。他如屋顶琉璃鸱吻，也是明代物[1]。清中叶以后，寺日益冷落，较之台怀诸寺，倍觉荒凉。《山西通志》《五台县志》及《清凉山志》中都没有详细的记载，仅简单地写"佛光寺在南台外……里"而已，其冷僻不受注意如此。一九三〇年前后，寺僧曾一度重装佛像，唐塑的色泽，一旦就"修毁"了，虽然塑体形状大致得存，然而所给予人的印象和艺术价值已减损了很多，是极可惋惜的。

佛光寺一寺之中，寥寥几座殿塔，几乎全是国内建筑的孤例：佛殿建筑物，本身已经是一座唐构，乃更在殿内蕴藏着唐代原有的塑像、绘画和墨迹，四种艺术萃聚在一处，在实物遗迹中诚然是件奇珍；至如文殊殿构架之特殊，略如近代之桁架，祖师塔之莲瓣形券面，束莲柱，朱画的人字形"影作"；殿后圆墓塔的覆钵，酷似印度窣堵坡原型，都是他处所未见的，都是研究中国建筑史中极可贵的遗物。

二、佛殿建筑分析

立面

殿外表至为简朴，广七间，深四间，单檐四注顶，立在低而平的阶基上。柱头上有"七铺作双抄双下昂"——即出跳四层，

---

1 据后来的研究，鉴定大殿琉璃鸱尾为元代物。

其下两层为"华栱"，上两层为"昂"的——斗栱。柱与柱之间，每间用"补间铺作"一朵。殿前面居中五间都装版门，两"尽间"则装直棂窗。两山都砌雄厚的山墙，惟有最后一间辟直棂窗，殿内后部的光线由此射入。檐柱的柱头微侧向内，角柱增高，所以所谓"侧脚"及"生起"都很显著。

平面

殿平面广七间，深四间，由檐柱一周及内柱一周合成，略如宋《营造法式》所谓"金箱斗底槽"的做法。内槽深两间广五间的面积内，就更别无立柱了。外槽绕着内槽一周匝，在檐柱与内柱之间，深一间，略如一周回廊。沿着后内柱的中线，依着内柱砌"扇面墙"，尽五间之长，更左右折而向前，三面绕拥，如同一个大屏风，其中是巨大佛坛，上面立着佛菩萨像三十余尊。扇面墙以外，即内槽的左右两侧及后面的外槽中，依两山及后檐墙砌台三级，设置五百罗汉像。

横断面

佛殿梁架按照梁栿的斫割方法论可以分为"明栿"，与"草栿"两大类。"明栿"在"平闇"（即天花板）以下，安在前后各柱斗栱之上，是从殿中的视线所能及的，都刻削为"月梁"，轮廓秀美。"草栿"隐藏在平闇以上，在殿内看不见，所以用粗木，不用斤斧加工，由柱头斗栱上面的压槽枋承托着。宋《营造法式》所谓"明梁只阁平棊（qí），草栿在上承屋盖之重 …… 以方木及矮柱敦桥，随宜枝撑固济"，这方法在唐朝已用了。

就梁栿与柱之关系来说，则有内槽与外槽两组。内槽大梁（"四椽明栿"）是前后内柱间的联络材，这种配合，就是《营造法式》所谓"八架椽屋前后乳栿用四柱"的做法。内柱与外柱同样高，上面都用"七铺作"斗栱（即四跳的斗栱）。檐柱上斗栱出四跳，"双抄双下昂"，以承托檐槫（tuán）及檐部的全部结构。内柱上斗栱四抄（无下昂），承托檐内的四椽明栿。这些内外斗栱的后尾是相向着的，从第二跳后出为"明乳栿"，就是内柱与檐柱之间的主要联络材。

　　内槽的四椽明栿也作成月梁形，两端因有华栱四跳承托，所以它的净跨仅及两椽半的长度。梁背上在第六层柱头枋同高度处，由梁头上的枋子伸出成半驼峰，在与第二跳华栱头约略相同的距离处安斗，承着十字相交的斗栱，以承托算桯枋（即平棊枋）。梁背上正中则以驼峰承托十字斗栱，与两头的半驼峰相应，以承托平棊枋。外槽的明乳栿也作成月梁形，两头上也安半驼峰。但因距离短小，所以梁的正中不用十字斗栱，而另用一枋相联系，枋上则隐出栱形，内外相对。更上一层才是平棊枋，以承托外槽平闇。内外槽平闇四周与斗栱相接处，都从平棊枋向下斜安小椽承版，使平闇成为"盝顶"状。

　　平闇以上部另安草栿，以承托屋盖的重量。草乳栿在外槽平闇以上，它的梁头（外端）与外檐柱头铺作上的压槽枋相交，它的重量大部由昂尾挑起。压槽枋的大小仅仅同单材一样，不像法式图中所见的那样硕大。草栿梁尾（内端）由内槽柱头铺作上的柱头

山西五台山 **佛光寺大雄寶殿** 唐大中十一年建

四椽栿（草栿）

四椽栿

梁下唐人题字

唐

横断面

梁思成等测绘

佛光寺大殿当心间横断面

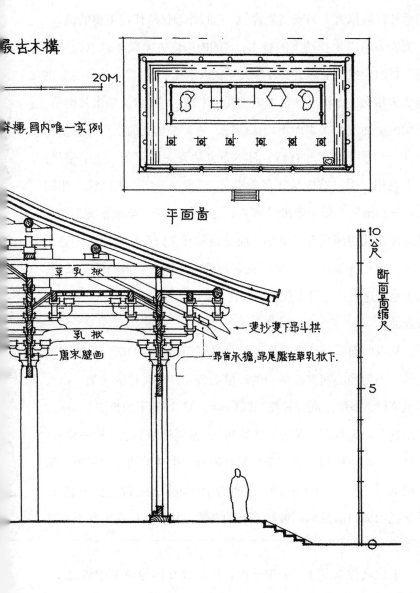

最古木構

20M.

□□梲,国内唯一实例

平面圖

草乳栿

乳栿

唐宋壁画

斜抄雙下昂斗拱

昂首承搪,昂尾壓在草乳栿下.

10
公尺

斷面高縮尺

5

0

枋承托。乳栿背上另安"缴背"，它的外端仅略伸过下槫的位置，上面安方木以承托槫下的替木；它的内端施方木敦橡以承托草四椽。草四椽栿的上面，安敦橡大斗，以承托"平梁"（斗内的令栱与梁头相交，令栱上安替木以承托上平槫）。平梁上隐出月梁形，平梁的上面安大叉手而不用侏儒柱，两叉手相交的顶点与令栱相交，令栱承托替木和脊槫。日本奈良法隆寺的回廊，建于隋代，梁上也用叉手，结构与此完全相同；更溯而上之，则以汉朱鲔祠也在三角形的石版上隐出梁和叉手的结构。（宋代梁架则叉手侏儒柱并用，元明两代叉手渐小，而侏儒柱日大，至清代而叉手完全不见，但用侏儒柱。）佛殿所见是我们多年调查所得的惟一孤例，恐怕也是这做法之得以仅存的实物了。

纵断面

从纵断面的结构上来看梁架，最复杂和困难的部分在梢间的上部。因为当心间左右两间的柱缝上各安齐整对称的梁架，由明栿至草栿，各缝之间安长槫和攀（pān）间（即槫下的长枋），尽间的结构（即纵断面所见之外槽结构），是同横断面之外槽一样的，内外柱间用草栿相联系，至为简易明晰。惟独梢间之上（第二第三两缝间）另外安丁栿三道。丁栿背上所负荷的各部，极为重要，是承托山面与前后两瓦坡相汇处的必需结构，所以在解释上稍见复杂。

丁栿之位置如下：居中一道，内端放在四椽草栿中段之上，外端则放在第二缝中柱斗栱之上，但是它的位置还高过斗栱最上

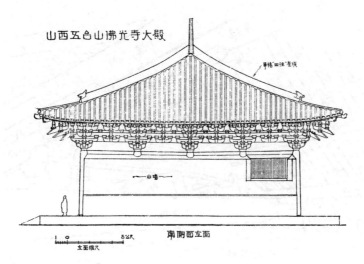

山西五台山佛光寺大殿

單檐四注"廡頂

山墙

南側面立面

五台山佛光寺大殿侧面

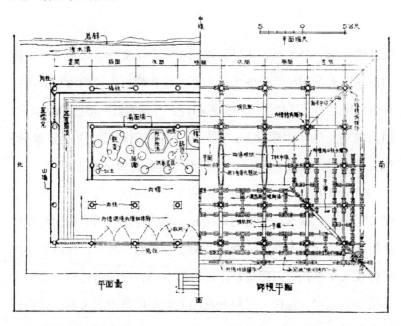

五台山佛光寺大殿平面图

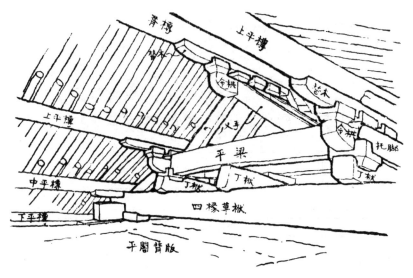

佛光寺大殿梢间梁架

层柱头枋约一公尺余，所以必须用枋木多层支撑。其他两道丁栿
的内端则放在四椽草栿的两头，外端放在两山内柱的内额上面的
补间铺作之上。丁栿的内端位置略高，外端略低，侧面斜度显然，
因为内端是放在四椽栿上，而外端是压在山面的中平槫下面的。
这三道丁栿的主要功用:(一)在承托山面瓦坡下的上平槫一缝;
(二)在距丁栿内端一公尺处，另安太平梁一缝，与第三缝上的平
梁并列平行，以承托脊槫的末端和脊吻的重量。因为山面与前后
面屋坡之相交点不在第三缝上，而更支出约一公尺，所以必须将
脊槫延长来承托它，而这挑出部分的脊槫，则须由这道增置的太
平梁来承托它。这样，脊槫的两端和它上面鸱吻的重量，就得以
经由太平梁到丁栿而再转达于它下面各立柱。丁栿的功用如此重

274

要，所以第二第三两缝柱间上部结构之变化，乃是步步为实际之需要，也就是步步为解决它上面"四注顶"瓦坡的结构所使然的。

月梁

殿所用的月梁的权衡和卷杀的方法也与《营造法式》的做法不同。佛殿四椽明栿的高度是六十公分，约合斗栱用材之二十九分强（见下文斗栱分析），与法式"明栿广四十二分……四椽栿广五十分"之规定，均相去甚远。因为它的高度既然小了，而同为四椽栿，所以唐栿比宋栿较为纤瘦。它的断面的高与宽之比约为五比七，加以月梁中段下顫，所以它的中间的断面近乎四比五之比。因为斗栱出跳数多，故斜项奇长，隐出了材栔之区别。四椽栿的梁头引伸成为槽外乳栿上的平棊枋，而乳栿梁头则引伸成为四椽栿下的华栱。梁背两肩的"卷杀"及梁底的"起顫""瓣数"及"瓣长"都不清晰，仅仅能以图解与宋式相比较。至于内外柱上的乳栿，它的高度仅及一足材，呈现极端纤瘦的外表，与宋法式所规定的"两材一栔"，相去就更远了。

平闇

"平闇"和"平棊"都是后世所谓"天花板"。平棊内所分的方格颇大，形如棋盘，平闇则方格密小。这殿内所用的是平闇，其主要木框是由明栿以上，每间左右或前后的平棊枋正角相交而成的。（无论它与每缝梁架平行或与每两缝间的攀间平行的，均称平棊枋）。承托这平棊枋的，除四椽明栿月梁正中驼峰上的十字斗栱外，主要者为每缝月梁两端上半驼峰所承托的十字斗栱，和第

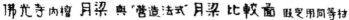

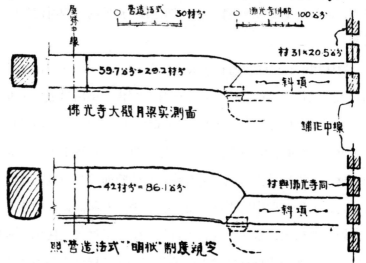

佛光寺内槽月梁与《营造法式》月梁比较图（假定用同等材）

三缝两内柱（及其中柱）柱头斗栱跳头上的令栱。平棊枋间用方椽做成方格，上面用素版覆盖。椽方约一〇公分，档空约二〇公分，所以方格的权衡，至为密小。河北蓟县辽独乐寺观音阁平闇的样式与此完全相同，日本现存唐末五代殿宇的平闇也多用这做法，是当时通用的方法。

斗栱上面的平棊枋与柱头枋之间，都向下斜安"峻脚椽"，上面安遮椽板，以完成平闇的"盝顶"。槽内每间平闇的中央都以四个方格合为一个较大的八角小井，以破除小格之单调。

柱及柱础

殿柱的排列法，已在平面项下叙述过。至于柱的本身，有可

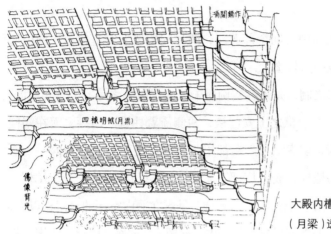

四椽明栿(月梁)

甬間鋪作

佛像背光

大殿内槽的四椽明栿
（月梁）透视

注意者数点：

（1）全部内外柱除角柱生起所产生的轻微差别外，都是同一高度的；不像后世那样将内柱加高，以迎合屋顶的结构。（2）内柱径约五七公分，柱高约五〇〇公分。高约为径之八点八倍，其权衡颇为肥硕。檐柱径约五四公分，高约为径之九点二五倍。（3）柱上径较下径仅小二公分，收分约五百分之一，柱头卷杀作覆盆样，但显然不是"梭柱"。

柱础之方，微少于柱径之倍，前檐诸柱都有"覆盆"，以宝装莲花为装饰。覆盆之高约为础方的十分之一，与《营造法式》所规定的大致符合。莲瓣宝装之法，每瓣中间起脊，脊两侧突起椭圆形泡，瓣尖卷起作如意头，是唐代最通常的作风。后部内柱，有将就地下的岩石做成柱础的，因为建筑地址本是凿崖辟出的，所以将就岩石作础，也是从权的办法，颇为有趣。

门窗

佛殿正面中五间全部辟门，两尽间槛墙上安直棂窗。两山墙后部高处也辟直棂窗。

其造门之制，是现存实例所未见的。两柱之间，最下安地栿，扁置在地上。地栿之上安门槛，两侧倚着柱身安门颊，而在阑额之下安门额。其额、颊、槛都用版合成，里面是空的如同一个盒子。门槛与地栿合成"凵"形。门额内面以门簪四枚安"鸡栖木"，而额外面不出"门簪头"，因为簪头是藏在额内空部的。门槛以内，也在地栿之上更安一枋，与额内"鸡栖木"对称，以承门下镶。每门扇都是双扇，版门后用五道楅（bì）。每楅一道在门外面用铁门钉一路，每路用钉十一枚。每扇并装铁铺首一枚。铺首门钉都很瘦小，与门的权衡颇不相称。门部的结构恐怕是明以后物，其结

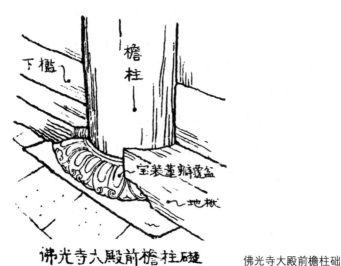

佛光寺大殿前檐柱础

构法是否按最初原形，则尚待考[1]。

正面尽间在砖砌槛墙之上辟窗。阑额之下安窗额，其大小及门额相同，也是用版合成的。槛墙之上安下串，额下不另安上串，两侧倚着柱身安立颊，中间安版棂，共十五棂，棂中段安承棂串。它的权衡形制与法式小木作的版棂窗，出入颇多。

屋顶举折

佛殿屋顶的坡度，脊槫举高与前后檐（liáo）檐槫间距离之比，约为一比四点七七，较法式一比四、一比三等规定均低，举势甚为和缓。屋顶的坡度，至清代而陡峻至极点，其举高更甚于一比三，而最上一架，竟有超过四十五度的。将清式与这个唐例相比较，则屋顶的坡度，自古代缓和至近代陡峻的趋向，亦可以见一斑。

槫椽角梁

自脊槫以下，以至檐下的槫，都是圆槫，槫径约一材（三〇公分），斗栱令栱跳头上也用圆槫，而不用枋。槫上的椽，都是径约十五公分的圆椽。檐部仅用椽一层，不另加飞檐，椽头卷杀甚急，斫成方头，远观所得印象，颇纤小清秀，不像用圆椽的样子，其是否原状，不无可疑之点。檐角部分用双层角梁承托。大角梁头刻作〜形，子角梁短而小，仅向上微微翘起。

瓦及瓦饰

佛殿屋顶覆以甋瓦。瓦长约五〇公分，宽约三一公分，厚三

1　后来在大殿的大门背后发现了多处唐代题记，证明此门乃是唐代原物。

点五公分，颇为硕大。瓦陇以五二或五三公分中至中之距离排列。檐头用重唇瓯瓦，其重唇的饰花作双行连珠纹，唇的外缘作踞齿形。正脊垂脊都是用瓯瓦垒叠，上面加盖瓪瓦而成的。正脊是在当沟和线道瓦之上用瓦十九层，垂脊则用瓦九层。正脊两端用庞大的鸱尾，虽然尾尖已损坏，还高达三点〇七公尺。鸱尾轮廓，颇为简洁，从龙的鼻额以上，紧张陡起，迥然与清代作风不同，背侧的线则垂直上升，然后向内弯曲，颇似山西大同华严寺及河北蓟县独乐寺山门辽代遗例。鸱尾隐起花纹，除龙的嘴眼角和尾上的小龙外，其尾鳍及嘴翅隐起都很微少，呈现极秀致的现象。但从琉璃的质泽看来，似为明代物。正脊正中安火珠，连座通高二点六六公尺，珠下座多层，颇为繁复，恐属清代所造。

垂脊的下端安兽头，脊上安蹲兽两三枚不等，戗脊也安蹲兽

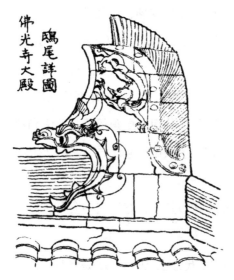

佛光寺大殿鸱尾详图

280

一二枚，位置无定，极不合矩。其兽形也像是明清以后粗劣的作品。

三、佛殿斗栱之分析

佛殿斗栱分别安在内外两周柱之上的，共计七种，用在梁栿上的十字斗栱不在内。

外檐斗栱三种：1.柱头铺作；2.补间铺作；3.转角铺作。

槽内斗栱四种：4.柱头铺作；5.两山柱头铺作；6.补间铺作；7.转角铺作。

1.外檐柱头铺作 用在外檐柱头上的斗栱，七铺作双抄双下昂。从栌斗出华栱两跳，第一跳"偷心"没有横出的栱；第二跳跳头安瓜子栱和慢栱，以承托罗汉枋。第三、第四跳都是下昂，第三跳偷心，第四跳跳头安令栱，与翼形耍头相交，令栱上安替木，以承托橑檐槫。后尾第一跳出华栱，第二跳是乳栿（与外出第二跳华栱相连做）。第三跳用一材，其外端至第二跳头交互斗内止，以承第一层下昂。其内端杀作半驼峰形，其上安交互斗，其上令栱与隐出华栱十字形相交，以承托平棊枋（亦称算桯枋）。第四跳实际上是一枋，其表面隐出华栱，栱头上安斗，以承托它上面的平棊枋。下昂两层的后尾，以约略二十三度的斜度向上挑起，后端压在草乳栿的下面。与华栱下昂在柱中线上相交的，最下层是泥道栱，与第一跳华栱在栌斗内相交。泥道栱以上，共计用柱头枋四层，第一层隐出慢栱，与第二层华栱相交，以上两层又各隐出令栱（或泥道栱）及慢栱。更上安压槽枋一层，与草乳栿相交。在第二跳华栱中线上，即《营造法式》用牛脊槫的地位，另安一枋（或可呼为牛脊枋），都直接承托椽下。

2. 外檐补间铺作　补间铺作仅出华栱两跳，其下面不用栌斗，所以不放在阑额上面。第一跳华栱与第一层柱头枋相交，跳头上安翼形栱，如后世的三福云。第二跳跳头上安令栱，与批竹式的耍头相交，以承托罗汉枋。后尾第一跳偷心，其余与前面完全相同。

补间铺作因为没有栌斗，与阑额没有直接联系，所以像是虚悬着的，已失去斗栱在结构上原有的机能和意义。初看的时候，我们颇疑心它下面或原有栌斗而失去者，但是全殿绝无遗迹可寻，其槽内栱眼壁上壁画，无疑为唐代原画，亦无栌斗或驼峰矮柱存在之痕迹，故知其原形未改。

3. 外檐转角铺作　用在四角柱之上。其正侧两面都出双抄双下昂，如同柱头铺作一样。但在四十五度角在线则出角华栱两抄，角昂三层。正侧两面第二跳华栱上的瓜子栱和慢栱，相交于第二跳角华栱之上，在转角毗连之面伸出成为华栱两跳，跳头上安单斗，与昂上的令栱并列，以承托替木。第二跳昂头安正侧两面相交的令栱，并与由昂相交，以承托相交的令栱和橑檐枋。由昂头上另安宝瓶以承托角梁。

华栱第一跳后尾就与泥道栱相列，第二跳以上即引伸成为各

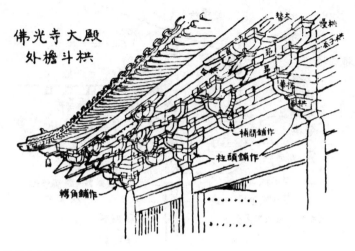

佛光寺大殿外檐斗栱

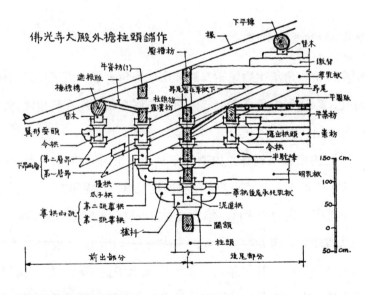

佛光寺大殿外檐柱头铺作

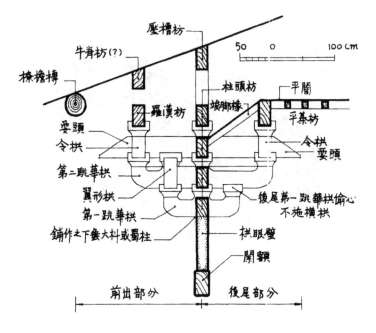

佛光寺大殿外檐补间铺作

层罗汉枋。角华栱后尾第二跳伸出成为角乳栿，由第一跳角华栱
承托，以达到内角柱之上。两面的昂尾都相交压在转角毗连之面
的最上层柱头枋之下。

4. 内槽柱头铺作 内槽的斗栱都以正面向槽内，后尾向外。
柱头铺作的正面从栌斗伸出华栱四跳以承托四椽明栿，全部偷心。
其第五层就成为四椽栿。第六层安枋一材，其前端作成半驼峰形，
与外檐柱头铺作乳栿上所安的半驼峰完全相同。半驼峰之上安斗
承托令栱，以承托平棊仿。第七层又出华栱一跳，与令栱相交，
以承托栿上的平棊枋。铺作后尾出华栱一跳，以承托乳栿，与外

284

檐柱头铺作后尾完全相同，并相对称。

与华栱相交者计泥道栱一层，柱头枋五层，枋上隐出栱形。包括泥道栱在内计算，成为两重栱一令栱的配合。

5.内槽两山柱头铺作 虽然也用材七层，但仅伸出三跳。第四层以上都在第三跳跳头的中线上安斗，成层层相叠之状。第四、五、六层的材，则出头部分作成六分头，批竹头，翼形头，第六层斗内安小翼形栱，第七层又伸出华栱一跳，以承托纵中线上的平棊枋，令栱就与它相交以承托平棊枋。

6.内槽补间铺作 在第三层柱头枋以上出华栱，共三跳，跳头安令栱以承托平棊枋。其后尾则在第一、二层柱头枋出栱两跳，跳头安令栱与要头相交以承托平棊枋。后尾两跳华有共均不与柱头枋十字相交，仅作丁头栱，以榫卯安在枋面上，以求与外檐补间铺作的后尾作形式上之对称；其第三层所出要头，才是正面第一跳后尾之引伸而与柱头枋相交的。

7.内槽转角铺作 正面仅在四十五度角线上出华栱四跳。第一二跳出华栱，第三层出翼形小栱头，其上安斗与第二跳跳头之斗相叠；第四层又出华栱一跳，和小翼形栱头一跳，其上安十字相交翼形栱，与角线上的翼形栱相交，以承托两面相交的平棊枋。角华栱后尾伸出为华栱一层，以及角乳栿等，与外檐转角铺作相对称联系。

8.材栔 殿斗栱所用的材约略为 $30\,\text{cm} \times 20.5\,\text{cm}$，其比例与

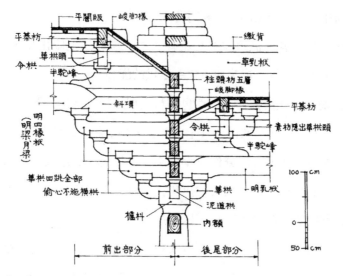

佛光寺大殿内槽柱头铺作

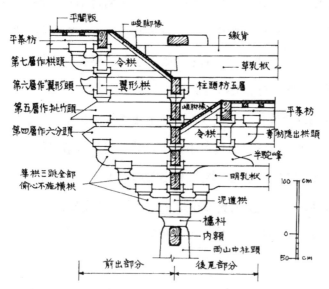

佛光寺大殿内槽山面中柱柱头铺作

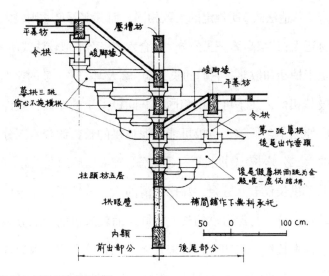

平綦枋
令栱
峻脚椽
草栱三跳
偷心不施橫栱
柱頭枋五層
栱眼壁
內額
壓槽枋
峻脚椽
平綦枋
令栱
第一跳草栱
後尾出作垂頭
後尾假華栱跳頭為全
殿唯一處偽結栱
補間鋪作下無枓承托

50　0　100 cm.

前出部分　　後尾部分

佛光寺大殿内槽补间铺作

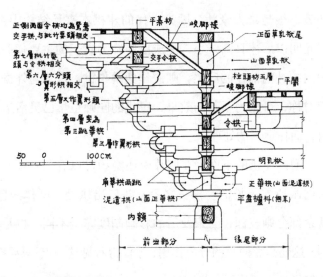

正側兩面令栱均為鴛鴦
交手栱，與批竹昂頭相交
第七層批竹昂
頭與令栱相交
第六層六分頭
與翼形栱相交
第五層又作翼形頭
第四層實為
第三跳華栱
第三層作翼形栱
角華栱兩跳
泥道栱（山面正華栱）
內額
平綦枋
峻脚椽
交手令栱
正面草乳栱尾
山面草乳栱
柱頭枋五層
峻脚椽
平闇
令栱
明乳栱
正華栱（山面泥道栱）
平盤櫨枓（無耳）

50　0　100cm

前出部分　　後尾部分

佛光寺大殿内槽转角铺作

287

宋《营造法式》所规定的大致相同,而其实际尺寸则较宋法式一等材还大;其栔高约一三公分,约合六点三分,似较法式所定的略高。至于栌斗和散斗,它们的长、宽、高及耳、平、欹的比例,与宋式极其相似,几乎可以说相同,其间极微小的差数,或许是因为木质伸缩不匀所致,也极可能。泥道栱的长,约合六三分,较宋清的六二分略长;慢栱长至一〇七分,较宋以后的九二分,所差很多;瓜子栱长仅五八分余,却比宋清的六二分短了,而令栱的长度也是六三分,与泥道栱的长度相同,而较宋清的七二分短很多,至于替木长约一二四分,较宋式之一二六分微短。因为各部比例之不同,斗栱的全部之权衡,就与后世的呈现不同的印象了。

至于斗栱全部的高度,适合檐柱高度的一半,所以所呈现的外表,很是雄大豪壮。因为古代的斗栱本来是结构中主要部分,到元明以后才日渐纤小,变成以装饰为它们的主要任务。但是殿槽内的补间铺作的后尾,则假作两跳华栱,以求与外檐斗栱后尾相对称,可见为了装饰效果,唐代的匠师也早已灵活运用结构材料,而作适当的处理了。

槽内斗栱的下面,在照片中还隐约可以看见彩画的痕迹,而为肉眼所看不见的。栱头之下,斗口出栱处,画作浅色凸字形,其余部分则较深,与宋及后的彩画制度完全不同,也是大可注意的。这还是靠照片的分色作用,才仅得看见这一点;只凭肉眼观察,则仅见外面所涂的土朱而已。

四、佛殿的附属艺术

塑像

（甲）中三间的主像及胁侍等　在佛殿槽内五间的长度，一间半的深度的位置上，是一座高七四公分的大佛坛。坛上有主像五尊，各附有胁侍像五六尊不等。当心间的主像是降魔释迦，袒着右肩，右手垂置在右膝上，作"触地印"，左手捧钵放在腹前，趺坐在长方须弥座上。左次间的主像是弥勒佛，垂下双足坐着，左右脚下各有莲花一朵。双膝并垂，是唐代佛像最盛行的姿势，是宋以后所少见的，所以最值得注意。右次间的主像是阿弥陀佛，双手略如"安慰印"状，趺坐在六角须弥座上，衣褶从座上垂下来。释迦的左右，有迦叶、阿难两尊者和两菩萨侍立，更前则有两供养菩萨跪在莲花上，手捧果品献佛。弥勒和阿弥陀的诸胁侍，除以两菩萨代两尊者外，一切与释迦同。释迦弥勒都有螺发；阿弥陀则有直发如犍陀罗式之发容。三佛丰满的面颊，弧形弯起的眉毛，端正的口唇，都是极显著的唐风。弥勒及阿弥陀佛胸腹部的衣褶和带结和释迦与阿弥陀垂在覆座上部的衣褶，都是唐代的固定程式。菩萨立像都微微向前倾侧，腰部微弯曲，腹部微凸起，是唐中叶以后菩萨像的特征，与敦煌塑像同出一范。供养菩萨都是一足蹲着一足跪着，在高蒂的莲座上。衣饰与其他菩萨相同。

这种形式的供养菩萨，在国内已不多见，除敦煌石窟外，仅在山西大同华严寺薄伽教藏还有。这些像都在最近数年间，受到重妆的厄运。虽然在形体方面，原状尚得保存，但淳古的色泽却已失去；今天所见的是鲜蓝鲜碧及丹红粉白诸色，工艺粗糙，色调过于唐突鲜焕。

（乙）两梢间普贤观音像　左右两梢间的主像是普贤和观音两菩萨。普贤菩萨在左梢间，骑象，两菩萨胁侍，"獠蛮"牵着象。普贤像前有韦陀及一童子像。右梢间主像是观音菩萨，骑狮子，"拂菻"牵着狮子，两菩萨胁侍，两梢间坛的极端前角，都立着护法天王，甲胄持剑，两像魁伟，遥立对峙。坛左端天王的右侧有跌坐等身小像，是供养者"佛殿主甯公遇"的像。面对着佛坛，在殿左端梢间窗下，又有跌坐的等身像，是沙门愿诚的像。按照通常的配置，多以普贤与文殊对称。文殊骑狨居左，普贤骑象居右。这殿里却以普贤骑象居左，右侧不供文殊而供观音，——因为骑狮的像的花冠上有阿弥陀化佛，是观音最显著的标志。也许因为五台是文殊的道场，所以不使他居在次要的地位。普贤与其他菩萨都有披肩，左右作长发下垂。内衣从左肩垂下，用带子系结在胸前。腰部以下，用带子束长裙，带子在脐下打成结。观音衣饰最特殊，在胸前作如意头，两乳作成螺旋纹，云头覆在肩上，两袖翻卷作火焰形，与其他菩萨不同。天王像森严雄劲，极为生动，两像都手执长剑，瞋目怒视。它们的甲胄衣饰与唐墓中出土的武俑多相似处，也是少见的实例，可惜手臂和衣带都有近世改装之处。

坛上的三尊佛像，连像座通高约五点三〇公尺。观音、普贤连坐兽高约四点八〇公尺。胁侍诸菩萨高约三点七〇公尺。跪在莲花上的供养菩萨连同像座高约一点九五公尺，约略为等身像，它们位置在诸像的前面，处于附属点缀的地位。两尊天王像高约四点一〇公尺，全部气象森伟。惟有甯公遇和愿诚两尊像，等身侍坐，呈现渺小谦恭之状。沿着佛殿两山和后檐墙的大部分（在扇面墙之后）排列着"五百罗汉"像，但是实际数目仅二百九十尊。它们的塑工庸俗，显然是明清添塑的。

（丙）侍坐供养者像

（一）甯公遇像是一座年约四十余之中年妇人像，面貌丰满，袖手跌坐，一望而知是实写的肖像，穿的是大领衣，内衣的领子从外领上翻出，衣外又罩着如意云头形的披肩。腰部所束的带子是由多数"田"字形的方块缀成的。她的衣饰与敦煌壁画中供养者像，和成都发掘的前蜀永陵（王建墓）须弥座上所刻女乐的衣饰诸多相似之点，当为当时寻常的装束。以敦煌信女像与这尊甯公遇的像相比较，则前者是一幅画，用笔婉美，设色都雅，所以信女像停匀皎洁，古丽照人；像大仅等身，在佛坛上至为渺小，谦坐南端天王像旁。其姿态衣饰与敦煌画中信女像颇相似；其在坛上位置亦与信女像在画之下左隅相称。后者是塑像，塑工沉厚，隆杀适宜，所以甯公遇状貌神全，生气栩栩，丰韵亦觉高华。唐代艺术洗练的优点，从这两尊像上都可得见一斑。

（二）沙门愿诚像在南梢间窗下，面向佛坛跌坐，是诸像中受重妆之厄最浅的一尊。像的表情冷寂清苦，前额隆起，颧骨高突，而体质从容静笃，实为写实人像中之优秀作品。英国不列颠博物院，美国纽约市博物院和彭省大学（今一般译为宾夕法尼亚大学）美术馆所藏唐琉璃沙门像，素称为"罗汉像"的，都与此同一格调。考十八罗汉之成为造型艺术题材，到宋代才初见，画面如贯休之十六应真，塑像如甪直保圣寺、长清灵严寺诸罗汉像。唐以前仅以两罗汉阿难尊者及迦叶尊者作为佛像之协侍而已，其最早之例见于洛阳龙门造像。后世所谓十八罗汉，仅有"十六罗汉"见于佛典，其中二尊，为好事者所添加，其个别面貌多作印度趣，姿势表情均富于戏剧性，而这几尊唐琉璃像，则正襟趺坐，面貌严肃，姿势沉静，是典型的中国僧人，与愿诚像绝相似。相传诸琉璃像来自河北易县，可能也是易县古刹中的高僧像，处于供养者地位，而被古董商误呼作"罗汉"的。现在与愿诚像相较，我们尤其怀疑施主沙门，造像侍坐在殿隅，是当时的风尚。但仅凭这一孤例，我们未敢妄作断论。

石像

除诸塑像外，殿内还存有石像两尊。其一是天宝十一载（公元七五二）比丘融山等所造的释迦玉石像。像并座共高约一公尺。佛体肥硕，结跏趺坐在须弥座上，发卷如犍陀罗式，右手已毁，左手抚在左膝上，他的内衣自主肩而下，胸前的带子打成一个结。僧衣的下部覆盖着须弥座垂下，自然流畅，有风吹即动之感。其衣下缘，饰以垂直折纹，与殿内释迦、阿弥陀两像相同。就宗教

敦煌千佛洞弥陀佛画像卷供养信女像

"佛殿主女弟子甯公遇"塑像

愿诚法师像

意境而论，此相貌特肥，像个酒肉和尚，毫无出尘超世之感。就造像技术而论，其所表现乃是写实性的型类，似富有个性的个人，在我国佛教艺术中，是很少见的。现在流落在日本的定县某塔上的释迦立像，其神情手法，与此像完全相同，像是出自同一匠师的手。

像须弥座下涩的铭文所称"无垢净光塔"者，或者就是佛殿东南的祖师塔，塔下层内室现在没有像，玉石释迦像可能本是塔中的本尊，不知何时移至殿中供养的。[1]

壁画

从文字记录，如《历代名画记》《益州名画录》《图画见闻志》等书看来，唐代的佛殿，很少不用壁画做装饰的。现在内柱额上少数栱眼壁上，还有壁画存在，是原有壁画之得仅存的。

这些壁画中最古的在右次间前内额的上边。栱眼壁长约四五〇公分，高约六六公分。其构图分为三组，中央一组，以佛（似为阿弥陀）为中心，七菩萨胁侍，其左第一位是观音，余不可辨。颜色则除石绿色以外，其他设色，无论是像脸或衣饰，均一律呈深黯的铁青色。左右两组都以菩萨为中心，略矮小，似为观音及势至。两主要菩萨之旁，又各有菩萨、天王、飞天等随从。各像的衣纹和姿态都很流畅圆婉，飞天飘旋的姿势，尤其富有唐

---

1 无垢净光塔在大殿的后山之上，现已塌毁，只剩下塔基等部分，残高约3米，曾出土汉白玉雕像、碑额等。

风。壁之两极端更有僧俗供养者像。北端一列是僧人披着袈裟，南端一列是穿着文官袍服大冠的人。其中之一，权衡短促，嘴的两旁出胡须，与敦煌壁画中所见的，同一格式，画脸和胡须的笔法，还含有汉画遗风，如营城子墓壁所见。

就构图及笔法而论，这幅壁画与敦煌唐代壁画，处处类似，其为唐代原画之可能性，实在很少可疑之点。敦煌以外，唐代壁画之存在"中原"的，这是我们所知绝无仅有的一幅，即使此外还有存在的也必然是附属在其他唐代原来幸存的建筑物上的，而今日可能存有唐代建筑之处，已杳不可寻，所以就是这二三方公尺长的栱眼壁上的唐画，也是珍罕可贵之极的。

左次间前内额上的栱眼壁，画作七个圆光，每圆光内画佛像十躯，光下作长方框，内写各佛号。最左一格题"佛光庄信佛弟子刘太知 …… 宣和四年三月初 ……"（公元一一二二）。以笔法及构图格式而论，这幅宋宣和圆光形佛像图，与左次间内额上的壁画迥然不同。宋画颜色也还鲜焕，绝无黝黑之变。已成黝黑色的彩画，除此右次间内额者外，我们仅在云冈少数崖顶石窟藻井上见到。这又可以佐证左次间的壁画，其时代之早，远过于宋宣和年代。

左山前侧的内额上的栱眼壁，画着密列的菩萨约七十躯。各菩萨都有头光，宝冠花饰，颇为繁缛。衣褶笔法虽略嫌繁琐，但尚豪劲，与四川大足北崖摩崖石刻中宋代菩萨之作风颇相似，可能也是宋代物。

前内柱上北端栱眼壁上还有五彩卷草纹，可能也是宋代的彩画。

题字

佛殿梁下题字，以地势所限，字形一般多是横而扁的。笔纹颇婉劲沉着，意兼欧虞；结字则有时近于颜柳而略秀（如第二梁之"东""尚""兼"诸字近颜，第四梁"弟"字近柳）。其不经意之处，犹略存魏晋的遗韵，虽说时代相近，也是贞观以后风气所使然，也是出于书法家之笔。

五、经幢

寺内现存经幢二座，一在佛殿阶前，一在文殊殿前广庭中，那是唐末的遗物。

（甲）大中十一年幢　立在佛殿阶前的中线上。幢高三点二四公尺，权衡秀美。最下是正方形的土衬石，石面仅高于现在墁砖地面二公分，其上是八角形座。座极简单，仅有上下涩和束腰。束腰部分收分很猛，每面镌作壸门，刻狮子（？）蜷伏其中。座以上是仰覆莲的狮子座，覆莲是单层宝装莲瓣，每面两瓣。束腰镌八个狮子，面向八角，两足前伸，头承托着素仰莲瓣三重，刻工极精好。狮子下涩和仰莲的平面皆作圆形。仰莲之上，立幢身，平面做八角形，上镌陀罗尼咒及立幢人的姓名，是幢的主要部分。幢身之上有八角形的宝盖，刻作线纹，每面悬璎珞一束，每角有带结垂下。宝盖之上是八角矮柱，四正面各镌佛像一龛。更上则为砖质莲瓣及宝珠，是近代所补置的。

幢身上题立幢人的姓名：

> 胜愿寺比丘尼宝严发愿
> 幢立剑南东川卢州浮义县高福寺比丘尼宝阶
> 女弟子佛殿主甯公遇沙弥妙善妙目
> 大中十一年十月石幢立

幢上有"女弟子佛殿主甯公遇"之题名，与殿内梁底所题"佛殿主"姓名相符，极为重要。因为立幢的时候，大中十一年十月（公元八五七），甯公遇已称为（佛殿主），则殿在此时应已完成。殿内虽然没有建造年月的纪录，但以河东节度使郑涓任职之年月（大中九年九月至十一年十二月）与此幢建立年月（大中十一年十月）相比较，则可推定殿之建立必在大中九年九月与十一年十月之间。这幢既然是佛殿年代最确实的佐证，所以它的重要性尤在其艺术价值之上。

（乙）乾符四年幢　幢在山门内文殊殿之前，但是它的位置不与山门佛殿中线取直而略偏南。它也不与文殊殿中线取直而略偏西。

幢高四点九〇公尺。土衬之上是八角须弥座。下涩之上是宝装覆莲瓣，每面二瓣。束腰八面，每面镌伎乐一龛。其上仰莲两层，平面作圆形。须弥座之士，立幢身，平面亦作八角形，刻陀罗尼及主幢人姓名。幢身之上有宝盖，表面镌流苏，八角出狮头，口衔璎珞。宝盖之上立矮墩，也作八角形，其上作八角攒尖形的屋盖，但没有椽桷瓦陇之表现，而有显著的翼角及翘起。屋盖之上有八瓣山花蕉叶，其中四瓣较大，四瓣较小。山花蕉叶之内是覆钵，其上出印莲覆宝珠。

幢之建立年代及姓名有下列题字：

佛顶陀罗尼经一卷，唐乾符四年岁次丁酉七月庚子十九日戊午建立毕　都料高怀让明修幢尼宿因　尼法因　尼宝严

这幢的年代较佛殿阶前的幢迟二十年。其中仅尼宝严之名见于两幢。幢高大虽远过于大中十一年幢，但权衡比较笨拙，刻工也较粗糙，在艺术造诣上是远不如大中幢的。

六、文殊殿

文殊殿在寺门内南侧，在佛光寺诸殿中，其年代之古及规模之大仅次于佛殿。殿广七间，深四间，单檐悬山顶，檐下用单抄单昂五铺作的斗栱。正面的中三间开门，两梢间开直棂窗，尽间砌着砖墙。山面和后面也全砌砖墙，只在后面当心间开一道门。正殿七间，而以七间的大殿做配殿，在佛寺中是颇为少见的。

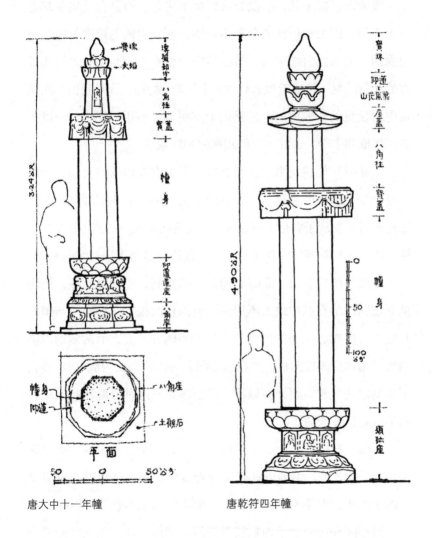

299

殿的外表很平凡，并没有可以特书之处，但是在结构上却走一个孤例。因为殿内柱的分布不规则，所以内额的跨度长达三间的面阔。因为巨材之难得，所以后内额就在内额与由额之间用垂直的和斜的材，构成近似近代"人字桁架"的构架，是我国古代建筑中所仅见的。殿内的上部是彻上露明造，不用平闇。内额以上放四椽栿和平梁，各缝的梁间用襻间相联系。

文殊殿年代在我第一次调查时，因没有发现任何文献，所以曾臆断是北宋中叶所建。一九五〇年夏，中央文化部雁北勘查团去复查时，发现了脊槫下有金天会十五年（公元一一三七）建的字样。比当时所推测约晚数十年，以时代论，是与南宋初叶同时的。

平面　殿的平面，面阔七间，进深四间，正面见八柱，侧面见五柱，内部在纵中线上不用柱，前内柱两根，立在次间与梢间间缝上，所以它上面的内额长达三间面阔的长度，而两侧的内额则长二间。后内柱两根，主在当心间，所以两旁的内额各长三间。不规则之用柱法，自元明以后，已不多见。这种分配法在宋代遗物中也是很特殊的。

梁架　在横断面上，文殊殿属于法式所谓"八架椽屋前后乳栿用四柱"之类，但因内柱之不规则排列，遂使四椽栿之重量多由内额承托，于是内额在结构上，就发生了极有趣味的变化。

当心间和次间的前内额长贯三间的阔度。在相距三间的两个柱头之间，用内额一道，其广厚仍然同长一间的额一样，其不胜四椽栿及乳栿各两缝之重载，是理之必然的，所以在它下面增加

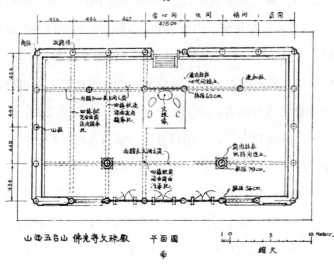

山西五台山 佛光寺文殊殿　平面圖

比例尺

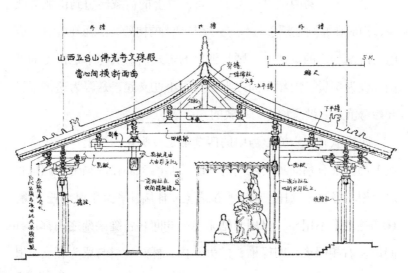

山西五台山佛光寺文殊殿
當心間橫斷面圖

佛光寺文殊殿

301

一道巨大的由额，其断面为75 cm×53 cm。由额内额之间用仰覆合樌（tà）与乳栿尾相交。内额之上用普拍枋，其上用大斗以承托四椽栿。内额之下，从柱上伸出巨大的合樌来承托它。

梢间与尽间的前内额，长跨两间，也在内额之下用由额，但是它的木材较当心间内额小，正中立侏儒柱在由额之上，支撑在内额之下，侏儒柱之下，又辅以合樌，以与乳栿尾相交。普拍枋之上用大斗承托四椽栿，如同当心间的做法一样。

后内额的结构问题在两侧三间之上。其柱头间的内额用48 cm×33 cm的构材比前由额小得多。内额、由额之间也立侏儒柱，辅以合樌与乳栿尾相交；但在两侏儒柱之上另加绰幕枋，以相联系。绰幕的两端更安叉手，将内额上的荷载转引到由额的两端，构成在原则上近乎近代"人字桁架"的构架，然而在各材之应用及斫割卷杀的手法上，则是纯粹的宋式，在实物中是仅见的孤例，极为罕贵。内额中间之下现在用小柱支起，是因为这桁架已开始弯沉，后世所加作为补救的。

四椽栿共计六缝，当中的四缝都是一头在内柱上，一头在内额上的。惟有梢间尽间之间的一缝，则两头都在内额上。四椽栿之上用驼峰大斗承托平梁。平梁之上立侏儒柱和叉手以承托脊槫。侏儒柱之上不用斗，只用合樌来承托襻间。各缝梁架之间都用襻间以左右相固济。四椽栿头的大斗内，襻间一材与梁头相交，其上隐出令栱，栱上用斗以承托替木，替木上安下平槫。平梁除梁头的结构与四椽栿相同外，它下面驼峰之间也用襻间，所以成为槫间两材的样式。侏儒柱上仅用合㭼承托槫间一材，它的上面就是脊槫。尽间梢间缝的侏儒柱与山墙山柱之间，更安顺脊串以资联系。四椽栿以上的结构是宋代通常的样式，并无特殊奇罕之点。

各槫和槫间在两山出际，都较替木略长，两际用搏风版，正中安瘦长的悬鱼。

斗栱　文殊殿的斗栱用在前后檐下，因地位之不同，可分为四种：

（一）柱头铺作，五铺作单抄单昂，第一跳跳头安云形栱与华头子相交以承托下昂；第二跳跳头（即昂上）安令栱，与耍头相交，耍头很长大，斫作昂嘴形。衬枋头是乳栿的延长而更出作麻叶云的，与撩风槫下之枋相交，明清的挑尖梁头的雏型在这里已看见了。第一跳所用的云形栱，与晋冀他处所用的比较起来，略为纤巧。第二跳跳头的令栱，前檐的都与它邻朵的令栱连栱交隐，它上面的替木也长贯全间的面阔，托在撩风槫之下，如同明清的挑檐枋一样。后檐的令栱则不相连，但也不用替木而用撩檐枋。

在柱头缝上，栌斗上安泥道栱，其上安柱头枋三层，压槽枋一层。到了转角铺作外侧，就在泥道栱上更出栱两层，与居中各朵不同。

铺作后尾出华栱三跳，第一、三两跳都偷心，第二跳用令栱及素枋一层。令栱在前檐的相连，在后檐的不连。第三层以上则为乳栿，它的外端就是伸出成为小麻叶头的。

（二）前檐当心间和次间的补间铺作，双抄不用昂。从栌斗口内出三缝华栱，一正出，二斜出作四十五度角。这三缝华栱之上又各出第二跳，而在中华栱之上，更加以斜栱两缝。于是第一跳共有栱头三缝，其上横安云形栱，第二跳共出栱头五缝，其上横安令栱，每缝上出耍头，与令栱相交，其居中的三个耍头作麻叶云头，两侧的作蚂蚱头。铺作后尾也出一正两斜，共三缝，第一跳偷心，其正中一缝跳头也不出斜栱，较为简洁。第二跳跳头用令栱，以承托素枋，这些令栱都是连栱交隐的。

（三）前檐梢间尽间及后檐当心间的补间铺作与前檐当心间补间铺作大致相同，但是正面中缝跳头上不出斜栱。其前面后尾完全相同对称。

（四）后檐的补间铺作，华栱两抄，第一跳跳头用云形栱，第二跳跳头用令栱。令栱与耍头相交，耍头作麻叶云形。令栱之上不安替木而出挑檐枋，长贯通间的面阔。铺作后尾与前面相同，但第一跳偷心不用云形栱。

文殊殿斗栱的形制与山西太原晋祠圣母庙大殿斗栱极其相似，尤以柱头铺作之第一跳用云形栱，耍头出作昂嘴形及其上乳栿出为小麻叶云头，以至昂嘴斫杀之样式，竟如出一辙。圣母庙是宋徽宗崇宁元年所建（公元一一〇二），与文殊殿之建，仅早三十五年，在手法上可以断定是遵守同样的法式的。

文殊殿所用的材约为23.5cm×15.5cm，按现有宋三司布帛尺，实例最大者32.6cm，最小者31.1cm，平均以32cm计算，则23.5cm，约合宋尺七寸五分，当为《营造法式》所规定的第三等材，并与"殿三间至五间或堂七间用之"的规定符合。

柱及础 文殊殿所用的柱全部是梭柱，有显著的卷杀。其前后檐柱向角都有显著的生起，其生起之率，七间之中竟达三〇公分，约合九寸，较法式所规定"七间生起六寸"尤甚。殿内柱仅四根，其高度都达到四椽栿之下，直接承托梁下的大斗，而不赖斗栱之辗转传递。两山各共见五柱，除前后檐柱外，尚用二柱直达中平槫之下（即四椽栿之下），一柱直达脊槫之下，就是清式所谓山柱的。内柱前后仅各两根，距离远而荷载大，所以柱径甚大，前柱七九公分，后柱六二公分，而檐柱径则仅五六公分。

内柱的下面用宝装莲瓣柱础。现在殿内地面已高出础面一砖之厚，将覆盆部分掩盖。将面砖掘起，始见覆盆的全角。它的莲瓣是以整瓣者八瓣向着四正面及四角排列的，每瓣上又隐出三小瓣。每瓣边缘极宽重，瓣尖卷起作六卷线，其所呈现象与佛殿柱础迥然不同。

门窗 前面中心三间设门。在阑额之下约六〇公分处安门额，门额之下安立颊和楳柱，地面两柱脚之间安地栿。阑额与由额之间安子桯装障日版。立颊楳柱之间安腰串一道，装余塞版，门额上面用门簪两枚安鸡栖木，立颊之下安木门砧与地栿相交，以安门的上下镶。门每道安扉两扇，每扇由版六七片合成，如《营造法式》"合版软门"的做法。门的背面上用五道楅，正面则安铁浮枢（门钉）五路，与楅相对，每路六枚。门上也安铁铺首。

门的形制与法式所定的很多相似之点，其门额立颊等，都比明清样式的权衡为纤巧。门簪仅用两枚也是宋以前特征之一。自金元以后，门簪的数目增加了，才渐渐看见门簪四枚的实物；法式虽然有门簪四枚之规定，但是我们所调查的辽宋遗物，都以两枚为准。以此推测，文殊殿门部的结构想也是宋代的原物。

后面当心间一门，结构与前面的大致相同，但因为殿后门外的地面高于殿内，所以门内设踏道五级，而门额就直抵阑额的下面，也没有安障日版的需要了。

正面梢间砖砌的槛墙上安直棂窗。在阑额的下面安窗额，依着柱子安立颊。窗额和立颊之内安子桯，子桯之内安直棂二十一支，中段贯以承棂串。

佛像 文殊殿当心间的后内柱之间安版壁作扇面墙，它的前面是一个坛，上面供着文殊菩萨像，两旁有菩萨侍立。这几尊像的作风大致仿唐式，但是宝冠和衣折之繁复与河北宝坻广济寺三大士殿相传刘元所塑的菩萨最相近似，大概是约略同时的遗物。

壁画 殿后檐墙之东半和东面山墙上还保存着一部分壁画。缘着墙的下半绘五百罗汉像。笔法鄙俗，表情呆板，恐怕是明末乃至清中叶间所作。

七、祖师塔

佛殿南侧略偏东，即殿之左后方，立着双层的砖塔一座，形制奇特，是国内所罕见的，寺僧叫它做祖师塔。

塔的平面，作等边六角形。下层的里面是空的，作成六角形的小室，在西南开一道券门。塔的上层是实心的，西面作出圆券的假门，西南、西北两面作出假直棂窗。

塔的外表，下层塔身是平素没有装饰的，它的正面（即西面）的门券，并非一个正半圆形，而略扁，券面用莲瓣形或火焰形的券面作装饰。塔身上部微出叠涩一层，涩面砌出斗，每面九枚（计两角各一枚，补间七枚），其上又出叠涩一层，上面密列的莲瓣三层。莲瓣之上又出叠涩六层，构成第一层的檐部。

下层檐的背上，用反叠涩做成下层的屋顶。它的上面又作须弥座式的平座。须弥座的下部是方涩四层，上作覆莲瓣，每面见九瓣。其上是束腰，仿木制胡床的形式，每角立瓶形的角柱，每面做壶门四间，剔透凌空，与内部塔体脱离，如齐隋以后多数像座的做法。束腰上小下大，收分甚紧。束腰上涩之上，又出仰莲瓣三重，以承托上层塔身。

上层塔身的六个角上都立倚柱，柱头、柱脚和柱中都用俯莲花捆束着，富于印度作风。塔身的西面砌作假券门，用火焰形作券面的装饰，近券顶处并且用旋纹装饰。在券脚以下，作成两扇门，左扇微起错缝，仿佛开着一些。西南、西北两面各作假直棂窗，窗很小，仅有三棂。

塔身的表面上有用土朱画出一部分结构作为装饰的。券内的门上，还有画出门额的痕迹，隐约可辨。西北面窗以上，在柱头

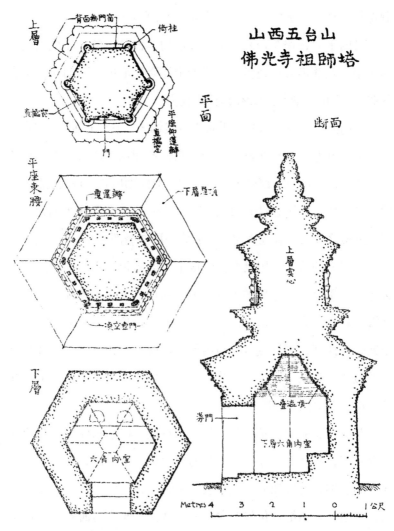

山西五台山
佛光寺祖師塔

上層

平面

斷面

背面無門面

倚柱

竟樓窗

平座仰蓮瓣

直欂忿

門

平座束腰

疊蓮瓣

下層隆頂

凌空壺門

下層

六角內室

上層實心

券門

疊澀頂

下層六角內室

Metres 4 3 2 1 0 1公尺

佛光寺祖师塔平面、断面

308

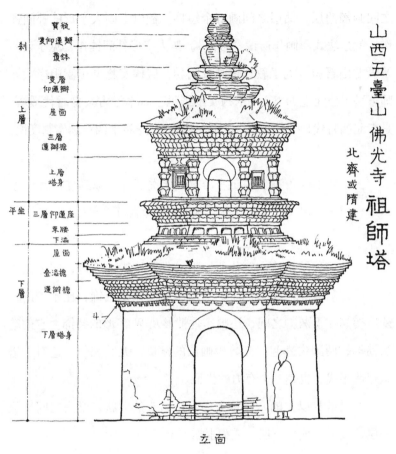

山西五臺山 佛光寺 祖師塔

北齊或隋建

剎　　寶瓶
　　　雙仰蓮瓣
　　　覆鉢
　　　雙層
　　　仰蓮瓣

上層　屋面
　　　三層
　　　蓮瓣檐
　　　上層
　　　塔身

平坐　三層仰蓮座
　　　束腰
　　　下澀

下層　屋面
　　　疊澀檐
　　　蓮瓣檐
　　　斗
　　　下層塔身

立面

佛光寺祖师塔立面

309

之间画额两层，两层之间画五个短椽。额以上画人字形的补间铺作，就是法式彩画作所谓"影作"。按人字形补间铺作，见于云冈及天龙山石窟，见于敦煌壁画及画卷，砖构实物见于嵩山净藏禅师墓塔（公元七四五），木构实物则见于日本推古奈良时代殿塔，是南北朝时代显著特征之一。宋《营造法式》卷十四彩画作制度说：

> 额上壁内画彩作于当心，其上先画斗，以莲花承之。中作项子，其广随宜；下分两脚，长取壁内五分之三。

这是这种结构法在宋代所留下的仅可稽辨的痕迹，实际上从唐中叶以后像就已不再用了。这里所见的只是画饰，比木构的权衡略瘦。斗下两脚之间，还画作垂带形及 W 字形的装饰。它的笔法劲拙，两脚尖翘起，与魏碑画法的撇捺，尤其相似。这对于塔之建造年代，也是一个有力的佐证。

上层塔身以上的六角柱上作出角梁头的形状，梁头之间出涩一层，其上出莲瓣三层，成为上檐。

塔顶的砖刹，用仰覆莲作座，其上更安仰莲一层。仰莲之上安六瓣的覆钵（或宝瓶），其上又出莲瓣两重，以承托最上之宝珠。刹虽已残毁，但尚可见原形。它的莲瓣的轮廓线紧劲而有力，不像唐以后的东西。

塔全部形制如同上文所说是国内仅见的孤例。日本有所谓"多宝塔"者，下部砖砌，上层木构，或者就是这种塔型所演出的。

在敦煌壁画中也有类似此式的塔型。按其他部分的细节说来，如券门上的火焰形券面，印度式的束莲柱，人字形补间铺作的笔意，刹及各层莲瓣的轮廓，无不显示着南北朝的作风。虽然没有文献可稽，但是它的年代肯定地至迟也是唐以前的。

八、两座无名的墓塔

在佛殿之东，山坡之上，还有墓塔两座，其一平面作圆形，其一作六角形。

（甲）圆塔　在佛殿之后（东），距离仅几步路。塔全部是砖砌的，是窣堵坡型的墓塔。下部的塔基很高，很残破。它的平面像是八角形，但因为残破，棱角已失。究竟是八角抑或是圆形，未敢遽定。塔基立面的轮廓也已残缺，但是它是须弥座式，如同嵩山会善寺净藏塔基那样，是极有可能的。

塔身的平面是正圆形，直径约三公尺弱。塔身作覆钵状，四面各开一个圆券假门。门颊和上额是石砌的，假门则已毁失了。券以下，额以上是半圆形的"门头墙"。当时有没有抹灰和彩画，已无可考。覆钵形塔身之上是扁而大的须弥座。座的平面作八角形。须弥座的叠涩出入还清晰可见。座以上似曾有刹顶或类似的部分，但已全部倾圮。

塔身上没有只字的铭刻。按照它的砖的样式和外表轮廓看来，应当是唐末五代的遗物。这种形式曾见于敦煌壁画中。它的覆钵的形式很像印度三齐的窣堵坡。这是元明喇嘛塔的先型，它也是现存此型之最古者，是我国建筑之中的重要数据。

这座塔既没有铭文，它的历史也无可稽，最可能的是唐末寺僧的墓塔。现在寺僧相传说它是"刘知远墓"。按五代史汉高祖葬在睿陵，在河南告成县即今登封县告成镇，这墓塔绝非刘知远墓是可以肯定的。

（乙）六角塔　这座砖塔也在佛殿后山坡之上，距殿约百余公尺。塔的平面作六角形，中空为小室，东面辟门。塔身单层，通高约四公尺余。塔身下没有高基。东面的门是券门，但已崩毁殊甚。塔身之上，叠涩为檐，檐下用宋《营造法式》所谓"山花蕉叶"承托着，每面正中及每角上各一叶。檐以上是塔顶的斜坡，仿佛有塔刹和须弥座的痕迹，不过砖砌的部分已残毁，蔓草丛生，难以考其原状。

塔身的东南及东北两面墙上，各嵌一石，镌佛顶尊胜陀罗尼，没有任何姓名年月，想也是寺僧的墓塔。塔心小室内或者曾经供养僧像或神主，但是现在已失去无可考证了。就形制而论，塔身是单层单檐的，是唐代常见的样式，如嵩山少林寺的同光塔、普通塔和法王寺的无名墓塔等。但是这几座塔，平面都是正方形的，唐代墓塔之作六角或八角形者，虽有嵩山会善寺净藏塔和济南九塔寺塔等少数例子，然而塔身的形制又不相同。宋金的墓塔虽多六角或八角的，但多单层多檐，所以这塔之究属何年代，还未敢遽定。然而分析综合各时代特征看来，其为宋代遗构之可能性最大。就它的史料价值而论，却是不可以与上述圆塔并论的。

按上文所引《宋高僧传》，法兴、愿诚两禅师均"建塔寺西北"一里，而这两座塔都在寺东数十步内，其非法兴和愿诚的墓塔，绝无疑问。至于他们的墓塔，则有待于重游名山的时候，再去访求了。

无名圆墓塔

无名六角墓塔

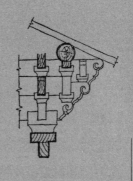

·晋汾古建筑预查纪略

林徽因、梁思成

去夏乘暑假之便[1]，作晋汾之游。汾阳城外峪道河，为山右绝好消夏的去处；地据白彪山麓，因神头有"马跑神泉"，自从宋太宗的骏骑蹄下踢出甘泉，救了干渴的三军，这泉水便没有停流过，千年来为沿溪数十家磨坊供给原动力，直至电气磨机在平遥创立了山西面粉业的中心，这源源清流始闲散的单剩曲折的画意。辘辘轮声既然消寂下来，而空静的磨坊，便也成了许多洋人避暑的别墅。

　　说起来中国人避暑的地方，哪一处不是洋人开的天地，北戴河、牯岭、莫干山……所以峪道河也不是例外。其实去年在峪道河避暑的，除去一位娶英籍太太的教授和我们外，全体都是山西内地传教的洋人，还不能说是中国人避暑的地方呢。在那短短的十几天，令人大有"人何寥落"之感。

　　以汾阳峪道河为根据，我们曾向邻近诸县作了多次的旅行，计停留过八县地方，为太原、文水、汾阳、孝义、介休、灵石、霍

1　本篇原发表于《中国营造学社汇刊》第五卷3期，1935年3月。

县、赵城，其中介休至赵城间三百余里，因同蒲铁路正在炸山兴筑，公路多段被毁，故大半竟至徒步，滋味尤为浓厚。餐风宿雨，两周间艰苦简陋的生活，与寻常都市相较，至少有两世纪的分别。我们所参诣的古构，不下三四十处，元明遗物，随地遇见，现在仅择要纪述。

汾阳县　峪道河　龙天庙

在我们住处，峪道河的两壁山岩上，有几处小小庙宇。东崖上的实际寺，以风景幽胜著名。神头的龙王庙，因马跑泉享受了千年的烟火，正殿前有拓黑了的宋碑，为这年代的保证，这碑也就是庙里惟一的"古物"。西岩上南头有一座关帝庙，几经修建，式样混杂，别有趣味。北头一座龙天庙，虽然在年代或结构上并无可以惊人之处，但秀整不俗，我们却可以当它作山西南部小庙宇的代表作品。

龙天庙在西岩上，庙南向，其东边立面，厢庑后背，钟楼及围墙，成一长线剪影，隔溪居高临下，隐约白杨间。在斜阳掩映之中，最能引起沿溪行人的兴趣。山西庙宇的远景，无论大小都有两个特征：一是立体的组织，权衡俊美，各部参差高下，大小相依附，从任何观点望去均恰到好处；一是在山西，砖筑或石砌物，斑彩淳和，多带红黄色，在日光里与山冈原野同醉，浓艳夺

317

甲 汾阳龙天庙

丙 龙天庙正殿前檐柱及斗栱

乙 龙天庙献食棚及牌楼

丁 龙天庙正殿斗栱

戊 龙天庙正殿元匾

人，尤其是在夕阳西下时，砖石如染，远近殷红映照，绮丽特甚。在这两点上，龙天庙亦非例外。谷中外人三十年来不识其名，但据这种印象，称这庙做"落日庙"并非无因的。

庙周围土坡上下有盘旋小路，坡孤立如岛，远距村落人家。庙前本有一片松柏，现时只剩一老松，孤傲耸立，缄默如同守卫将士。庙门镇日闭锁，少有开时，苟遇一老人耕作门外，则可暂借锁钥，随意出入；本来这一带地方多是道不拾遗，夜不闭户的，所谓锁钥亦只余一条铁钉及一种形式上的保管手续而已。这现象竟亦可代表山西内地其他许多大小庙宇的保管情形。

庙中空无一人，蔓草晚照，伴着殿庑石级，静穆神秘，如在画中。两厢为"窑"，上平顶，有砖级可登，天晴日美时，周围风景全可入览。此带山势和缓，平趋连接汾河东西区域；远望绵山峰峦，竟似天外烟霞，但傍晚时，默立高处，实不竟古原夕阳之感。近山各处全是赤土山级，层层平削，像是出自人工；农民多辟洞"穴居"，耕种其上。麦黍赤土，红绿相间成横层，每级土崖上所辟各穴，远望似平列桥洞，景物自成一种特殊风趣。沿溪白杨丛中，点缀土筑平屋小院及磨坊，更错落可爱。

龙天庙的平面布置南北中线甚长，南面围墙上辟山门。门内无照壁，却为戏楼背面。山西中部南部我们所见的庙宇多附属戏楼，在平面布置上没有向外伸出的舞台。楼下部为实心基坛，上部三面墙壁，一面开敞，向着正殿，即为戏台。台正中有山柱一列，预备挂上帏幕可分成前后台。楼左阙门，有石级十余可上下。

在龙天庙里，这座戏楼正堵截山门入口处成一大照壁。

转过戏楼，院落甚深，楼之北，左右为钟鼓楼，中间有小小牌楼，庭院在此也高起两三级划入正院。院北为正殿，左右厢房为砖砌窑屋各三间，前有廊檐，旁有砖级，可登屋顶。山西乡间穴居仍盛行，民居喜砌砖为窑（即券洞），庙宇两厢亦多砌窑以供僧侣居住。窑顶平台均可从窑外梯级上下。此点酷似墨西哥红印人之叠层土屋，有立体堆垒组织之美。钟鼓楼也以发券的窑为下层台基，上立木造方亭，台基外亦设砖级，依附基墙，可登方亭。全建筑物以砖造部分为主，与他省木架钟鼓楼异其风趣。

正殿前廊外尚有一座开敞的过厅，紧接廊前，称"献食棚"。这个结构实是一座卷棚式过廊，两山有墙而前后檐柱间开敞，没有装修及墙壁。它的功用则在名义上已很明了，不用赘释了。在别省称祭堂或前殿的，与正殿都有相当的距离，而且不是开敞的，这献食棚实是祭堂的另一种有趣的做法。

龙天庙里的主要建筑物为正殿。殿三间，前出廊，内供龙天及夫人像。按廊下清乾隆十二年碑说：

> 龙天者，介休令贾侯也。公讳浑，晋惠帝永兴元年，刘元海……攻陷介休，公……死而守节，不愧青天。后人……故建庙崇祀，……像神立祠，盖自此始矣。……

这座小小正殿，"前廊后无廊"，本为山西常见的做法，前廊

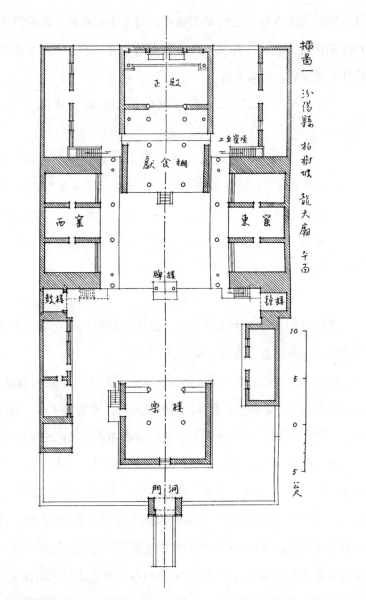

插图一

正殿

厭食棚

上至窑顶

西窑　　東窑

牌楼

鼓楼　　鐘楼

10

5

0

樂楼

5

公尺

門洞

插图一

檐下用硕大的斗栱，后檐却用极小，乃至不用斗栱，将前后不均齐的配置完全表现在外面，是河北省所不经见的，尤其是在旁面看其所呈现象，颇为奇特。

至于这殿，按乾隆十二年《重增修龙天庙碑记》说：

> 按正殿上梁所志系元季丁亥（元顺帝至正七年，公元一三四七）重建。正殿三小间，献食棚一间，东西厦窑二眼，殿旁两小房二间，乐楼三间。……鸠工改修，计正殿三大间，献食棚三间，东西窑六眼，殿旁东西房六间，大门洞一座……零余银备异日牌楼钟鼓楼之费。……

所以我们知道龙天庙的建筑，虽然曾经重建于元季，但是现在所见，竟全是乾嘉增修的新构。

殿的构架，由大木上说，是悬山造，因为各檩头皆伸出到柱中线以外甚远；但是由外表上看，却似硬山造，因为山墙不在山柱中线上，而向外移出，以封护檩头。这种做法亦为清代官式建筑所无。

这殿前檐的斗栱（图版一一丁），权衡甚大，斗栱之高，约及柱高之四分之一；斗栱之布置，亦极疏朗，当心间用补间铺作一朵，次间不用。当心间左右两柱头并补间铺作均用四十五度斜栱。柱身微有卷杀；阑额为月梁式；普拍枋宽过阑额。这许多特征，在河北省内惟在宋元以前建筑乃得见；但在山西，明末清初比比皆是，但细查各栱头的雕饰（图版一一丙），则光怪陆离，绝无古代沉静的气味；两平柱上的丁头栱（清称雀替），且刻成龙头、象头等形状。

殿内梁架所用梁的断面，亦较小于清代官式的规定，且所用驼峰、替木、叉手等结构部分，都保留下古代的做法，而在清式中所不见的。

全殿最古的部分是正殿匾牌（图版——戊），匾文如右图所示。

这牌的牌首、牌带、牌舌，皆极奇特，与古今定制都不同，不知是否为原物，虽然牌面的年代是确无可疑的。

龙 天 庙

施碑人当里四乡○○○任○○男任智孙男　任达　任选

不敢○○○○周桥旦邑张元景

至元二年三月十二日刱建　太正○○○

大木都料汾阳○从识男　○○　成忠

汾阳县　大相村　崇胜寺

由太原至汾阳公路上，将到汾阳时，便可望见路东南百余公尺处，耸起一座庞大的殿宇，出檐深远，四角用砖筑立柱支着，

323

引人注意。由大殿之东，进村之北门，沿寺东墙外南行颇远，始到寺门。寺规模宏敞，连山门一共六进。山门之内为天王门，天王门内左右为钟鼓楼，后为天王殿，天王殿之后为前殿、正殿（毗卢殿）及后殿（七佛殿）。除去第一进院之外，每院都有左右厢，在平面布置上，完全是明清以后的式样，而在构架上，则差不多各进都有不同的特征，明初至清末各种的式样都有代表"列席"。在建筑本身以外，正殿廊前放着一造像碑，为北齐天保三年物。

天王殿正中弘治元年（公元一四八八）碑说：

大相里横枕卜山之下……古来舍刹稽自大齐天保三年（公元五五二），大元延祐四年（公元一三一七），……奉敕建立后殿，增饰慈尊，额题崇胜禅寺，于是而渐成规模，……大明宣德庚戌（五年，公元一四三〇），功竖中殿，廊庑翼如；周植树千本。……大明成化乙未（十一年，公元一四七五），……构造天王殿，伽蓝宇祠，堂室俱备。……

按现在情形看，天王殿与中殿之间，尚有前殿，天王殿前尚有钟楼、鼓楼，为碑文中所未及。而所"植树千本"，则一根也不存在了。

山门 三间，最平淡无奇；檐下用一斗三升斗栱，权衡甚小，但布置尚疏朗。

天王门　三间，左右挟以斜照壁及掖门（图版二—甲）。斗栱权衡颇大，布置亦疏朗。每间用补间铺作二朵，角柱微生起，乍看确有古风。但是各栱昂头上过甚的雕饰（图版二—乙），立刻表示其较晚的年代。天王门内部梁架都用月梁。但因前后廊子均异常地浅隘，故前后檐部斗栱的布置都有特别的结构，成为一个有趣的断面；前面用两列斗栱，高下不同，上下亦不相列（图版二—丙），后檐却用垂莲柱（图版二—丁），使檐部伸出墙外。

　　钟鼓楼　天王门之后，左右为钟鼓楼，其中钟楼结构精巧，前有抱厦，顶用十字脊，山花向前，甚为奇特（图版二—戊）。

　　天王殿　五间（图版三—甲），即成化十一年所建，弘治元年碑，就立在殿之正中；天王像四尊，坐在东西梢间内。斗栱颇大，当心间用补间铺作两朵，次梢间用一朵，雄壮有古风。

　　前殿　五间（图版三—乙），大概是崇胜寺最新的建筑物，斗栱用品字式，上交托角替，垫栱板前罗列着全副博古，雕工精细异常，不惟是太琐碎了，而且是违反一切好建筑上结构及雕饰两方面的常规的（图版三—丙）。

　　配殿　前殿的东西配殿各三间，亦有几处值得注意之点。在横断面上，前后是不均齐的；如峪道河龙天庙正殿一样，"前廊后无廊"，而前廊用极大的斗栱，后廊用小斗栱，使侧面呈不均齐象。斗栱布置（图版三—丁）亦疏朗，每间用补间铺作一朵。出跳虽只一跳，在昂下及泥道栱下，却用替木式的短栱实拍承托，如大同华严寺海会殿及应县木塔顶层所见；但在此短栱栱头，又以极薄小之翼形栱相交，都是他处所未见。最奇特的乃在阑额与柱头的联接法，将阑额两端斫去一部，使额之上部托在柱头之上，下部与柱相交，是以一构材而兼阑额及普拍枋两者的功用的。阑额之下，托以较小的枋，长尽梢间，而在当心间插出柱头作角替，也许是《营造法式》卷五所谓"绰幕枋"一类的东西。

正殿（毗卢殿）（图版四—甲）大概是崇胜寺内最古的结构，明弘治元年碑所载建于宣德庚戌五年（公元一四三〇）的中殿即指此。殿是硬山造，"前廊后无廊"，前檐用硕大的斗栱，前后亦不均齐。斗栱布置（图版四—乙），每间只用补间铺作一朵。前后各出两跳，单抄单下昂，重栱造，昂尾斜上，以承上一缝槫（图版四—丙）。当心间补间铺作用四十五度斜栱。阑额甚小，上有很宽的普拍枋，一切尚如古制。当心间两柱，八角形，这种柱常见于六朝隋唐的砖塔及石刻，但用木的，这是我们所得见惟一的例。檐出颇远，但只用椽而无飞椽，在这种大的建筑物上还是初见。

前廊西端立北齐天保三年任敬志等造像碑（图版四—丁），碑阳造像两层，各刻一佛二菩萨，额亦刻佛一尊。上层龛左右刻天王，略像龙门两大天王。座下刻狮子二；碑头刻蟠龙，都是极品，底下刻字则更劲古可爱。可惜佛面已毁，碑阴字迹亦见剥落了。清初顾亭林到汾访此碑，见先生《金石文字记》。

七佛殿　最后为七佛殿七间，是寺内最大的建筑物，在公路

甲　汾阳大相村崇胜寺天王门

丁　天王门后檐斗栱

乙　崇胜寺天王门斗栱

丙　崇胜寺天王门前檐斗栱后尾

戊　崇胜寺钟楼

甲　崇胜寺天王殿

乙　崇胜寺前殿

丙　崇胜寺前殿斗栱

丁　崇胜寺前殿东配殿斗栱

图版四

甲　崇胜寺正殿

乙　崇胜寺正殿斗栱

丙　正殿斗栱后尾

丁　正殿廊下齐碑

图版五

甲　崇胜寺后殿

乙　后殿外檐斗栱

丙　后殿内额及斗栱

丁　后殿格扇

戊　后殿脊饰

甲　汾阳杏花村国宁寺正殿斗栱

乙　国宁寺正殿梁架

丙　文水开栅镇圣母庙正殿

丁　圣母庙正殿斗栱

戊　圣母庙正殿歇山结构

上可以望见（图版五一甲）。按明万历二十年《增修崇胜寺记》碑，乃"以万历十二年动工，至二十年落成"。无疑的这座晚明结构已替换了"大元元祐四年"的原建，在全部权衡上，这座明建尚保存着许多古代的美德，例如斗栱疏朗，出檐深远，尚表现一些雄壮气概。但各部本身，则尽雕饰之能事。外檐斗栱（图版五一乙），上昂嘴特多，弯曲已甚；要头上雕饰细巧；替木两端的花纹盘缠；阑额下更有龙形的角替；且金柱内额上斗栱坐斗之剔空花（图版五一丙），竟将荷载之集中点（主要的建筑部分），作成脆弱的纤巧的花样；匠人弄巧，害及好建筑，以至如此，实令人怅然。虽然在雕工上看来，这些都是精妙绝伦的技艺，可惜太不得其道，以建筑物作卖技之场，结果因小失大，这巍峨大殿，在美术上竟要永远蒙耻低头。

七佛殿格扇上花心，精巧异常，为一种菱花与球纹混合的花样，在装饰图案上，实是登峰造极的（图版五一丁）。殿顶的脊饰，是山西所常见的普通做法（图版五一戊）。

汾阳县　杏花村　国宁寺

杏花村是做汾酒的古村，离汾阳甚近。国宁寺大殿由公路上可以望见。殿重檐，上檐檐椽毁损一部分，露出橑檐枋及阑额，远望似唐代刻画中所见双层额枋的建筑，故引起我们绝大的兴趣

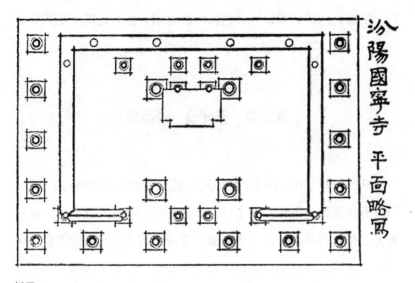

汾陽國寧寺 平面略寫

插图二

和希望，及到近前才知道是一片极大的寺址中仅剩的、一座极不
规矩的正殿；前檐倾圮，檐檩暴落，竟给人以奢侈的误会。廊下
乾隆二十八年碑说："敕赐于唐贞观，重建于宋，历修于明代。"现
存建筑大约是明时重建的。

　　在山西明代建筑甚多，形形色色，式样各异，斗栱布置或仍古
制，或变换纤巧，陆离光怪，几不若以建筑规制论之。大殿的平面
布置几成方形，（插图二）重檐金柱的分间，与外檐柱及内柱不相
排列。而在结构方面，此殿做法很奇特，内部梁架，两山将采步金
梁经过复杂勾结的斗栱，放在顺梁上，而采步金上，又承托两山顺
扒梁（或大昂尾），法式新异，未见于他处（图版六—乙）。

　　至于下檐前面的斗栱（图版六—甲），不安在柱头上，致使柱上空虚，做法错谬，大大违反结构原则，在老建筑上是甚少有的。

文水县　开栅镇　圣母庙

开栅镇并不在公路上，由大路东转沿着山势，微微向下曲折，因为有溪流，有大树，庙宇村巷全都隐藏，不易即见。庙门规模甚大，丹青剥落。院内古树合抱，浓荫四布，气味严肃之极。建筑物除北首正殿、南首乐楼，巍峨对峙外，尚有东西两堂，皆南向与正殿并列，雅有古风；廊庑、碑碣、钟楼、偏院，给人以浪漫印象较他庙为深，尤其是因正殿屋顶歇山向前，玲珑古制，如展看画里楼阁。屋顶歇山，山面向前，是宋代极普通的式制，在日本至今还用得很普遍，然而在中国，由明以后，除去城角楼外，这种做法已不多见。正定隆兴寺摩尼殿，是这种做法的，且由其他结构部分看去，我们知道它是宋初物。据我们所见过其他建筑歇山向前的，共有元代庙宇两处，均在正定。此外即在文水开栅镇圣母庙正殿又得见之（图版六一丙）。

殿平面作凸字形（插图三），后部为正方形殿三间，屋顶悬山造，前有抱厦，进深与后部同，面阔则较之稍狭，屋顶歇山造，山面向前。

后部斗栱，单昂出一跳，抱厦则重昂出两跳，布置极疏朗，补间仅一朵。昂并没有挑起的后尾，但斗栱在结构上还是有绝对的机能。耍头之上，撑头木伸出，刻略如麻叶云头，这可说是后来清式挑尖梁头之开始。前面歇山部分的构架（图版六一戊），榑枋全承在斗栱之上，结构精密，堪称上品。正定阳和楼前关帝庙的构架和斗栱，与此多有相同的特征。但此处内部木料非常粗糙，呈简陋印象。

抱厦正面骤见虽似三间，但实只一间，有角柱而无平柱，而代之以槏柱（或称抱框），额枋是长同通面阔的。额枋的用法正面与侧面略异，亦是应注意之点，侧面额枋之上用普拍枋，而正面则不用；正面额枋之高度，与侧面额枋及普拍枋之总高度相同，这也是少见的做法。

至于这殿的年代，在正面梢间壁上有元至元二十年（公元一二八三）嵌石，刻文说：

夫庙者元近西溪，未知何代，……后于此方要修其庙，……梁书万岁大汉之时，天会十年季春之月……今者石匠张莹，嗟岁月之弥深，睹栋梁之抽换，……恐后无闻，发愿刻碑。……

刻石如是。由形制上看来，殿宇必建于明以前，且因与正定关帝庙相同之点甚多，当可断定其为元代物。

圣母庙在平面布置上有一特殊值得注意之点。在正殿之东西，各有殿三间，南向，与正殿并列，尚存魏晋六朝东西堂之制。关于此点，刘敦桢先生在本刊五卷二期已申论得很清楚，不必在此赘述了。

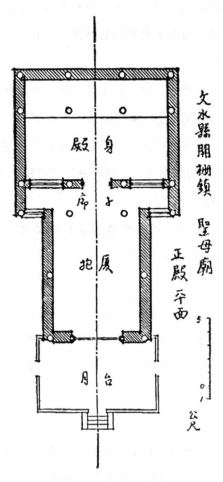

插图三

文水县　文庙

　　文水县，县城周整，文庙建筑亦宏大出人意外。院正中泮池，两边廊庑，碑石栏杆，围衬大成门及后殿，壮丽较之都邑文庙有过之而无不及；但建筑本身分析起来，颇多弱点，仅为山西中部清以后虚有其表的代表作之一种。庙里最古的碑记，有宋元符三年的县学进士碑，元明历代重修碑也不少。就形制看来，现在殿宇大概都是清以后所重建。

　　正殿（图版七一甲）开间狭而柱高，外观似欠舒适。柱头上用阑额和由额，二者之间用由额垫板，间以"荷叶墩"，阑额之上又用肥厚的普拍枋（图版七一乙），这四层构材，本来阑额为主，其他为辅，但此处则全一样大小，使宾主不分，极不合结构原则。斗栱不甚大，每间只用补间铺作一朵。坐斗下面，托以"皿板"，刻作古玩座形，当亦是当地匠人，纤细弄巧做法之一种表现。斗栱外出两跳华栱，无昂，但后尾却有挑杆，大概是由要头及撑头木引上。两山柱头铺作承托顺扒梁外端，内端坦然放在大梁上却倒率直（图版七一丙）。

　　戟门　三间，大略与大成殿同时。斗栱前出两跳，单抄单下昂，正心用重栱，第一跳单栱上施替木承罗汉枋，第二跳不用栱，跳头直接承托替木以承挑檐枋及檐桁，也是少见的做法。转角铺

作不用由昂，也不用角神或宝瓶，只用多跳的实拍栱 [或靴（xuē）
楔]，层层伸出，以承角梁，这做法不止新颖，且较其他常见的尚
为合理（图版七 — 丁）。

汾阳县　小相村　灵岩寺

　　小相村与大相村一样在汾阳文水之间的公路旁，但大相村在
路东，而小相村却在路西，且离汾阳亦较远。灵岩寺在山坡上，
远在村后，一塔秀挺，楼阁巍然，殿瓦琉璃，辉映闪烁夕阳中，
望去易知为明清物，但景物婉丽可人，不容过路人弃置不睬。

　　离开公路，沿土路行可四五里达村前门楼。楼跨土城上，底
下圆券洞门，一如其他山西所见村落。村内一路贯全村前后，雨
后泥泞崎岖，难同入蜀，愈行愈疲，愈觉灵岩寺之远，始悟汾阳
一带，平原楼阁远望转近，不易用印象来计算距离的。及到寺前，
残破中虽仅存在山门券洞，但寺址之大，一望而知。

　　进门只见瓦砾土丘，满目荒凉，中间天王殿遗址，隆起如冢，
气象堂皇。道中所见砖塔及重楼，尚落后甚远，更进又一土丘，
当为原来前殿 —— 中间露天趺坐两铁佛，中挟一无像大莲座；斜
阳一瞥，奇趣动人，行人倦旅，至此几顿生妙悟，进入新境。再
后当为正殿址（图版八 — 甲），背景里楼塔愈迫近，更有铁佛三
尊，趺坐慈静如前，东首一尊且低头前俯，现悯恻垂注之情（图

338

甲　文水文庙大成殿

乙　文庙大成殿斗栱

丙　文庙大成殿梁架

丁　文庙戟门转角斗栱

版八一乙）。此时远山晚晴，天空如宇，两址反不殿而殿，严肃丽都，不藉梁栋丹青，朝拜者亦更沉默虔敬，不由自主了。

铁像有明正德年号，铸工极精，前殿正中一尊已倾欹坐地下，半埋入土，塑工清秀，在明代佛像中可称上品（图版八一丙）。

灵岩寺各殿本皆发券窑洞建筑，砖砌券洞繁复相接，如古罗马遗建，由断墙土丘上边下望，正殿偏西，残窑多眼尚存。更像隧道密室相关联，有阴森之气，微觉可怕，中间多停棺柩，外砌砖椁，印象亦略如罗马石棺，在木造建筑的中国里探访遗迹，极少有此经验的。券洞中一处，尚存券底画壁（图版八一丁），颜色鲜好，画工精美，当为明代遗物。

砖塔在正殿之后，建于明嘉靖二十八年。这塔可作晋冀两省一种晚明砖塔的代表。

砖塔之后，有砖砌小城，由旁面小门入方城内，别有天地，楼阁廊舍，尚极完整，但阒无人声，院内荒芜，野草丛生，幽静如梦；与"城"以外的堂皇残址，露坐铁佛，风味迥殊。

这院内左右配殿各窑五眼，窑筑巩固，背面向外，即为所见小城墙。殿中各余明刻木像一尊。北面有基窑七眼，上建楼殿七大间（图版九一乙），即远望巍然有琉璃瓦者。两旁更有簃楼，石级露台曲折，可从窑外登小阁，转入正楼。夕阳落漠，淡影随人转移，处处是诗情画趣，一时记忆几不及于建筑结构形状。

下楼徘徊在东西配殿廊下看读碑文，在荆棘拥护之中，得朱之俊崇祯年间碑，碑文叙述水陆楼的建造原始甚详。

朱之俊自述:"夜宿寺中,俄梦散步院落,仰视左右,有楼翼然,赫辉壮观,若新成形……觉而异焉,质明举似普门师,师为余言水陆阁像,颇与梦合。余因征水陆缘起,慨然首事。……"

各处尚存碑碣多座,叙述寺已往的盛史。惟有现在破烂的情形,及其原因,在碑上是找不出来的。

正在留恋中,老村人好事进来,打断我们的沉思,开始问答,告诉我们这寺最后的一页惨史。据说是光绪二十六年替换村长时,新旧两长各竖一帜,怂恿村人械斗,将寺拆毁。数日间竟成一片瓦砾之场,触目伤心;现在全寺只余此一院楼厢,及院外一塔而已。

孝义县 吴屯村 东岳庙

由汾阳出发南行,本来可雇教会汽车到介休,由介休改乘公共汽车到霍州、赵城等县。但大雨之后,道路泥泞,且同蒲路正在炸山筑路,公共汽车道多段已拆毁不能通行,沿途跋涉露宿,大部分竟以徒步得达。

我们曾因道阻留于孝义城外吴屯村,夜宿村东门东岳庙正殿廊下;庙本甚小,仅余一院一殿,正殿结构奇特,屋顶的繁复做法,是我们在山西所见的庙宇中最已甚的。小殿向着东门,在田野中间镇座,好像乡间新娘,满头花钿,正要回门的神气。

庙院平铺砖块,填筑甚高,围墙矮短如栏杆,因墙外地洼,用不着高墙围护；三面风景，一面城楼，地方亦极别致。庙厢已作乡间学校，但仅在日中授课，顽童日出即到，落暮始散。夜里仅一老人看守，闻说日间亦是教员，薪金每年得二十金而已。

院略为方形，殿在院正中，平面则为正方形，前加浅隘的抱厦。两旁有斜照壁，殿身屋顶是歇山造；抱厦亦然，但山面向前，与开栅圣母庙正殿极相似，但因前为抱厦，全顶呈繁乱状，加以装饰物，愈富缛不堪设想。这殿的斗栱甚为奇特，其全朵的权衡，为普通斗栱所不常有，因为横栱——尤其是泥道栱及其慢栱——甚短，以致斗栱的轮廓耸峻，呈高瘦状。殿深一间，用补间斗栱三朵。抱厦较殿身稍狭，用补间铺作一朵，各层出四十五度斜昂。昂嘴纤弱，衬入颇深。各斗栱上的耍头，厚只及材之半，刻作霸王拳，劣匠弄巧的弊病，在此可见。

侧面阑额之下，在柱头外用角替，而不用由额，这角替外一头伸出柱外，托阑额头下，方整无饰，这种做法无意中巧合力学原则，倒是罕贵的一例。檐部用椽子一层，并无飞椽，亦奇。但建造年月不易断定。我们夜宿廊下，仰首静观檐底黑影，看凉月出没云底，星斗时现时隐，人工自然，悠然溶合入梦，滋味深长。

霍县　太清观

以上所记，除大相村崇胜寺规模宏大及圣母庙年代在明以前，结构适当外，其他建筑都不甚重要。霍州县城甚大，庙观多，且魁伟，登城楼上望眺，城外景物和城内嵯峨的殿宇对照，堪称壮观。以全城印象而论，我们所到各处，当无能出霍州右者。

霍县太清观在北门内，志称宋天圣二年，道人陶崇人建，元延祐三年道人陈泰师修。观建于土丘之上，高出两旁地面甚多，而且愈往后愈高，最后部庭院与城墙顶平，全部布局颇饶趣味。

观中现存建筑，多明清以后物。惟有前殿（图版九—丁），额曰"金阙玄元之殿"，最饶古趣。殿三间，悬山顶，立在很高的阶基上；前有月台，高如阶基。斗栱雄大，重栱重昂造，当心间用补间铺作两朵，梢间用一朵。柱头铺作（图版九—戊）上的耍头，已成桃尖梁头形式，但昂的宽度，却仍早制，未曾加大。想当是明初近乎官式的作品。这殿的檐部，也是不用飞椽的。

最后一殿，歇山重檐造，由形制上看来，恐是清中叶以后新建。

霍县　文庙

霍县文庙，建于元至元间，现在大门内还存元碑四座。由结构上看来，大概有许多座殿宇，还是元代遗构。在平面布置上，自大成门左右一直到后面，四周都有廊庑，显然是古代的制度。可惜现在全庙被划分两半，前半 —— 大成殿以南 —— 驻有军队，

甲　汾阳小相村灵岩寺正殿址及铁佛像　　乙　灵岩寺正殿东侧铁佛像

丙　灵岩寺前殿佛像　　丁　灵岩寺西部残窟券壁

甲　灵岩寺砖塔

乙　灵岩寺水陆楼

丙　孝义吴屯村东岳庙正殿

丁　霍县太清观正殿

戊　太清观正殿斗栱

后半是一所小学校，前后并不通行，各分门户，予我们视察上许多不便。

前后各主要殿宇，在结构法上是一贯的。棂星门以内，便是大成门（图版十一甲），门三间，屋顶悬山造。柱瘦高而额细，全部权衡颇高，尤其是因为柱之瘦长，颇类唐代壁画中所常视的现象。斗栱简单（插图四及图版十一乙），单抄四铺作，令栱上施替木，以承橑檐榑。华栱之上施耍头，与令栱及慢栱相交，耍头后尾作楂头，承托在梁下；梁头也伸出到楂头之上，至为妥当合理。斗栱布置疏朗，每间只用补间铺作一朵，放在细长的阑额及其厚阔的普拍枋上。普拍枋出柱头处抹角斜割，与他处所见元代遗物刻海棠卷瓣者略同。中柱上亦用简单的斗栱，华栱上一材，前后出楂头以承大梁。左右两中柱间用柱头枋一材在慢栱上相联络；这柱头枋在左右中柱上向梢间出头作蚂蚱头，并不通排山。大成门梁架用材轻爽经济，将本身的重量减轻，是极妥善的做法。

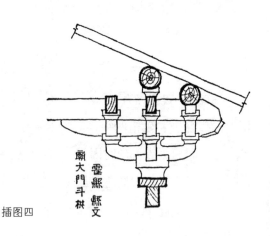

插图四

我们所见檐部只用圆椽，其上无飞檐椽的，这又是一例。

大成殿亦三间（图版十一丙），规模并不大。殿立在比例高耸的阶基上，前有月台；上用砖砌栏杆（这矮的月台上本是用不着的）。殿顶歇山造。全部权衡也是峻耸状。因柱子很高，故斗栱比例显得很小。

斗栱（图版十一丁），单下昂四铺作，出一跳，昂头施令以承橑檐槫及枋。昂嘴颐势圆和，但转角铺作角昂及由昂，则较为纤长。昂尾单独一根（图版十一戊），斜挑下平槫下，结构异常简洁，也许稍嫌薄弱。斗栱布置疏朗，每间只用补间铺作一朵，三角形的垫栱板在这里竟呈扁长形状。

歇山部分的构架，是用两层的丁栿，将山部托住。下层丁栿与阑额平，其上托斗栱。上层丁栿外端托在外檐斗栱之上，内端在金柱上，上托山部构架。

霍县　东福昌寺

祝圣寺原名东福昌寺，明万历间始改今名。唐贞观四年，僧清宣奉敕建。元延祐四年，僧圆琳重建，后改为霍山驿。明洪武十八年，仍建为寺。现时因与西福昌寺的关系，俗称上寺、下寺。就现存的建筑看，大概还多是元代的遗物。

东福昌寺诸建筑中，最值得注意的，莫过于正殿。殿七楹，

图版十

甲　霍县文庙大成门

乙　文庙大成门斗栱

丙　文庙大成殿

丁　文庙大成殿斗栱

戊　文庙大成殿斗栱后尾及梁架

甲　霍县东福昌寺正殿

乙　东福昌寺正殿东侧围廊檐部

丙　东福昌寺魏造像残石

丁　西福昌寺正殿

斗栱疏朗，尤其在昂嘴的颜势上，富于元代的意味。殿顶结构，至为奇特（图版十一—甲）。乍见是歇山顶，但是殿本身屋顶与其下围廊顶是不连续成一整片的，殿上盖悬山顶，而在周围廊上盖一面坡顶（围廊虽有转角绕殿左右，但只及殿左右朵殿前面为止）。上面悬山顶有它自己的勾滴，降一级将水泄到下面一面坡顶上。汉代遗物中，瓦顶有这种两坡做法，如高颐石阙及纽约博物馆藏汉明器，便是两个例，其中一个是四阿顶，一个是歇山顶。日本奈良法隆寺玉虫厨子，也用同式的顶。这种古式的结构，不意在此得见其遗制，是我们所极高兴的。关于这种屋顶，已在本刊五卷二期《汉代建筑式样与装饰》一文中详论，不必在此赘述。

在正殿左右为朵殿，这朵殿与正殿殿身、正殿围廊三部屋顶连接的结构法（图版十一—乙）（插图五），至为妥善，在清式建筑中已不见这种智巧灵活的做法，官式规制更守住呆板办法删除

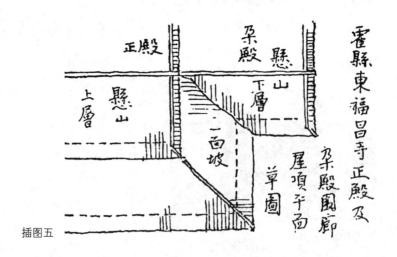

插图五

350

特种变化的结构，殊可惜。

正殿阶基颇高，前有月台、阶基及月台角石上，均刻蟠龙，如《营造法式》石作之制；此例雕饰曾见于应县佛宫寺塔月台角石上。可见此处建筑规制必早在辽明以前。

后殿由形制上看，大概与正殿同时，当心间补间铺作用斜栱斜昂，如大同善化寺金建三圣殿所见。

后殿前庭院正中，尚有唐代经幢一柱存在，经幢之旁，有北魏造像残石，用砖龛砌护（图版十一一丙）。石原为五像，弥勒（？）正中坐，左右各二菩萨胁侍，惜残破不堪；左面二菩萨且已缺毁不存。弥勒垂足交胫坐，与云冈初期作品同，衣纹体态，无一非北魏初期的表征，古拙可喜。

霍县　西福昌寺

西福昌寺与东福昌寺在城内大街上东西相称。按《霍州志》，贞观四年，敕尉迟恭监造。初名普济寺。太宗以破宋老生于此，贞观三年，设建寺以树福田，济营魄。乃命虞世南、李百药、褚遂良、颜师古、岑文本、许敬宗、朱子奢等为碑文。可惜现时许多碑石，一件也没有存在的了。

现在正殿五间（图版十一一丁）。左右朵殿三间，当属元明遗构。殿廊下金泰和二年碑，则称寺创自太平兴国三年。前廊檐柱尚有宋式覆盆柱础。

前殿三间，歇山造，形制较古，门上用两门簪，也是辽宋之制。殿内塑像，颇似大同善化寺诸像。惜过游时，天色已晚，细雨不辍，未得摄影。但在殿中摸索，燃火在什物尘垢之中，瞻望佛容而已。

全寺地势前低后高。庭院层层高起，亦如太清观，但跨院旧址尚广，断墙倒壁，老榭荒草中，杂以民居，破落已极。

霍县　火星圣母庙

火星圣母庙在县北门内。这庙并不古，却颇有几处值得注意之点。在大门之内，左右厢房各三间，当心间支出垂花雨罩，新颖可爱，足供新设计参考采用（图版十二一甲）。正殿及献食棚屋顶的结构，各部相互间的联络，在复杂中倒合理有趣。在平面的布置上，正殿三间，左右朵殿各一间，正殿前有廊三间，廊前为正方形献食棚，左右廊子各一间（图版十二一乙）。这多数相联络殿廊的屋顶；正殿及朵殿悬山造，殿廊一面坡顶，较正殿顶低一级，略如东福昌寺大殿的做法。献食棚顶用十字脊，正面及左右歇山，后面脊延长，与一面坡相交；左右廊子则用卷棚悬山顶。全部联络法至为灵巧，非北平官式建筑物屋顶所能有。

献食棚前琉璃狮子一对（图版十二一丙），塑工至精，纹路秀丽，神气生猛，堪称上品。

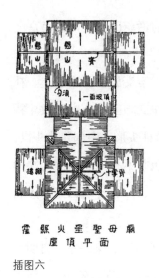

霍縣火星聖母廟
屋頂平面

插图六

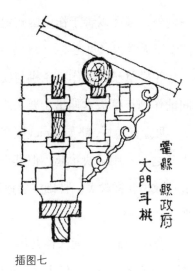

霍縣 縣政府
大門斗栱

插图七

东廊下明清碑碣及嵌石颇多。

霍县　县政府大堂

在霍县县政府的大堂的结构上，我们得见到滑稽绝伦的建筑独例。大堂前有抱厦，面阔三间。当心间阔而梢间稍狭，四柱之上，以极小的阑额相联络，其上却托着一整根极大的普拍枋，将中国建筑传统的构材权衡完全颠倒。这还不足为奇，最荒谬的是这大普拍枋之上，承托斗栱七朵，朵与朵间都是等距离，而没有一朵是放在任何柱头之上（图版十二—丁），作者竟将斗栱在结构上之原意，完全忘却，随便位置。斗栱位置不随立柱安排，除此一例外，惟在以善于作中国式建筑自命的慕菲氏所设计的南京金陵女子大学得又见之。

斗栱单昂四铺作，令栱与耍头相交，梁头放在耍头之上。补间铺作则将撑头木伸出于耍头之上，刻作麻叶云。令栱两散斗特大，两旁有卷耳，略如 Ionic（爱奥尼克式）柱头形。中部几朵斗栱，大斗之下，用版块垫起，但其作用与皿版并不相同。阑额两端刻卷草纹，花样颇美。柱础宝装莲瓣覆盆，只分八瓣，雕工精到（图版十二—戊）。

据壁上嵌石，元大德九年（公元一三〇五），某宗室"自明远郡（现地名待考）朝觐往返，霍郡适当其冲，虑郡廨隘陋"，所以增大重建。至于现存建筑物的做法及权衡，古今所无，年代殊难断定。

县府大门上斗栱、华栱层层作卷瓣，也是违背常规的做法。

霍县　北门外桥及铁牛

北门桥上的铁牛，算是霍州一景，其实牛很平常，桥上栏杆则在建筑师的眼中，不但可算一景，简直可称一出喜剧。

桥五孔，是北方所常见的石桥，本无足怪（图版十三—甲）。少见的是桥栏杆的雕刻，尤以望柱为甚。栏版的花纹，各个不同，或用莲花、如意、万字、钟、鼓等纹样，刻工虽不精而布置尚可，

甲　霍县火星圣母庙大门内厢房

乙　火星圣母庙正殿

丙　火星圣母庙琉璃狮子

丁　霍县县政府大堂抱厦及斗栱

戊　县政府大堂柱础

可称粗枝大叶的石刻。至于望柱柱头上的雕饰，则动植物、博古、几何形无所不有，个个不同，没有重复，其中如猴子、人手、鼓、瓶、佛手、仙桃、葫芦、十六角形块，以及许多无名的怪形体，粗糙罗列，如同儿戏，无一不足，令人发笑（图版十三—乙）。

至于铁牛（图版十三—丙），与我们曾见过无数的明代铁牛一样，笨蠢无生气，虽然相传为尉迟恭铸造，以制河保城的。牛日夜为村童骑坐抚摸，古色光润，自是当地一宝。

赵城县　侯村　女娲庙

由赵城县城上霍山，离城八里，路过侯村，离村三四里，已看见巍然高起的殿宇。女娲庙，《志》[1]称唐构，访谒时我们固是抱着很大的希望的。

庙的平面、地面深广，以正殿——娲皇殿为中心，四周为廊屋，南面廊屋中部为二门，二门之外，左右仍为廊屋，南面为墙，正中辟山门，这样将庙分为内、外两院。内院正殿居中，外院则有碑亭两座东西对立，印象宏大。这种是比较少见的平面布置。

按庙内宋开宝六年碑："乃于平阳故都，得女娲原庙重修，……南北百丈，东西九筵；雾罩檐楹，香飞户牖，……"但《志》称天

1　指《霍州志》。

宝六年重修，也许是开宝六年之误。次古的有元至元十四年重修碑，此外明、清两代重修或祀祭的碑碣无数。

现存的正殿五间（图版十三—丁），重檐歇山，额曰娲皇殿。柱高瘦而斗栱不甚大。上檐斗栱（图版十四—甲），重栱双下昂造，每间用补间铺作一朵；下檐单下昂，无补间铺作。就上檐斗栱看，柱头铺作的下昂，较补间铺作者稍宽，其上有颇大的梁头伸出，略具"桃尖"之形，下檐亦有梁头，但较小。就这点上看来，这殿的年代，恐不能早过元末明初。现在正脊桁下且尚大书崇祯年间重修的字样。

柱头间联络的阑额甚细小，上承宽厚的普拍枋。歇山部分的梁架，也似汾阳国宁寺所见，用斗栱在顺梁（或额）上承托采步金梁，因顺梁大小只同阑额，颇呈脆弱之状（图版十四—乙）。这殿的彩画，尤其是内檐的，尚富古风，颇有《营造法式》彩画的意味。殿门上铁铸门钹（图版十四—丙）、门钉，铸工极精俊。

二门内偏东宋石经幢，全部权衡虽不算十分优美，但是各部的浮雕精绝（图版十四—丁），如图版里下段（为须弥座之上枋）的佛迹图，正中刻城门，甚似敦煌壁画中所绘，左右图"太子"所见。中段覆盘，八面各刻狮像。上段仰莲座，各瓣均有精美花纹，其上刻花蕊。除大相村天保造像外，这经幢当为此行所见石刻中之最上妙品。

甲　霍县北门外石桥

乙　石桥栏杆

丙　石桥铁牛

丁　赵城县侯村娲皇庙正殿

甲　娲皇庙正殿上檐斗栱

乙　娲皇庙正殿歇山梁

丙　娲皇庙正殿门钹

丁　娲皇庙宋经幢座雕刻

赵城县 广胜寺下寺

一年多以前，赵城宋版藏经之发现，轰动了学术界，广胜寺之名，已传遍全国了。国人只知藏经之可贵，而不知广胜寺建筑之珍奇。

广胜寺距赵城县城东南约四十里，据霍山南端。寺分上、下两院，俗称"上寺""下寺"。上寺在山上，下寺在山麓，相距里许（但是照当地乡人的说法，却是上山五里，下山一里）。

由赵城县出发，约经二十里平原，地势始渐高，此二十里虽说是平原，但多黏土平头小冈，路陷赤土谷中，蜿蜒出入，左右只见土崖及其上麦黍，头上一线蓝天，炎日当顶，极乏趣味。后二十里积渐坡斜，直上高冈，盘绕上下，既可前望山峦屏嶂，俯瞰田垄农舍，及又穿行几处山庄村落，中间小庙城楼，街巷里井，均极幽雅有画意，树亦渐多渐茂，古干有合抱的，底下必供着树神，留着香火的痕迹。山中甘泉至此已成溪，所经地域，妇人童子多在濯菜浣衣，利用天然。泉清如琉璃，常可见底，见之使人顿觉清凉，风景是越前进越妩媚可爱。

但快到广胜寺时，却又走到一片平原上，这平原浩荡辽阔乃是最高一座山脚的干河床，满地石片，几乎不毛，不过霍山如屏，晚照斜阳早已在望，气象反开朗宏壮，现出北方风景的性格来。

因为我们向着正东，恰好对着广胜寺前行，可看其上下两院殿宇及宝塔，附依着山侧，在夕阳渲染中闪烁辉映，直至日落。寺由山下望着虽近，我们却在暮霭中兼程一时许，至人困骡乏，始赶到下寺门前。

下寺据在山坡上，前低后高，规模并不甚大。前为山门三间，由兜峻的甬道可上。山门之内为前院，又上而达前殿。前殿五间，左右有钟鼓楼，紧贴在山墙上，楼下券洞可通行，即为前殿之左右掖门（图版十五—丙）。前殿之后为后院，正殿七间居后面正中，左右有东西配殿。

山门　山门外观奇特，最饶古趣（图版十五—甲）。屋盖歇山造，柱高，出檐远，主檐之下前后各有"垂花雨搭"，悬出檐柱以外（图版十五—乙），故前后面为重檐，侧面为单檐。主檐斗栱单抄单下昂造，重栱五铺作，外出两跳。下昂并不挑起。但侧面小柱上，则用双抄。泥道重栱之上，只施柱头枋一层，其上并无压槽枋。外第一跳重栱，第二跳令栱之上施替木以承挑檐榑。耍头斫作蚂蚱头形，斜面微颤，如大同各寺所见。

雨搭由檐柱挑出，悬柱上施阑额，普拍枋，其上斗栱单抄四铺作单栱造。悬柱下端截齐，并无雕饰。

殿身檐柱甚高，阑额纤细，普拍枋宽大，阑额出头斫作蚂蚱头形。普拍枋则斜抹角。

内部中柱上用斗栱，承托六椽栿下，前后平椽缝下，施替木及襻间。脊榑及上平榑，均用蜀柱直接立于四椽栿上。檐椽只一层，不施飞椽。

如山门这样外表，尚为我们初见；四椽栿上三蜀柱并立，可以省却一道平梁，也是少见的。

前殿　前殿五间，殿顶悬山造，殿之东西为钟鼓楼。阶基高出前院约三公尺，前有月台；月台左右为礓磋甬道，通钟鼓楼之下（图版十五—丙）。

前殿除当心间南面外，只有柱头铺作，而没有补间铺作。斗栱（图版十五—丁），正心用泥道重栱，单昂出一跳，四铺作，跳头施令栱替木，以承橑檐榑，甚古简。令栱与梁头相交，昂嘴颙势甚弯。后面不用补间铺作，更为简洁（图版十六—甲）。

在平面上，南面左右第二缝金柱地位上不用柱（插图八），却

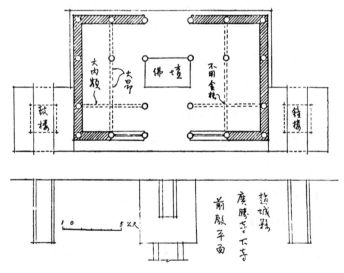

插图八

甲　赵城县广胜寺下寺山门

乙　广胜寺下寺山门下檐

丙　广胜寺下寺前殿前面

丁　广胜寺下寺前殿斗栱

图版十五

图版十六

甲　广胜寺下寺前殿后面

乙　广胜寺下寺前殿梁架（其一）

丙　广胜寺下寺前殿梁架（其二）　　丁　广胜寺下寺前殿僧像

甲　广胜寺下寺正殿

乙　广胜寺下寺正殿斗栱

丁　广胜寺下寺正殿菩萨

丙　广胜寺下寺正殿梁架

戊　广胜寺下寺朵殿

用极大的内额，由内平柱直跨至山柱上，而将左右第二缝前后檐柱上的"乳栿"（？）尾特别伸长，斜向上挑起，中段放在上述内额之上，上端在平梁之下相接，承托着平梁之中部（图版十六—乙及丙），这与斗栱的用昂在原则上是相同的，可以说是一根极大的昂。广胜寺上下两院，都用与此相类的结构法。这种构架，在我们历年国内各地所见许多的遗物中，这还是第一个例。尤其重要的，是因日本的古建筑，尤其是飞鸟、灵乐等初期的遗构，都是用极大的昂，结构与此相类，这个实例乃大可佐证建筑家早就怀疑的问题，这问题便是日本这种结构法，是直接承受中国宋以前建筑规制，并非自创，而此种规制，在中国后代反倒失传或罕见。同时使我们相信广胜寺各构，在建筑遗物实例中的重要，远超过于我们起初所想像的。

两山梁架用材极为轻秀，为普通大建筑物中所少见。前后出檐飞子极短，博风板狭而长。正脊垂脊及吻兽均雕饰繁富。

殿北面门内供僧像一躯，显然埃及风味，煞是可怪（图版十六—丁）。

钟鼓楼　两山墙外为钟鼓楼下有砖砌阶基。下为发券门道可以通行。阶基立小小方亭。斗栱单昂，十字脊歇山顶。就钟鼓楼的位置论，这也不是一个常见的布置法。

殿内佛像颇笨拙，没有特别精彩处。

正殿　正殿七间居最后。正中三间辟门，门左右很高的直根槛窗。殿顶也是悬山造（图版十七—甲）。

斗栱（图版十七—乙），五铺作，重栱，出两跳，单抄单下昂，昂是明清所常见的假昂，乃将平置的华栱而加以昂嘴的。斗栱只施于柱头不用补间铺作。令栱上施替木，以承橑檐槫。泥道重栱之上，只施柱头枋一层，其上相隔颇远，方置压槽枋。论到用斗栱之简洁，我们所见到的古建筑，以这两处为最；虽然就斗栱与建筑物本身的权衡比起来，并不算特别大，而且在昂嘴及普拍枋出头处等详部，似乎倾向较后的年代，但是就大体看，这寺的建筑，其古洁的确是超过现存所有中国古建筑的。这个到底是后代承袭较早的遗制，还是原来古构已含了后代的几个特征，却甚难说。

正殿的梁架结构，与前殿大致相同。在平面上左右缝内柱与檐柱不对中（插图九），所以左右第一二缝檐柱上的乳栿，皆将后

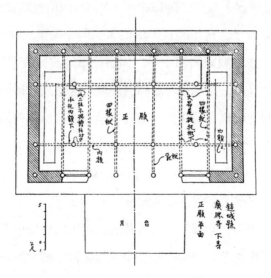

插图九

尾翘起，搭在大内额上（图版十七—丙），但栿（或昂）尾只压在四椽栿下，不似前殿之在平梁下正中相交。四椽栿以上侏儒柱及平梁均轻秀如前殿，这两殿用材之经济，虽尚未细测，只就肉眼观察，较以前我们所看过的辽代建筑尚过之。若与官式清代梁架比，真可算中国建筑物中梁架轻重之两极端，就比例上计算，这寺梁的横断面的面积，也许不到清式梁的横断面三分之一。

正殿佛像五尊，塑工精极，虽然经过多次的重妆，还与大同华岩寺薄伽教藏殿塑像多少相似。侍立诸菩萨尤为俏丽有神，饶有唐风，佛容衣带，庄者庄，逸者逸，塑造技艺，实臻绝顶（图版十七—丁）。东西山墙下十八罗汉，并无特长，当非原物。

东山墙尖象眼壁上，尚有壁画一小块，图像色泽皆美。据说民十六（指民国十六年，即1927年）寺僧将两山壁画卖于古玩商，以价款修葺殿宇，这虽是极不幸的事，但是据说当时殿宇倾颓，若不如此，便将殿画同归于尽。如果此语属实，殿宇因此而存，壁画虽流落异邦，但也算两者均得其所。惟恐此种计划仍然是盗卖古物谋利的动机。现在美国彭省大学博物院所陈列的一幅精美的称为"唐"的壁画，与此甚似。近又闻美国甘撒斯省（今一般译为堪萨斯州）立博物院，新近得壁画，售者告以出处，即云此寺。

朵殿　正殿之东西各有朵殿三间（图版十七—戊）。朵殿亦悬山造，柱瘦高，额细，普拍枋甚宽。斗栱四铺作单下昂。当心间用补间铺作两朵，稍间一朵。全部与正殿前殿大致相似，当是同年代物。

赵城县　广胜寺上寺

上寺在霍山最南的低峦上。寺前的"琉璃宝塔"，兀立山头，由四五十里外望之，已极清晰。

由下寺到上寺的路颇陡峻，磐石奇大，但石皮极平润，坡上点缀着山松，风景如中国画里山水近景常见的布局，峦顶却是一个小小的高原，由此望下，可看下寺，鸟瞰全景；高原的南头就是上寺山门所在。山门之内是空院，空院之北，与山门相对者为垂花门。垂花门内在正中线上，立着"琉璃宝塔"。塔后为前殿，著名的宋版藏经，就藏在这殿里。前殿之后是个空敞的前院，左右为厢房，北面为正殿。正殿之后为后殿，左右亦有两厢。此外在山坡上尚有两三处附属的小屋子。

琉璃宝塔　亦称飞虹塔（图版十八—甲）。就平面的位置上说，塔立在垂花门之内，前殿之前的正中线上，本是唐制。塔平面作八角形，高十三级，塔身砖砌，饰以琉璃瓦的角柱，斗栱檐瓦佛像等等。最下层有木围廊。这种做法，与热河永麻寺舍利塔及北平香山静宜园琉璃塔是一样的。但这塔围廊之上，南面尚出小抱厦一间，上交十字脊。

全部的权衡上看，这塔的收分特别的急速，最上层檐与最下层砖檐相较，其大小只及下者三分之一强。而且上下各层的塔檐轮廓成一直线，没有卷杀（entagis）圜和之味。各层檐角也不翘起，全部呆板的直线，绝无寻常中国建筑柔和的线路。

塔之最下层供极大的释迦坐像一尊，如应县佛宫寺木塔之制。下层顶棚作穹窿式，饰以极繁细的琉璃斗栱。塔内有级可登，其结构法之奇特，在我们尚属初见。普通的砖塔内部，大半不可入，尤少可以攀登的。这塔却是个较罕的例外。塔内阶级每步高六七十公分，宽十余公分，成一个约合六十度的陡峻的坡度。这极高极狭的踏步每段到了终点，平常用休息板的地方，却不用了，竟忽然停止，由这一段的最上一级，反身却可迈过空的休息板，攀住背面墙上又一段踏步的最下一级；在梯的两旁墙上，留下小砖孔，可以容两手攀扶及放烛火的地方。走上这没有半丝光线的峻梯的人，在战栗之余，不由得不赞叹设计者心思之巧妙。

关于这塔的年代，相传建于北周，我们除在形制上可以断定其为明清规模外，在许多的琉璃上，我们得见正德十年的年号，所以现存塔身之形成，年代很少可疑之点。底层木廊正檩下，又有"天启二年创建"字样，就廊子过大而不相称的权衡看来，我们差不多可以断定正德的原塔是没有这廊子的。

虽然在建筑的全部上看来，各种琉璃瓦饰用得繁缛不得当，如各朵斗栱的耍头，均塑作狰狞的鬼脸，尤为滑稽；但就琉璃自身的质地及塑工说，可算无上精品（图版十八—乙）。

前殿　前殿在塔之北；殿的前面及殿前不甚大的院子，整个被高大的塔挡住。殿面阔五间，进深四间，屋顶单檐歇山造（图

赵城县广胜寺飞虹塔内部楼梯断面

插图十

版十八—丙）。斗栱（图版十八—丁），重栱造，双下昂；正面当心间用补间铺作两朵，次间一朵，梢间不用；这种的布置，实在是疏朗的，但因开间狭而柱高，故颇呈密挤之状，骤看似晚代布置法。但在山面，却不用补间铺作，这种正侧两面完全不同的布置，又是他处所未见。柱头与柱头之间联络，阑额较小而普拍枋宽大，角柱上出头处，阑额斫作楷头，普拍枋头斜抹角。我们以往所见两普拍枋在柱头相接处（即《营造法式》所谓"普拍枋间缝"），都顶头放置，但此殿所见，则如《营造法式》卷三十所见"勾头搭掌"的做法，也许以前我们疏忽了，所以迟迟至今才初次开眼。

前殿的梁架，与下寺诸殿梁架亦有一个相同之点，就是大昂之应用。除去前后檐间的大昂外，两山下的大昂，尤为巧妙。可惜摄影失败，只留得这帧不甚准确的速写断面图。这大昂的下端

丙　广胜寺上寺前殿

甲　广胜寺上寺飞虹塔

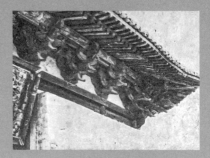

丁　广胜寺上寺前殿斗栱

乙　广胜寺上寺飞虹塔琉璃雕饰

戊　广胜寺上寺前殿佛像

甲 广胜寺上寺正殿

乙 广胜寺上寺正殿斗栱

丙 广胜寺上寺正殿菩萨

丁 广胜寺上寺正殿佛像雕饰

图版二十

甲　广胜寺上寺后殿

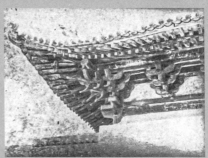

乙　广胜寺上寺后殿斗栱

丙　广胜寺上寺后殿格扇

丁　广胜寺上寺后殿佛像

承托在斗栱要头之上，中部放在"采步金"梁之上，后尾高高翘起，挑着平梁的中段，这种做法，与下寺所见者同一原则，而用得尤为得当。

前殿塑像颇佳（图版十八—戊），虽已经过多次的重塑，但尚保存原来清秀之气。佛像两旁侍立像，宋风十足，背面像则略次。

正殿　面阔五间，悬山造（图版十九—甲），前殿开敞的庭院，与前殿隔院相望。骤见殿前廊檐，极易误认为近世的构造，但廊檐之内，抱头梁上，赫然犹见单昂斗栱的原状（图版十九—乙）。如同下寺正殿一样，这殿并不用补间铺作，结构异常简洁。内部梁架，因有顶棚，故未得见，但一定也有伟大奇特的做法。

正殿供像三尊，释迦及文殊普贤，塑工极精，富有宋风；其中尤以菩萨为美（图版十九—丙）。佛帐上剔空浮雕花草龙兽几何纹（图版十九—丁），精美绝伦，乃木雕中之无上好品。两山墙下列坐十八罗汉铁像，大概是明代所铸。

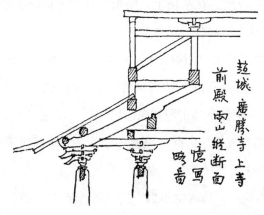

赵城 广胜寺上寺
前殿两山纵断面
忆写略图

插图十一

375

后殿 居寺之最后。面阔五间，进深四间，四阿顶（图版二十一甲）。因面阔进深为五与四之比，所以正脊长只及当心间之广，异常短促，为别处所未见。内柱相距甚远，与檐柱不并列。斗栱为五铺作双下昂（图版二十一乙）。当心间用补间铺作两朵，次间、梢间及两山各用一朵。柱头铺作两下昂平置，托在梁下，补间铺作则将第二层昂尾挑起。柱瘦高，额细长，普拍枋较额略宽。角柱上出头处，阑额斫作楷头，普拍枋抹角，做法与前殿完全相同。殿内梁架用材轻巧，可与前殿相垺。山面中在线有大昂尾挑上平榑下。内柱上无内额，四阿并不推山。梁架一部分的彩画，如几道榑下红地白绿色的宝相华（？），及斗栱殿除南面当心间辟门外，四周全有厚壁。壁上画像不见得十分古，也不见得十分好。当心间格扇，花心用雕镂拼镶极精细的圆形相交花纹（图版二十一丙），略如《营造法式》卷三十二所见"挑白球文格眼"，而精细过之。这格扇的格眼，乃由许多各个的梭形或箭形雕片镶成，在做工上是极高的成就。在横披上，格扇纹样与下面略异，而较近乎清式"菱花格扇"的图案。

后殿佛像五尊，塑工甚劣，面貌肥俗，手臂无骨，衣褶圆而不垂，背光繁缛不堪，佛冕及发全是密宗的做法（图版二十一丁）。侍立菩萨较清秀，但都不如正殿塑像远甚。

广胜寺上下两院的主要殿宇，除琉璃宝塔而外，大概都属于同一时期，它们的结构法及作风都是一致的。

上下两寺壁间嵌石颇多，碑碣也不少，其中叙述寺之起源者，有治平元年重刻的郭子仪奏碣。碣字体及花边均甚古雅。文如下：

晋州赵城县城东南三十里，霍山南脚上，古育王塔院一所。右河东□观察使司徒□兼中书令，汾阳郡王郭子仪奏；臣据□朔方左厢兵马使，开府仪同三司，试太常卿，五原郡王李光瓒状称；前□塔接山带水，古迹见存，堪置伽蓝，自愿成立。伏乞奏置一寺，为国崇益福□，仍请以阿育王为额者。巨准状牒州勘责，得耆寿百姓陈仙童等状，与光瓒所请，置寺为广胜。因伏乞□天恩，遂其诚愿，如蒙□特命，赐以为额，仍请于当州诸寺选僧住持洒扫。中书门下牒河东观察使牒奉敕故牒。大历四年五月二十七日牒。住寺阇梨僧□切见当寺石碣岁久，赑坏年深，今欲整新，重标斯记。治平元年，十一月二十九日。

由右碣文看来，寺之创立甚古，而在唐代宗朝就原有塔院建立伽蓝，敕名广胜。至宋英宗时，伽蓝想仍是唐代原建。但不知何时伽蓝颓毁，以致需要建下寺：

计九殿自（金）皇统元年辛酉（公元一一四一）至贞元元年癸酉（公元一一五三），历二十三年，无年不兴工。……

却是这样大的工程，据元延祐六年（公元一三一九）石，则：

大德七年（公元一三〇三），地震，古刹毁，大德九年修
渠（按即下寺前水渠），木装。延祐六年始修殿。

大德七年的地震一定很剧烈，以致"古刹毁"。现存的殿宇，用大
昂的梁架虽属初次拜见，无由与其他梁架遗例比较。但就斗栱枋
额看，如下昂嘴纤弱的卷杀普拍枋出头处之抹去方角，都与他处
所见相似。至于瘦高的檐柱和细长的额枋，又与霍县文庙如出一
手。其为元代遗物，殆少可疑。不过梁架的做法，极为奇特，在
近数年寻求所得，这还是惟一的一个孤例，极值得我们研究的。

赵城县　广胜寺　明应王殿

广胜寺在赵城一带，以其泉水出名。在山麓下下寺之前，有
无数的甘泉，由石缝及地下涌出，供给赵城、洪洞两县饮水及灌
溉之用。凡是有水的地方都得有一位龙王，所以就有龙王庙。

这一处龙王庙规模之大，远在普通龙王庙之上，其正殿 ——
明应王殿竟是个五间正方重檐的大建筑物（图版二十一 — 甲）。
若是论到殿的年代，也是龙王庙中之极古者。[1]

1　后经研究考证，确定明应王殿建于元延祐六年（1319）。

明应王殿平面五间，正方形，其中三间正方为殿身，周以回廊。上檐显山顶，檐下施重栱双下昂斗栱。当心间施补间铺作两朵，次间施一朵。斗栱（图版二十一—乙）权衡颇为雄大，但两下昂都是平置的华栱，而加以昂嘴的。下檐只用单下昂，次间梢间不施补间铺作，当心间只施一朵，而这一朵却有四十五度角的斜昂。阑额的权衡上下两檐有显著之异点，上檐阑额较高较薄，下檐则极小；而普拍枋则上檐宽薄，而下檐高厚。上檐以阑额为主而辅以普拍枋，下檐与之正相反，且在额下施繁缛的雕花罩子。殿身内前面两金柱省去，而用大梁由前面重檐柱直达后金柱，而在前金柱分位上施扒梁（插图十二）。并无特殊之点。

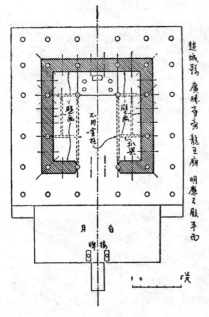

插图十二

图版二十一

甲　广胜寺龙王庙明应王殿

乙　广胜寺龙王庙明应王殿斗栱

丙　赵城县霍山中镇庙斗栱

明应王殿四壁皆有壁画，为元代匠师笔迹。据说正门之上有画师的姓名及年月，须登梯拂尘燃灯始得读，惜匆匆未能如愿。至于壁画，其题材纯为非宗教的，现有古代壁画，大多为佛像，这种题材，至为罕贵。[1]

至于殿的年代，大概是元大德地震以后所建，与嵩山少林寺大德年间所建鼓楼，有许多相似之点。

明应王殿的壁画，和上下寺的梁架，都是极罕贵的遗物，都是我们所未见过的独例。由美术史上看来，都是绝端重要的史料。我们预备再到赵城作较长时间的逗留，俾得对此数物，作一个较精密的研究。目前只能作此简略的记述而已。

赵城县　霍山　中镇庙

照《县志》的说法，广胜寺在县城东南四十里霍山顶，兴唐寺唐建，在城东三十里霍山中，所以我们认为他们在同一相近的去处，同在霍山上，相去不过二十余里，因而预定先到广胜寺，再由山上绕至兴唐寺去。却是事实乃有大谬不然者。到了广胜寺始知到兴唐寺还须下山绕到去城八里的侯村，再折回向东行再行入

1　后经研究考证，确定此处壁画为道教题材，其中南壁之东侧壁画题材为戏剧，绘于元泰定元年（1324）。

山，始能到达。我心想既称唐建，又在山中，如果原构仍然完好，我们岂可惮烦，轻轻放过。

我们晨九时离开广胜寺下山，等到折回又到了霍山时已走了十二小时！沿途风景较广胜寺更佳，但近山时实已入夜，山路崎岖，峰峦迫近如巨屏，谷中渐黑，凉风四起，只听脚下泉声奔湍，看山后一两颗星点透出夜色，骡役俱疲，摸索难进，竟落后里许。我们本是一直徒步先行的，至此更得奋勇前进，不敢稍怠（怕夫役强主回头，在小村落里住下），入山深处，出手已不见掌，加以脚下危石错落，松柏横斜，行颇不易。喘息攀登，约一小时，始见远处一灯高悬，掩映松间，知已近庙，更急进敲门。

等到老道出来应对，始知原来我们仍远离着兴唐寺三里多，这处为霍岳山神之庙，亦称中镇庙。乃将错就错，在此住下。

我们到时已数小时未食，故第一事便到"香厨"里去烹煮。厨在山坡上的窑穴中，高踞庙后左角，庙址既大，高下不齐，废园荒圃，在黑夜中更是神秘，当夜我们就在正殿塑像下秉烛洗脸、铺床，同时细察梁架，知其非近代物。这殿奇高，烛影之中，印象森然。

第二天起来忙到兴唐寺去，一夜的希望顿成泡影。兴唐寺虽在山中，却不知如何竟已全部拆建，除却几座清式的小殿外，还加洋式门面等等；新塑像极小，或罩以玻璃框，鄙俗无比，全庙无一样值得记录的。

中镇庙虽非我们初时所属意，来后倒觉得可以略略研究一下。

据《山西古物古迹调查表》，谓庙之创建在隋开皇十四年，其实就形制上看来，恐最早不过元代。

殿身五间，周围廊，重檐歇山顶。上檐施单抄单下昂五铺作斗栱，下檐则仅单下昂。斗栱颇大，上下檐俱用补间铺作一朵（图版二十一——丙）。昂嘴细长而直；耍头前面微颤，而上部圆头突起，至为奇特。

太原县　晋祠

晋祠离太原仅五十里，汽车一点多钟可达，历来为出名的"名胜"，闻人名士由太原去游览的风气自古盛行。我们在探访古建的习惯中，多对"名胜"怀疑：因为最是"名胜"容易遭"重修"乃至于"重建"的大毁坏，原有建筑故最难得保存！所以我们虽然知道晋祠离太原近在咫尺，且在太原至汾阳的公路上，我们亦未尝预备去访"胜"的。

直至赴汾的公共汽车上了一个小小山坡，绕着晋祠的背后过去时，忽然间我们才惊异地抓住车窗，望着那一角正殿的侧影，爱不忍释。相信晋祠虽成"名胜"却仍为"古迹"无疑。那样魁伟的殿顶，雄大的斗栱，深远的出檐，到汽车过了对面山坡时，尚巍巍在望，非常醒目。晋祠全部的布置，则因有树木看不清楚，但范围不小，却也是一望可知。

我们惭愧不应因其列为名胜而即定其不古，故相约一个月后归途至此下车，虽不能详察或测量，至少亦得浏览摄影，略考其年代结构。

由汾回太原时我们在山西已过了月余的旅行生活，心力俱疲，还带着种种行李什物，诸多不便，但因那一角殿宇常在心目中，无论如何不肯失之交臂，所以到底停下来预备作半日的勾留，如果错过那末后一趟公共汽车回太原的话，也只好听天由命，晚上再设法露宿或住店！

在那种不便的情形下，带着"一不做，二不休"的拼命心理，我们下了那挤到水泄不通的公共汽车，在大堆行李中拣出我们的"粗重细软"——由杏花村的酒坛子到峪道河边的兰芝种子——累累赘赘的，背着揹着，到车站里安顿时，我们几乎埋怨到晋祠的建筑太像样——如果花花簇簇地来个乾隆重建，我们这些麻烦不全省了么？

但是一进了晋祠大门，那一种说不出的美丽辉映的大花园，使我们惊喜愉悦，过于初时的期望。无以名之，只得叫它做花园。其实晋祠布置又像庙观的院落，又像华丽的宫苑，全部兼有开敞堂皇的局面和曲折深邃的雅趣，大殿楼阁在古树婆娑池流映带之间，实像个放大的私家园亭。

所谓唐槐周柏，虽不能断其为原物，但枝干奇伟，虬曲横卧，煞是可观。池水清碧，游鱼闲逸，还有后山石级小径楼观石亭各种衬托。各殿雄壮，巍然其间，使初进园时的印象，感到俯仰堂皇，左右秀媚，无所不适。虽然再进去即发现近代名流所增建的中西合璧的丑怪小亭子等等，夹杂其间。

圣母庙为晋祠中间最大的一组建筑。除正殿外，尚有前面"飞梁"（即十字木桥），献殿及金人台，牌楼等等，今分述如下：

正殿 晋祠圣母庙大殿（图版二十二—甲），重檐歇山顶，面阔七间进深六间，平面几成方形，在布置上，至为奇特。殿身五间，副阶周匝。但是前廊之深为两间，内槽深三间，故前廊异常空敞，在我们尚属初见。

斗栱的分配，至为疏朗（图版二十二—乙）。在殿之正面，每间用补间铺作一朵，侧面则仅梢间用补间铺作。下檐斗栱五铺作，单栱出两跳；柱头出双下昂，补间出单抄单下昂。上檐斗栱六铺作，单栱出三跳，柱头出双抄单下昂，补间出单抄双下昂，第一跳偷心，但饰以翼形栱。但是在下昂的形式及用法上，这里又是一种曾未得见的奇例。柱头铺作上极长大的昂嘴两层，与地面完全平行，与柱成正角，下面平，上面斫䫜，并未将昂嘴向下斜斫或斜插，亦不求其与补间铺作的真下昂平行，完全真率地坦然放在那里，诚然是大胆诚实的做法。在补间铺作上，第一层昂昂尾向上挑起，第二层则将与令栱相交的耍头加长斫成昂嘴形，并不与真昂平行的向外伸出。这种做法与正定龙兴寺摩尼殿斗栱极相似，至于其豪放生动，似较之尤胜。在转角铺作上，各层昂及由昂均水平的伸出，由下面望去，颇呈高爽之象。山面除梢间外，均不用补间铺作。斗栱彩画与《营造法式》卷三十四"五彩遍

图版二十二

甲　太原县晋祠圣母庙正殿

乙　晋祠圣母庙正殿斗栱

丙　晋祠圣母庙正殿外槽梁架

甲 晋祠圣母庙献殿

乙 晋祠圣母庙献殿斗栱

丙 晋祠圣母庙献殿梁架及斗栱后尾

丁 晋祠圣母庙献殿前宋铁狮

甲　晋祠圣母庙飞梁柱及斗栱

乙　晋祠宋金人

丙　晋祠宋金人铸字

装"者极相似。虽属后世重装，当是古法。

这殿斗栱俱用单栱，泥道单栱上用柱头枋四层，各层枋间用斗垫托。阑额狭而高，上施薄而宽的普拍枋。角柱上只普拍枋出头，阑额不出。平柱至角柱间，有显著的生起。梁架为普通平置的梁，殿内因黑暗，时间匆促，未得细查。前殿因深两间，故在四椽栿上立童柱，以承上檐，童柱与相对之内柱间，除斗栱上之乳栿及札牵外，柱头上更用普拍枋一道以相固济（图版二十二—丙）。

按卫聚贤《晋祠指南》，称圣母庙为宋天圣年间建。由结构法及外形姿势看来，较《营造法式》所订的做法的确更古拙豪放，天圣之说当属可靠。

献殿　献殿（图版二十三—甲）在正殿之前，中隔放生池。殿三间，歇山顶。与正殿结构法手法完全是同一时代同一规制之下的。斗栱（图版二十三—乙）单栱五铺作；柱头铺作双下昂，补间铺作单抄单下昂，第一跳偷心，但饰以小小翼形栱。正面每间用补间铺作一朵，山面惟正中间用补间铺作。柱头铺作的双下昂，完全平置，后尾承托梁下，昂嘴与地面平行，如正殿的昂。补间则下昂后尾挑起，耍头与令栱相交，长长伸出，斫作昂嘴形。两殿斗栱外面不同之点，惟在令栱之上，正殿用通长的挑檐枋，而献殿则用替木。斗栱后尾惟下昂挑起，全部偷心，第二跳跳头安梭形"栱"（图版二十三—丙），单独的昂尾挑在平槫之下。至于柱头普拍枋，与正殿完全相同。

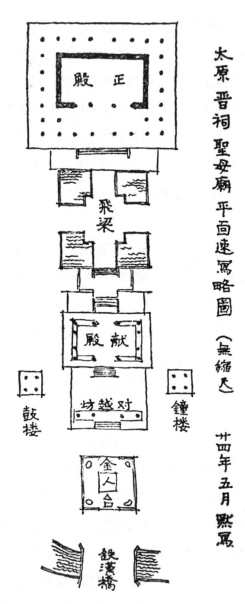

太原晋祠聖母廟平面速寫略圖（無縮尺）廿四年五月默寫

插图十三

390

献殿的梁架，只是简单的四橼栿上放一层平梁，梁身简单轻巧，不弱不费，故能经久不坏。

殿之四周均无墙壁，当心间前后辟门，其余各间在坚厚的槛墙之上安直棂栅栏，如《营造法式》小木作中之叉子，当心间门扇亦为直棂栅栏门。

殿前阶基上铁狮子一对（图版二十三—丁），极精美，筋肉真实，灵动如生。左狮胸前文曰"太原文水弟子郭丑牛兄……政和八年四月二十六日"，座后文为"灵石县任章常杜任用段和定……"，右狮字不全，只余"乐善"二字。

飞梁　正殿与献殿之间，有所谓"飞梁"者，横跨鱼沼之上。在建筑史上，这"飞梁"是我们现在所知的惟一的孤例。本刊五卷一期中，刘敦桢先生在《石轴柱桥述要》一文中，对于石柱桥有详细的伸述，并引《关中记》和《唐六典》中所记录的石柱桥。就晋祠所见，则在池中立方约三十公分的石柱若干，柱上端微卷杀如殿宇之柱；柱上有普拍枋相交，其上置斗，斗上施十字栱相交，以承梁或额（图版二十四—甲）。在形制上这桥诚然极古，当与正殿献殿属于同一时期。而在名称上尚保存着古名，谓之飞梁，这也是极罕贵值得注意的。

金人　献殿前牌楼之前，有方形的台基，上面四角上各立铁人一，谓之金人台。四金人之中，有两个是宋代所铸，其西南角金人（图版二十四—乙及丙）胸前铸字，为宋故绵州魏城令刘植……等于绍圣四年立。像塑法平庸，字体尚佳。其中两个近代补铸，一清朝，一民国，塑铸都同等地恶劣。

晋祠范围以内，尚有唐叔虞祠、关帝庙等处，匆促未得入览，只好俟诸异日。唐贞观碑原石及后代另摹刻的一碑均存，且有碑亭妥为保护。

山西民居

门楼 山西的村落无论大小，很少没有一个门楼的（图版二十五—甲）。村落的四周，并不一定都有围墙，但是在大道入村处，必须建这种一座纪念性建筑物，提醒旅客，告诉他又到一处村镇了。河北境内虽也有这种布局，但究竟不如山西普遍。

山西民居的建筑也非常复杂，由最简单的穴居到村庄里深邃富丽的财主住宅院落，到城市中紧凑细致的讲究房子，颇有许多特殊之点，值得注意的。但限于篇幅及不多的相片，只能略举一二，详细分类研究，只能等候以后的机会了。

穴居 穴居之风，盛行于黄河流域，散见于河南、山西、陕西、甘肃诸省，龙非了[1]先生在本刊五卷一期《穴居杂考》一文中，已讨论得极为详尽。这次在山西随处得见；穴内冬暖夏凉，住居

---

1 龙庆忠（1903—1996），字非了，中国建筑学家，在古建筑学研究方面成绩卓著。——编者注

颇为舒适，但空气不流通，是一个极大的缺憾。穴窑均作抛物线形，内部有装饰极精者，窑壁抹灰，乃至用油漆护墙。窑内除火炕外，更有衣橱、桌椅等家具。窑穴时常据在削壁之旁，成一幅雄壮的风景画（图版二十五—乙），或有穴门权衡优美纯净，可在建筑术中称上品的（图版二十五—丙及丁）。

砖窑 这并非北平所谓烧砖的窑，乃是指用砖发券的房子而言（图版二十六—甲）。虽没有向深处研究，我们若说砖窑是用砖来模仿崖旁的土窑，当不至于大错。这是因住惯了穴居的人，要脱去土窑的短处，如潮湿、土陷的危险等等，而保存其长处，如高度的隔热力等，所以用砖砌成窑形，三眼或五眼，内部可以互通。为要压下券的推力，故在两旁须用极厚的墙墩；为要使券顶坚固，故须用土作撞券。这种极厚的墙壁，自然有极高的隔热力的。

这种窑券顶上，均用砖墁平（图版二十六—乙），在秋收的时候，可以用作曝晒粮食的露台。或防匪时村中临时城楼，因各家窑顶多相连，为便于升上窑顶，所以窑旁均有阶级可登。山西的民居，无论贫富，什九以上都有砖窑或土窑的，乃至在寺庙建筑中，往往也用这种做法。在赵城至霍山途中，适过一所建筑中的砖窑（图版二十六—丙），颇饶趣味。

在这里我们要特别介绍在霍山某民居门上所见的木版印门神（图版二十六—丁），那种简洁刚劲的笔法，是匠画中所绝无仅有的。

磨坊 磨坊虽不是一种普通的民居，但是住着却别有风味。磨坊利用急流的溪水做发动力，所以必须引水入庭院而入室下，推动机轮，然后再循着水道出去流入山溪。因磨粉机不息的震动，所以房子不能用发券，而用特别粗大的梁架。因求面粉洁净，坊内均铺光润的地板。凡此种种，都使得磨坊成一种极舒适凉爽，又富有雅趣的住处（图版二十七 — 甲及乙、丙），尤其是峪道河深山深溪之间，世外桃源里，难怪被洋人看中做消夏最合宜的别墅。

由全部的布局上看来，山西村野的民居，最善利用地势，就山崖的峻缓高下，层层叠叠，自然成画！使建筑在它所在的地上，如同自然由地里长出来，权衡适宜，不带丝毫勉强，无意中得到建筑术上极难得的优点。

农庄内民居 就是在很小的村庄之内，庄中富有的农人也常有极其讲究的房子，这种房子和北方城市中的"瓦房"同一模型，皆以"四合头"为基本，分配的形式，中加屏门、垂花门等等。其与北平通常所见最不同处有四点：

一、在平面上，假设正房向南，东西厢房的位置全在北房"通面阔"的宽度以内，使正院成一南北长东西窄，狭长的一条，失去四方的形式（图版二十五 — 戊）。这个布置在平面上当然是省了许多地盘，比将厢房移出正房通面阔以外经济，且因其如此，正房及厢房的屋顶（多半平顶）极容易联络，石梯的位置，就可在厢房北头，夹在正房与厢房之间，上到某程便可分两面，一面旁转上到厢房顶，又一面再上几级可达正房顶。

二、虽说是瓦房，实仍为平顶砖窑，仅留前廊或前檐部分用斜坡青瓦。侧面看去实像砖墙前加用"雨搭"。

甲　山西村落门楼

乙　山西民居土窑（其一）

丁　山西民居土窑（其三）

丙　山西民居土窑（其二）

戊　山西民居庭院

图版二十六

甲　山西民居砖窑

乙　山西民居砖窑顶上

丙　建筑中之土坯砖窑

丁　霍山某民居门神

甲　峪道河磨坊外景

乙　峪道河磨坊内院（其一）

丙　峪道河磨坊内院（其二）

丁　山西乡村民居外墙

三、屋外观印象与所谓三开间同，但内部却仍为三窑眼，窑与窑间亦用发券门，印象完全不似寻常堂屋。

四、屋的后面女儿墙上做成城楼式的箭垛，所以整个房子后身由外面看去直成一座堡垒。

城市中民房　如介休灵石城市中民房与村落中讲究的大同小异，但多有楼，如用窑造亦仅限于下层。城中房屋栉箆，拥挤不堪，平面布置尤其经济，不多占地盘，正院普通的更瘦窄。

一房与他房间多用夹道，大门多在曲折的夹道内，不像北平房子之庄重均衡，虽然内部则仍沿用一正两厢的规模。

这种房子最特异之点，在瓦坡前后两片不平均的分配。房脊靠后许多，约在全进深四分之三的地方，所以前坡斜长，后坡短促，前檐玲珑，后墙高垒，作内秀外雄的样子，倒极合理有趣。

赵城霍州的民房所占地盘较介休一般从容得多。赵城房子的檐廊部分尤多繁富的木雕，院内真是画梁雕栋琳琅满目，房子虽大，联络甚好，因厢房与正屋多相连属，可通行。

山庄财主的住房　这种房子在一个庄中可有两三家，遥遥相对，仍可以令人想象到当日的气焰。其所占地面之大，外墙之高，砖石木料上之工艺，楼阁别院之复杂，均出于我们意料之外甚多。灵石往南，在汾水东西有几个山庄，背山临水，不宜耕种，其中富户均经商别省，发财后回来筑舍显耀宗族的。

房子造法形式与其他山西讲究房子相同，但较近于北平官式，做工极其完美。外墙石造雄厚惊人，有所谓"百尺楼"者，即此种房子的外墙，依着山崖筑造，楼居其上。由庄外遥望，十数里外犹可见，百尺矗立，崔嵬奇伟，足镇山河，为建筑上之荣耀！

结　论

这次晋汾一带暑假的旅行，正巧遇着同蒲铁路兴工期间，公路被毁，给我们机会将三百余里的路程，慢慢地细看，假使坐汽车或火车，则有许多地方都没有停留的机会，我们所错过的古建，是如何的可惜。

山西因历代争战较少，故古建筑保存得特别多。我们以前在河北及晋北调查古建筑所得的若干见识，到太原以南的区域，若观察不慎，时常有以今乱古的危险。在山西中部以南，大个儿斗栱并不稀罕，古制犹存。但是明清期间山西的大斗栱，栱头昂嘴的卷杀，极其弯矫，斜栱用得毫无节制，而斗栱上加入纤细的三福云一类的无谓雕饰，允其暴露后期的弱点，所以在时代的鉴别上，仔细观察，还不十分扰乱。

殿宇的制度，有许多极大的寺观，主要的殿宇都用悬山顶，如赵城广胜下寺的正殿前殿，上寺的正殿等等，与清代对于殿顶的观念略有不同。同时又有多种复杂的屋顶结构，如霍县火星圣母庙、文水县开栅镇圣母庙等等，为明清以后官式建筑中所少见。有许多重要的殿宇，檐椽之上不用飞椽，有时用而极短。明清以后的作品，雕饰偏于繁缛，尤其屋顶上的琉璃瓦，制瓦者往往为对于一件一题雕塑的兴趣所驱，而忘却了全部的布局，甚悖建筑图案简洁的美德。

发券的建筑，为山西一个重要的特征，其来源大概是由于穴居而起，所以民居庙宇莫不用之，而自成一种特征，如太原的永祚寺大雄宝殿，是中国发券建筑中的主要作品，我们虽然怀疑它是受了耶稣会士东来的影响，但若没有山西原有通用的方法，也不会形成那样一种特殊的建筑的。在券上筑楼，也是山西的一种特征，所以在古剧里，凡以山西为背景的，多有上楼下楼的情形，可见其为一种极普遍的建筑法。

赵城县广胜寺在结构上最特殊，寺旁明应王殿的壁画，为壁画不以佛道为题材的惟一孤例，所以我们在最近的将来，即将前往详究。晋祠圣母庙的正殿、飞梁、献殿，为宋天圣间重要的遗构，我们也必须去做进一步的研究的。

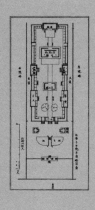

平郊建筑杂录

梁思成、林徽因

北平四郊近二三百年间建筑遗物极多[1]，偶尔郊游，触目都是饶有趣味的古建。其中辽、金、元古物虽然也有，但是大部分还是明清的遗构；有的是煊赫的"名胜"，有的是消沉的"痕迹"；有的按期受成群的世界游历团的赞扬，有的只偶尔受诗人们的凭吊，或画家的欣赏。

　　这些美的所在，在建筑审美者的眼里，都能引起特异的感觉，在"诗意"和"画意"之外，还使他感到一种"建筑意"的愉快。这也许是个狂妄的说法 —— 但是，什么叫作"建筑意"？我们很可以找出一个比较近理的定义或解释来。

　　顽石会不会点头，我们不敢有所争辩，那问题怕要牵涉物理学家，但经过大匠之手泽，年代之磋磨，有一些石头的确是会蕴含生气的。天然的材料经人的聪明建造，再受时间的洗礼，成美术与历史地理之和，使它不能不引起赏鉴者一种特殊的性灵的融会，神志的感触，这话或者可以算是说得通。

1　本篇原发表于《中国营造学社汇刊》第三卷4期，1932年11月。

无论哪一个巍峨的古城楼，或一角倾颓的殿基的灵魂里，无形中都在诉说，乃至于歌唱，时间上漫不可信的变迁；由温雅的儿女佳话，到流血成渠的杀戮。他们所给的"意"的确是"诗"与"画"的。但是建筑师要郑重地声明，那里面还有超出这"诗""画"以外的意存在。眼睛在接触人的智力和生活所产生的一个结构，在光影恰恰可人中，和谐的轮廓，披着风露所赐与的层层生动的色彩；潜意识里更有"眼看他起高楼，眼看他楼塌了"凭吊兴衰的感慨；偶然更发现一片，只要一片，极精致的雕纹，一位不知名匠师的手笔，请问那时锐感，即不叫他做"建筑意"，我们也得要临时给他制造个同样狂妄的名词，是不？

　　建筑审美可不能势利的。大名煊赫，尤其是有乾隆御笔碑石来赞扬的，并不一定便是宝贝；不见经传，湮没在人迹罕到的乱草中间的，更不一定不是一位无名英雄。以貌取人或者不可，"以貌取建"却是个好态度。北平近郊可经人以貌取舍的古建筑实不在少数。摄影图录之后，或考证它的来历，或由村老传说中推测它的过往 —— 可以成一个建筑师为古物打抱不平的事业，和比较有意思的夏假消遣。而他的报酬便是那无穷的"建筑意"的收获。

一、卧佛寺的平面

　　说起受帝国主义的压迫，再没有比卧佛寺委屈的了。卧佛寺的住持智宽和尚，前年偶同我们谈天，用"叹息痛恨于桓灵"的口气告诉我，他的先师老和尚，如何如何地与青年会订了合同，以每年一百元的租金，把寺的大部分租借了二十年，如同胶州湾、辽东半岛的条约一样。

其实这都怪那佛一觉睡几百年不醒，到了这危难的关头，还不起来给老和尚当头棒喝，使他早早觉悟，组织个佛教青年会西山消夏团。虽未必可使佛法感化了摩登青年，至少可藉以繁荣了寿安山 …… 不错，那山叫寿安山 …… 又何至等到今年五台山些少的补助，才能修葺开始残破的庙宇呢！

我们也不必怪老和尚，也不必怪青年会，其实还应该感谢青年会。要是没有青年会，今天有几个人会知道卧佛寺那样一个山窝子里的去处。在北方 —— 尤其是北平 —— 上学的人，大半都到过卧佛寺。一到夏天，各地学生们，男的、女的，谁不愿意来消消夏，爬山、游水、骑驴，多么优哉游哉。据说每年夏令会总成全了许多爱人儿们的心愿，想不到睡觉的释迦牟尼，还能在梦中代行月下老人的职务，也真是佛法无边了。

从玉泉山到香山的马路，快近北辛村的地方，有条岔路忽然转北上坡的，正是引导你到卧佛寺的大道。寺是向南，一带山屏障似的围住寺的北面，所以寺后有一部分渐高，一直上了山脚。在最前面，迎着来人的，是寺的第一道牌楼，那还在一条柏荫夹道的前头。当初这牌楼是什么模样，我们大概还能想象，前人做的事虽不一定都比我们强，却是关于这牌楼大概无论如何他们要比我们大方得多。现在的这座只说他不顺眼已算十分客气，不知哪一位和尚化来的酸缘，在破碎的基上，竖了四根小柱子，上面横钉了几块板，就叫它做牌楼。这算是经济萎衰的直接表现，还是宗教力渐弱的间接表现？一时我还不能答复。

顺着两行古柏的马道上去，骤然间到了上边，才看见另外的鲜明的一座琉璃牌楼在眼前。汉白玉的须弥座，三个汉白玉的圆门洞，黄绿琉璃的柱子、横额、斗栱、檐瓦。如果你相信一个建筑师的自言自语，"那是乾嘉间的做法"。至于《日下旧闻考》所记寺前为门的如来宝塔，却已不知去向了。

琉璃牌楼之内，有一道白石桥，由半月形的小池上过去（见卧佛寺桥图录）。池的北面和桥的旁边，都有精致的石栏杆，现在只余北面一半，南面的已改成洋灰抹砖栏杆。这池据说是"放生池"，里面的鱼，都是"放"的。佛寺前的池，本是佛寺的一部分，用不着我们小题大作地讲。但是池上有桥，现在虽处处可见，但它的来由却不见得十分古远。在许多寺池上，没有桥的却较占多数。至于池的半月形，也是个较近的做法，古代的池大半都是方的。池的用途多是放生、养鱼。但是刘士能先生（即刘敦桢）告诉我们说，南京附近有一处律宗的寺，利用山中溪水为月牙池，和尚们每斋都跪在池边吃，风雪无阻，吃完在池中洗碗。幸而卧佛寺的和尚们并不如律宗的苦行，不然放生池不惟不能放生，怕还要变成脏水坑了。

与桥正相对的是山门。山门之外，左右两旁，是钟鼓楼，从前已很破烂，今年忽然大大地修整起来。连角梁下失去的铜铎，也用二十一号的白铅铁焊上，油上红绿颜色，如同东安市场的国货玩具一样的鲜明。

山门平时是不开的，走路的人都从山门旁边的门道出入。入门之后，迎面是一座天王殿，里面供的是四天王——就是四大金刚——东西梢间各两位对面侍立，明间面南的是光肚笑嘻嘻的阿弥陀佛，面北合十站着的是韦驮。

再进去是正殿，前面是月台，月台上（在秋收的时候）铺着金黄色的老玉米，像是专替旧殿着色。正殿五间，供三位喇嘛式的佛像。据说正殿本来也有卧佛一躯，雍正还看见过，是旃檀佛像，唐太宗贞观年间的东西。却是到了乾隆年间，这位佛大概睡醒了，不知何时上哪儿去了。只剩了后殿那一位，一直睡到如今，还没有醒。

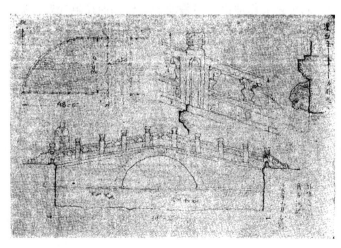

卧佛寺桥图录

406

从前面牌楼一直到后殿，都是建立在一条中线的。这个在寺的平面上并不算稀奇，罕异的却是由山门之左右，有游廊向东西，再折而向北，其间虽有方丈客室和正殿的东西配殿，但是一气连接，直到最后面又折而东西，回到后殿左右。这一周的廊，东西（连山门或后殿算上）十九间，南北（连方丈配殿算上）四十间，成一个大长方形。中间虽立着天王殿和正殿，却不像普通的庙殿，将全寺用"四合头"式前后分成几进。这是少有的。在这点上，本刊上期刘士能先生在《智化寺调查记》中说："唐宋以来有伽蓝七堂之称。惟各宗略有异同，而同在一宗，复因地域环境，互相增省……"现在卧佛寺中院，除去最后的后殿外，前面各堂为数适七，虽不敢说这是七堂之例，但可藉此略窥制度耳。（见卧佛寺中院平面图）

这种平面布置，在唐宋时代很是平常，敦煌画壁里的伽蓝都是如此布置，在日本各地也有飞鸟平安时代这种的遗例。在北平一带（别处如何未得详究），却只剩这一处唐式平面了。所以人人熟识的卧佛寺，经过许多人用帆布床"卧"过的卧佛寺游廊，是还有一点新的理由，值得游人将来重加注意的。

卧佛寺各部殿宇的立面（外观）和断面（内部结构）却都是清式中极规矩的结构，用不着细讲。至于殿前伟丽的婆罗宝树，和树下消夏的青年们所给与你的是什么复杂的感觉，那是各人的人生观问题，建筑师可以不必参加意见。事实极明显的，如东院几进宜于消夏乘凉；西院的观音堂总有人租住；堂前的方池——旧籍中无数记录的方池——现在已成了游泳池，更不必赘述或加任何的批注。

"凝神映性"的池水，用来作锻炼身体之用，在青年会道德观之下，自成道理——没有康健的身体，焉能有康健的精神？——或许！或许！但怕池中的微生物杂菌不甚懂事。

池的四周原有精美的白石栏杆，已拆下叠成台阶，做游人下池的路。不知趣的，容易伤感的建筑师，看了又一阵心酸。其实这不算稀奇，中世纪的教皇们不是把古罗马时代的庙宇当石矿用，采取那石头去修"上帝的房子"吗？这台阶——栏杆——或也不过是将原来离经叛道"崇拜偶像者"的迷信废物，拿去为上帝人道尽义务。"保存古物"，在许多人听去当是一句迂腐的废话。"这年头！这年头！"每个时代都有些人在没奈何时，喊着这句话出出气。

二、法海寺门与原先的居庸关[1]

法海寺在香山之南，香山通八大处马路的西边不远。这是一个很小的山寺，谁也不会上那里去游览的。寺的本身在山坡上，

1　本节所谈居庸关主要是指居庸关云台，云台本为元代过街塔的塔座，原有三座喇嘛塔，可惜在元末明初时被毁。

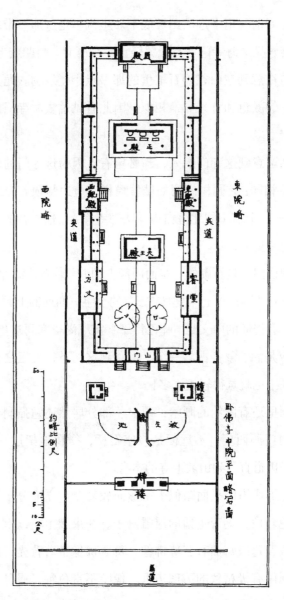

卧佛寺中院平面图略

寺门却在寺前一里多远的山坡底下。坐汽车走过那一带的人，怕绝对不会看见法海寺门一类无关轻重的东西的。骑驴或走路的人，也很难得注意到在山谷碎石堆里的那一点小建筑物。尤其是由远处看，它的颜色和背景非常相似。因此看见过法海寺门的人我敢相信一定不多。

特别留意到这寺门的人，却必定有。因为这寺门的形式与寻常的极不相同：有圆栱门洞的城楼模样，上边却顶着一座喇嘛式的塔 —— 一个缩小的北海白塔（法海寺图）。这奇特的形式，不是中国建筑里所常见。

这圆栱门洞是石砌的。东面门额上题着"敕赐法海禅寺"，旁边陪着一行"顺治十七年夏月吉日"的小字。西面额上题着三种文字，其中看得懂的中文是"唵巴得摩乌室尼渴毕麻列吽聋吒"，其他两种或是满、蒙各占其一个。走路到这门下，疲乏之余，读完这一行题字也就觉得轻松许多！

门洞里还有隐约的画壁，顶上一部分居然还勉强剩出一点颜色来。由门洞西望，不远便是一座石桥，微栱地架过一道山沟，接着一条山道直通到山坡上寺的本身。

门上那座塔的平面略似十字形而较复杂。立面分多层，中间束腰石色较白，刻着生猛的浮雕狮子。在束腰上枋以上，各层重叠像阶级，每级每面有三尊佛像。每尊佛像带着背光，成一浮雕薄片，周围有极精致的琉璃边框。像脸不带色釉，眉目口鼻均伶俐秀美，全脸大不及寸余。座上便是塔的圆肚，塔肚四面四个浅龛，中间坐着浮雕造像，刻工甚俊。龛边亦有细刻。更上是相轮（或称刹），刹座刻作莲瓣，外廓微作盆形，底下还有小方十字座。最顶尖上有仰月的教徽。仰月徽去夏还完好，今秋已掉下。据乡人说是八月间大风雨吹掉的，这塔的破坏于是又进了一步。

这座小小带塔的寺门，除门洞上面一围砖栏杆外，完全是石造的。这在中国又是个少有的例子。现在塔座上斜长着一棵古劲的柏树，为塔门增了不少的苍姿，更像是做他的年代的保证。为塔门保存计，这种古树似要移去的。怜惜古建的人到了这里真是彷徨不知所措。好在在古物保存如许不周到的中国，这忧虑未免神经过敏！

法海寺门特点却并不在上述诸点，石造及其年代等等，主要的却是它的式样与原先的居庸关相类似。从前居庸关上本有一座

法海寺塔门

法海寺门上塔

411

塔的，但因倾颓已久，无从考其形状。不想在平郊竟有这样一个发现。虽然在《日下旧闻考》里法海寺只占了两行不重要的位置；一句轻淡的"门上有小塔"，在研究居庸关原状的立脚点看来，却要算个重要的材料了。

三、杏子口的三个石佛龛

由八大处向香山走，出来不过三四里，马路便由一处山口里开过。在山口路转第一个大弯，向下直趋的地方，马路旁边，微偻的山坡上，有两座小小的石亭。其实也无所谓石亭，简直就是两座小石佛龛。两座石龛的大小稍稍不同，而它们的背面却同是不客气地向着马路。因为它们的前面全是向南，朝着另一个山口 —— 那原来的杏子口。

在没有马路的时代，这地方才不愧称作山口。在深入三四十尺的山沟中，一道惟一的蜿蜒险狭的出路；两旁对峙着两堆山，一出口则豁然开朗一片平原田壤，海似的平铺着，远处浮出同孤岛一般的玉泉山，托住山塔。这杏子口的确有小规模的"一夫当关，万夫莫敌"的特异形势。两石佛龛既据住北坡的顶上，对面南坡上也立着一座北向的，相似的石龛，朝着这山口。由石峡底下的杏子口望上看，这三座石龛分峙两崖，虽然很小，却顶着一种超然的庄严，镶在碧澄澄的天空里，给辛苦的行人一种神异的快感和美感。

现时的马路是在北坡两龛背后绕着过去,直趋下山。因其逼近两龛,所以驰车过此地的人,绝对要看到这两个特别的石亭子的。但是同时因为这山路危趋的形势,无论是由香山西行,还是从八大处东去,谁都不愿冒险停住快驶的汽车去细看这么几个石佛龛子。于是多数的过路车客,全都遏制住好奇爱古的心,冲过去便算了。

假若作者是个细看过这石龛的人,那是因为他是例外,遏止不住他的好奇爱古的心,在冲过去便算了不知多少次以后发誓要停下来看一次的。那一次也就不算过路,却是带着照相机去专程拜谒;且将车驶过那危险的山路停下,又步行到龛前后去瞻仰丰采的。

在龛前,高高地往下望着那刻着几百年车辙的杏子口石路,看一个小泥人大小的农人挑着担过去,又一个戴朵鬓花的老婆子,夹着黄色包袱,弯着背慢慢地踱过来,才能明白这三座石龛本来的使命。如果这石龛能够说话,他们或不能告诉得完他们所看过经过杏子口底下的图画 —— 那时一串骆驼正在一个跟着一个地,穿出杏子口转下一个斜坡。

北坡上这两座佛龛是并立在一个小台基上,它们的结构都是由几片青石片合成(每面墙是一整片,南面有门洞,屋顶每层檐一片)。西边那座龛较大,平面约一公尺余见方,高约二公尺。重檐,上层檐四角微微翘起,值得注意。东面墙上有历代的刻字,跑着的马，人脸的正面等等（见图）。其中有几个年月、人名，较古的有"承安五年四月廿三日到此"，和"至元九年六月十五日□□□贾智记"。承安是金章宗年号，五年是公元一二〇〇年。至元九年是元世祖的年号，元顺帝的至元到六年就改元了，所以是公元一二七二年。这小小的佛龛，至迟也是金代的遗物，居然在杏子口受了七百多年以上的风雨，依然存在。当时巍然顶在杏子口北崖上的神气，现在被煞风景的马路贬到盘坐路旁的谦抑，但它们的老资格却并不因此减损，那种倚老卖老的倔强，差不多是傲慢冥顽了。西面墙上有古拙的画 —— 佛像和马 —— 那佛像的样子，骤看竟像美洲土人的 Totem Pole（见图）。

龛内有一尊无头趺坐的佛像，虽像身已裂，但是流丽的衣褶纹，还有"南宋期"的遗风。

台基上东边的一座较小，只有单檐，墙上也没字画。龛内有小小无头像一躯，大概是清代补作的。这两座都有苍绿的颜色。

台基前面有宽二公尺、长四公尺余的月台，上面的面积勉强可以叩拜佛像。

南崖上只有一座佛龛，大小与北崖上小的那座一样。三面做墙的石片，已成纯厚的深黄色，像纯美的烟叶，西面刻着双钩的"南"字，南面"无"字，东面"佛"字，都是径约八公寸。北面开门，里面的佛像已经失了。

这三座小龛，虽不能说是真正的建筑遗物，也可以说是与建筑有关的小品。不止诗意画意都很充足，"建筑意"更是丰富，实

杏子口北崖石佛龛

杏子口南崖石佛龛

西龛西面刻画

西龛东面刻字

在值得停车一览。至于走下山坡到原来的杏子口里望上真真瞻仰这三龛本来庄严峻立的形势，更是值得。

关于北平掌故的书里，还未曾发现有关于这三座石佛龛的记载。好在对于它们年代的审定，因有墙上的刻字，已没有什么难题。所可惜的是它们渺茫的历史无从参考出来，为我们的研究增些趣味。

四、由天宁寺塔谈到建筑年代之鉴别问题[1]

一年来，我们在内地各处跑了些路，反倒和北平生疏了许多，近郊虽近，在我们心里却像远了一些，北平广安门外天宁寺塔的研究的初稿竟然原封未动，许多地方竟未再去图影实测，一年半前所关怀的平郊胜迹，那许多美丽的塔影、城角、小楼、残碣于是全都淡淡的，委曲地在角落里初稿中尽睡着下去。

我们想国内爱好美术古迹的人日渐增加，爱慕北平名胜者更是不知凡几，或许对于如何鉴别一个建筑物的年代也常有人感到兴趣，我们这篇讨论天宁寺塔的文字或可供研究者的参考。

关于天宁寺塔建造的年代，据一般人的传说及康熙、乾隆的

1　本节原发表于《中国营造学社汇刊》第五卷4期，1935年11月。原为《平郊建筑杂录（续三卷四期）》中的一篇，现统编于此。

碑记，多不负责地指为隋建，但依塔的式样来做实物的比较，将全塔上下各部逐件指点出来，与各时代其他砖塔对比，再由多面引证反证所有关于这塔的文献，谁也可以明白这塔之绝对不能是隋代原物。

国内隋唐遗建，纯木者尚未得见，砖石者亦大罕贵，但因其为佛教全盛时代，常留大规模的图画雕刻教迹于各处，如敦煌、云冈、龙门等等，其艺术作风，建筑规模，或花纹手法，则又为研究美术者所熟审。宋辽以后遗物虽有不载朝代年月的，可考者终是较多，且同时代、同式样、同一作风的遗物亦较繁伙，互相印证比较容易。故前人泥于可疑的文献，相传某物为某代原物的，今日均不难以实物比较方法，用科学考据态度，重新探讨，辩证其确实时代。这本为今日治史及考古者最重要亦最有趣的工作。

我们的《平郊建筑杂录》，本预定不录无自己图影或测绘的古迹，且均附游记，但是这次不得不例外。原因是《艺术周刊》已预告我们的文章一篇，一时因图片关系交不了卷，近日这天宁寺又尽在我们心里欠身活动，再也不肯在稿件中间继续睡眠状态，所以决意不待细测全塔，先将对天宁寺简略的考证及鉴定提早写出，聊作我们对于鉴别建筑年代方法程序的意见，以供同好者的参考。希望各处专家读者给予指正。

广安门外的天宁寺塔，是属于那种特殊形式，研究塔者常直称其为"天宁式"的，因为此类塔散见于北方各地，自成一派，天宁则又是其中最著者（见图）。此塔不仅是北平近郊古建遗迹之一，且是历来传说中，颇多误认为隋朝建造的实物。但其塔型显然为辽金最普通的式样，细部手法亦均未出宋辽规制范围，关于塔之文献方面材料又全属于可疑一类，直至清代碑记，及《顺天府志》等，始以坚确口气直称其为隋建。传说塔最上一层南面有碑[1]，关于其建造年代，将来或可在这碑上找到最确实的明证，今姑分文献材料及实物作风两方面而讨论之。讨论之前，先略述今塔的形状如下。

简略地说，塔的平面为八角形，立面显著地分三部：一、繁复之塔座；二、较塔座略细之第一层塔身；三、以上十二层支出的密檐。全塔砖造高五七点八〇公尺，合国尺十七丈有奇。

塔建于一方形大平台之上，平台之上始立八角形塔座。座甚高，最下一部为须弥座，其"束腰"[2]有"壶门"花饰，转角有浮雕像。此上又有镂刻着壶门浮雕之束腰一道。最上一部为勾栏斗栱俱全之"平座"一围，阑上承三层仰翻莲瓣（见图）。

纤细的第一层塔身立于仰莲座之上，其高度几等于整个塔座，四面有栱门及浮雕像，其他四面又各有直棂窗及浮雕像。此段塔身与其上十三层密檐是划然成塔座以上的两个不同部分，十三层密檐中，最下一层是属于这第一层塔身的，出檐稍远，檐下斗栱亦与上层稍稍不同。

1　《日下旧闻考》引《冷然志》。

2　须弥座中段板称"束腰"，其上有栱形池子称壶门。

北平天宁寺塔　　　　　天宁寺塔详部

　　上部十二层，每层仅有出檐及斗栱，各层重叠不露塔身。宽度则每层向上递减，递减率且向上增加，使塔外廓作缓和之"卷杀"。

　　塔各层出檐不远，檐下均施"双抄斗栱"。塔的转角为立柱，故其主要的"柱头铺作"，亦即为其"转角铺作"。在上十二层两转角间均用"补间铺作"两朵。惟有第一层只用补间铺作一朵。第一层斗栱与上各层做法不同之处在转角及补间均加用"斜栱"一道。

　　塔顶无刹，用两层八角仰莲，上托小须弥座，座承宝珠。塔纯为砖造，内心并无梯级可登。

　　历来关于天宁寺的文献，《日下旧闻考》中，殆已搜集无遗，计有《神州塔传》《续高僧传》《广宏明集》《帝京景物略》《长安客话》《析津日记》《陝志》《艮斋笔记》《明典汇》《冷然志》，及其他关于这塔的记载，以及乾隆重修天宁寺碑文及各处许多的题诗（康熙天宁寺《礼塔碑记》并未在内）。所收材料虽多，但关于现存砖塔建造的年代，则除却年代最后的那个乾隆碑之外，综前代的文献中，无一句有确实性的明文记载。

不过《顺天府志》将《日下旧闻考》所集的各种记述，竟然自由草率地综合起来，以确定的语气说"寺为元魏所造，隋为宏业，唐为天王，金为大万安，寺当元末兵火荡尽，明初重修，宣德改曰天宁，正统更名广善戒坛，后复今名 …… 寺内隋塔高二十七丈五尺五寸 ……"等。

按《日下旧闻考》中文多重复抄袭及迷信传述，有朝代年月，及实物之记载的，有下列重要的几段。

（一）《神州塔传》："隋仁寿间幽州宏业寺建塔藏舍利。"此书在文献中年代大概最早，但传中并未有丝毫关于塔身形状、材料、位置之记述，故此段建塔的记载，与现存砖塔的关系完全是疑问的。仁寿间宏业寺建塔，藏舍利，并不见得就是今天立着的天宁寺塔，这是很明显的。

（二）《续高僧传》："仁寿下敕召送舍利于幽州宏业寺，即元魏孝文之所造，旧号光林 …… 自开皇末，舍利到前，山恒倾摇 …… 及安塔竟，山动自息。……"

《续高僧传》，唐时书，亦为集中早代文献之一。按此则隋开皇中"安塔"，但其关系与今塔如何则仍然如《神州塔传》一样，只是疑问的。

（三）《广宏明集》：“仁寿二年分布舍利五十一州，建立灵塔。幽州表云，三月二十六日，于宏业寺安置舍利……”

这段仅记安置舍利的年月也是与上两项一样的，与今塔（即现存的建筑物）并无确实关系。

（四）《帝京景物略》：“隋文帝遇阿罗汉授舍利一囊……乃以七宝函致雍岐等十三州建一塔，天宁寺其一也，塔高十三寻，四周缀铎万计，……塔前一幢，书体遒美，开皇中立。”

这是一部明末的书，距隋已隔许多朝代。在这里我们第一次见到隋文帝建塔藏舍利的历史与天宁寺塔串在一起的记载。据文中所述高十三寻缀铎的塔，颇似今存之塔，但这高十三寻缀铎的塔，是否即隋文帝所建，则仍无根据。

此书行世在明末，由隋至明这千年之间，除唐以外，辽、金、元对此塔既无记载，隋文帝之塔，本可几经建造而不为此明末作者所识。且六朝及早唐之塔，据我们所知道的，如《洛阳伽蓝记》所述之“胡太后塔”及日本现存之京都法隆寺塔，均是木构[1]。且我们所见的邓州大兴国寺，仁寿二年的舍利宝塔下铭，铭石圆形，亦像是埋在木塔之“塔心柱”下那块圆础下层石，这使我们疑心仁寿分布诸州之舍利塔均为隋时最普遍之木塔。这明末作者并不及

1　日本京都法隆寺五重塔，乃“飞鸟”时代物，适当隋代，其建造者乃由高丽东渡的匠师，其结构与《洛阳伽蓝记》中所述木塔及云冈石刻中的塔多符合。

见那木构原物，所谓十三缀铎的塔倒是今日的砖塔。至于开皇石幢，据《析津日记》（亦明人书）所载，则早已失所在。

（五）《析津日记》："寺在元魏为光林，在隋为宏业，在唐为天王，在金为大万安，宣德修之曰天宁，正统中修之曰万寿戒坛，名凡数易。访其碑记，开皇石幢已失所在，即金元旧碣亦无片石矣。盖此寺本名宏业，而王元美谓幽州无宏业，刘同人谓天宁之先不为宏业，皆考之不审也。"

《析津日记》与《帝京景物略》同为明人书，但其所载"天宁之先不为宏业？"及"考之不审也"，这种疑问态度与《帝京景物略》之武断恰恰相反，且作者"访其碑记"要寻"金元旧碣"，对于考据之慎重亦与《景物略》不同，这个记载实在值得注意。

（六）《隩志》：不知明代何时书，似乎较以上两书稍早。文中："天王寺之更名天宁也，宣德十年事也；今塔下有碑勒更名敕，碑阴则正统十年刊行藏经敕也。碑后有尊胜陀罗尼石幢，辽重熙十七年五月立。"

此段记载，性质确实之外，还有个可注意之点，即辽重熙年号及刻有此年号之实物，在此轻轻提到，至少可以证明两桩事：第一，辽代对于此塔亦有过建设或增益；第二，此段历史完全不见记载，乃至于完全失传。

（七）《长安客话》："寺当元末兵火荡尽；文皇在潜邸，命所司重修。姚广孝曾居焉。宣德间敕更今名。"这段所记"寺当元末兵火荡尽"，因下文重修及"姚广孝曾居焉"等语气，似乎所述仅

422

限于寺院，不及于塔。如果塔亦荡尽，文皇（成祖）重修时岂不还要重建塔？ 如果真的文皇曾重建个大塔则作者对于此事当不止用"命所司重修"一句。且《长安客话》距元末，至少已两百年，兵火之后到底什么光景，那作者并不甚了了，他的注意处在夸扬文皇在潜邸重修的事耳。

（八）《冷然志》：书的时代既晚，长篇的描写对于塔的神话式来源又已取坚信态度，更不足凭信。不过这里认塔前有开皇幢，或为辽重熙幢之误。

关于天宁寺的文献，完全限于此种疑问式的短段记载。至于康熙、乾隆长篇的碑文，虽然说得天花乱坠，对于天宁寺过去的历史，似乎非常明白，毫无疑问之处，但其所根据，也只是限于我们今日所知道的一把疑云般的不完全的文献材料，其确实性根本不能成立。且综以上文献看来，唐以后关于塔只有明末清初的记载，中间要紧的各朝代经过，除辽重熙立过石幢，金大定易名大万安禅寺外，并无一点记述，今塔的真实历史在文献上可以说并无把握。

文献资料既如上述的不完全、不可靠，我们惟有在形式上鉴定其年代。这种鉴别法，完全赖观察及比较工作所得的经验，如同鉴定字画、金石、陶瓷的年代及真伪一样，虽有许多为绝对的，且可以用文字笔墨形容之点，也有一些是较难，乃至不能言传的，只好等观者由经验去意会。

其可以言传之点，我们可以分作两大类去观察：第一，整个建筑物之形式（也可以说是图案之概念）；第二，建筑各部之手法或作风。

关于图案概念一点，我们可以分作平面（Plan）及立面（Elevation）讨论。唐以前的塔，我们所知道的，平面差不多全作正方形。实物如西安大雁塔（见图）、小雁塔、玄奘塔（见图）、香积寺塔、嵩山永泰寺塔及房山云居寺四个小石塔……河南、山东无数唐代或以前高僧墓塔，如山东神通寺四门塔，灵岩寺法定塔，嵩山少林寺法玩塔等等等等。刻绘如云冈、龙门石刻，敦煌壁画等等，平面都是作正方形的。我们所知的惟一的例外，在唐以前的，惟有嵩山嵩岳寺塔，平面作十二角形，这十二角形平面，不惟在唐以前是例外，就是在唐以后，也没有第二个，所以它是个例外之最特殊者，是中国建筑史中之独例（见图）。除此以外，则直到中唐或晚唐，方有非正方形平面的八角形塔出现，这个罕贵的遗物即嵩山会善寺净藏禅师塔（见图）。按禅师于天宝五年圆寂，这塔的兴建，绝不会在这年以前，这塔短稳古拙，亦是孤例，而比这塔还古的八角形平面塔，除去天宁寺——假设它是隋建的话——别处还未得见过。在我们今日，觉得塔的平面或作方形，或作多角形，没甚奇特。但是一个时代的作者，大多数跳不出他本时代盛行的作风或规律以外的——建筑物尤甚——所以生在塔平面作方形的时代，能做出一个平面不作方形的塔来，是极罕有的事。

至于立面（Elevation）方面，我们请先看塔全个的轮廓及这轮

陕西大雁塔

陕西玄奘塔

嵩山嵩岳寺塔

河南净藏禅师塔

425

廓之所以形成。天宁寺的塔，是在一个基坛之上立须弥座，须弥座上立极高的第一层，第一层以上有多层密而扁的檐的。这种第一层高，以上多层扁矮的塔，最古的例当然是那十二角形嵩山嵩岳寺塔，但除它而外，是须到唐开元以后才见有那类似的做法，如房山云居寺四小石塔。在初唐期间，砖塔的做法，多如大雁塔一类各层均等递减的（见图）。但是我们须注意，唐以前的这类上段多层密檐塔，不惟是平面全作方形而且第一层之下无须弥座等等雕饰，且上层各檐是用砖层层垒出，不施斗栱，其所呈的外表，完全是两样的。

所以由平面及轮廓看来，竟可证明天宁寺塔为隋代所建之绝不可能，因为唐以前的建筑师就根本没有这种塔的观念。

至于建筑各部的手法作风，则更可以辅助着图案概念方面不足的证据，而且往往更可靠，更易于鉴别。我们不妨详细将这塔的每个部分提出审查。

建筑各部构材，在中国建筑中占位置最重要的，莫过于斗栱。斗栱演变的沿革，差不多就可以说是中国建筑结构法演变史。在看多了的人，差不多只须一看斗栱，对一座建筑物的年代，便有七八分把握。建筑物之用斗栱，据我们所知道的，是由简而繁。砖塔石塔最古的例如北周神通寺四门塔及东魏嵩岳寺十二角十五层塔，都没有斗栱。次古的如西安大雁塔及香积寺砖塔，皆属初唐物，只用斗而无栱。与之约略同时或略后者如西安兴教寺玄奘塔（见图）则用简单的一斗三升交蚂蚱头在柱头上。直至会善寺净藏塔（见图），我们始得见简单人字栱的补间铺作。神通寺龙虎塔建于唐末，只用双抄偷心华栱。真正用砖石来完全模仿成朵复杂的斗栱的，至五代宋初始见，其中如我们所见许多的"天宁式"塔。此中年代确实的有辽天庆七年的房山云居寺南塔（见图），金大定二十五年的正定临济寺青塔（见图），辽道宗太康六年（一〇八〇）的涿县普寿寺塔，见本刊本期刘士能先生《河北省西部古建筑调查记略》。还有蓟县白塔，等等。在那时候还有许多砖塔的斗栱是木质的，如杭州雷峰塔、保俶塔、六和塔等等。

天宁寺塔的斗栱，最下层平坐，用华栱两跳偷心，补间铺作

房山县云居寺南塔

正定临济寺青塔

427

多至三朵。主要的第一层，斗栱出两跳华栱，角柱上的转角铺作，在大斗之旁，用附角斗，补间铺作一朵，用四十五度斜栱。这两个特点，都与大同善化寺金代的三圣殿相同。第二层以上，则每面用补间铺作两朵；补间铺作之繁重，亦与转角铺作相埒，都是出华栱两跳，第二跳偷心的。就我们所知，唐以前的建筑，不惟没有用补间铺作两朵的，而且虽用一朵，亦只极简单，纯处于辅材的承托斗栱的柱额，亦极清楚地表示它的年代。我们只须一看年代确定的唐塔或六朝塔，凡是用倚柱（engaged column）的，如嵩岳寺塔、玄奘塔、净藏塔，都用八角形（或六角？）柱，虽然有一两个用扁柱（pilaster）的，如大雁塔，却是显然不模仿圆或角柱形。圆形倚柱之用在砖塔，唐以前虽然不能定其必没有，而唐以后始盛行。天宁寺塔的柱，是圆的。这圆柱之上，有额枋，额枋在角柱上出头处，斫齐如辽建中所常见，蓟县独乐寺、大同下华岩寺都有如此的做法。额枋上的普拍枋，更令人疑它年代之不能很古，因为唐以前的建筑，十之八九不用普拍枋，上文所举之许多例，率皆如此。但自宋辽以后，普拍枋已占了重要位置。这额枋与普拍枋，虽非绝对证据，但亦表示结构是辽金以后而又早于元时的极高可能性。

在天宁寺塔的四正面有圆栱门，四隅面有直棂窗。这诚然都是古制，尤其直棂窗，那是宋以后所少用。但是圆门券上，不用火焰形券饰，与大多数唐代及以前佛教遗物异其趣旨。虽然，其上浮雕璎珞宝盖略作火焰形，疑原物或照古制，为重修时所改。

至于门扇上的菱花格棂，则尤非宋以前所曾见，唐五代砖石各塔的门及敦煌画壁中我们所见的都是钉门钉的板门。

栏杆的做法，又予我们以一个更狭的年代范围。现在常见的明清栏杆，都是每两栏板之间立一望柱的。宋元以前，只在每面转角处立望柱而"寻杖"特长。天宁寺塔便是如此，这可以证明它是明代以前的形制。这种的栏杆，均用斗子蜀柱。[1]分隔各栏板，不用明清式的荷叶墩。我们所知道的辽金塔，斗子蜀柱都做得非常清楚，但这塔已将原形失去，斗子与柱之间，只马马虎虎地用两道线条表示，想是后世重修时所改。至于栏板上的几何形花纹，已不用六朝隋唐所必用的特种"卍"字纹，而代以较复杂者。与蓟县独乐寺观音阁内栏板及大同华岩寺壁藏上栏板相同。凡此种种，莫不倾向着辽金原形而又经明清重修的表示。

平坐斗栱之下，更有间柱及壶门。间柱的位置，与斗栱不相对，其上力神像当在下文讨论。壶门的形式及其起线，软弱柔圆，不必说没有丝毫六朝刚强的劲儿，就是与我们所习见的宋代扁桃式壶门也还比不上其健稳。我们的推论，也以为是明清重修的结果。

至于承托这整个塔的须弥座，则上枋之下用枭混（Cyma recta），而我们所见过的须弥座，自云冈龙门以至辽宋遗物，无一不是层层方角叠出，间或用四十五度斜角线者。枭混之用，最早

1　每段栏杆之两端小柱，高出栏杆者称望柱，栏杆最上一条横木称寻杖。在寻杖以下部分名栏板，栏板之小柱称蜀柱。隔于栏板及寻杖之间之斗称斗子，明清以后无此制。

也过不了五代末期，若说到隋，那更是绝不可能的事。

关于雕刻，在第一主层上，夹门立天王，夹窗立菩萨，窗上有飞天，只要将中国历代雕刻遗物略看一遍，便可定其大略的年代。由北魏到隋唐的佛像飞天，到宋辽塑像画壁，到元明清塑刻，刀法笔意及布局姿势，莫不清清楚楚地可以顺着源流鉴别的。若与隋唐的比较，则山东青州云门山、山西天龙山、河南龙门，都有不少的石刻。这些相距千里的约略同时的遗作，都有几个或许多个共同之点，而绝非天宁寺塔像所有。近来有人竟说塔中造像含有犍陀罗风，其实隋代石刻，虽在中国佛教美术中算是较早期的作品，但已将南北朝时所含的犍陀罗风味摆脱得一干二净，而自成一种淳朴古拙的气息。而天宁寺塔上更是绝没有犍陀罗风味。

至于平座以下的力神、狮子，和垫栱板上的卷草西番莲一类的花纹，我想勉强说它是辽金的作品，还不甚够资格，恐怕仍是经过明清照原样修补的，虽然各像衣褶，仍较清全盛时单纯静美，无后代繁缛云朵及俗气逼人的飘带。但窗棂上部之飞仙已类似后来常见之童子，与隋唐那些脱尽人间烟火气的飞天，岂能混做一谈。

综上所述，我们可以断定天宁寺塔绝对绝对不是隋宏业寺的原塔。而在年代确定的砖塔中，有房山云居寺辽代南塔（见图）与之最相似，此外涿县普寿寺辽塔及确为辽金而年代未经记明的塔如云居寺北塔、通州塔（见图）及辽宁境内许多的砖塔，式样手法都与之相仿佛。正定临济寺金大定二十五年的青塔也与之相似，但较之稍清秀。

与之采同式而年代较后者有安阳天宁寺八角五层砖塔，虽无正确的文献纪其年代，但是各部作风纯是元明以后法式。北平八里庄慈寿寺塔（见图），建于明万历四年，据说是照天宁寺塔建筑的，但是细查其各部，则斗栱、檐椽、格楞、如意头、莲瓣、栏杆（望柱极密）、平坐、枭混、圭脚——由顶至踵，无一不是明清官式则例。

所以天宁寺塔之年代，在这许多类似砖塔中比较起来，我们可暂时假定它与云居寺南塔时代约略相同，是辽末（十二世纪初期）的作品，较之细瘦之通州塔及正定临济寺青塔稍早，而其细部则有极晚之重修。在未得到文献方面更确实证据之前，我们仅能如此鉴定了。

我们希望"从事美术"的同志们，对于史料之选择及鉴别，须十分慎重，对于实物制度作风之认识尤绝不可少，单凭一座乾隆碑，追述往事，便认为确实史料，则未免太不认真。以前的皇帝考古家尽可以自由浪漫地记述，在民国二十四年（即一九三五年）以后一个老百姓美术家说句话都得负得起责任的。

最后我们要向天宁寺塔赔罪，因为急于辩证它的建造年代，我们竟不及提到塔之现状，其美丽处，如其隆重的权衡、淳和的色斑，及其他细部上许多意外的美点。不过无论如何天宁寺塔也绝不会因其建造时代之被证实，而减损其本身任何的价值的。喜欢写生者只要不以隋代古建唐人作风目之，误会宣传此塔之古，则当仍是写生的极好题材。

通州砖塔

北平慈寿寺塔